U0322720

身边的数学译丛

Probabilities:The Little Numbers That Rule Our Lives

生活中的概率趣事

（升级版）

［瑞典］彼得·欧佛森（Peter Olofsson）◎著

赵莹 ◎译

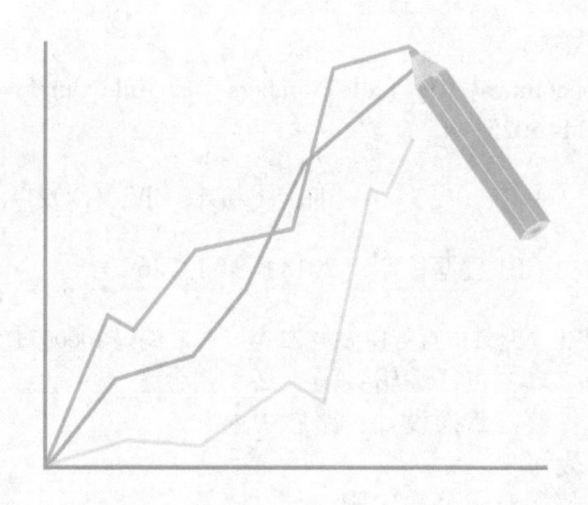

机 械 工 业 出 版 社

这是一本内容丰富且可读性很强的科普书，作者言简意赅地为读者描绘了一个神秘的概率世界，书中避免了冗长的数学推导和复杂的公式，取而代之以妙趣横生的例子，为读者展示了概率在日常生活中所起的作用，这些例子在具备娱乐性的同时又富有代表性。比方说，其中有一些是我们生活中不易察觉但与概率密切相关的例子，如生日问题、购物的最优策略、等车时间问题等；此外，还有一些违反直觉的例子，如蒙提霍尔悖论、辛普森悖论、决斗的策略等。同时书中也介绍了许多概率统计的应用及其原理产生的背景，如贝叶斯法则在医疗诊断中或法庭断案中能提供的帮助等。

本书既可作为学生提高学习兴趣的课外读物，又适合教师作为教学参考。同时，数学爱好者以及概率统计应用的科技人员也能从中获益。

北京市版权局著作权合同登记 图字 01-2015-4282 号。

图书在版编目（CIP）数据

生活中的概率趣事：升级版/（瑞典）彼得·欧佛森（Peter Olofsson）著；赵莹译．—2版．—北京：机械工业出版社，2018.7（2023.6 重印）

（身边的数学译丛）

书名原文：Probabilities: The Little Numbers That Rule Our Lives

ISBN 978-7-111-60251-4

Ⅰ．①生… Ⅱ．①彼… ②赵… Ⅲ．①概率 Ⅳ．①O211.1

中国版本图书馆 CIP 数据核字（2018）第 133269 号

机械工业出版社（北京市百万庄大街 22 号 邮政编码 100037）

策划编辑：汤 嘉 责任编辑：汤 嘉 张金奎

责任校对：樊钟英 封面设计：路恩中

责任印制：单爱军

北京虎彩文化传播有限公司印刷

2023 年 6 月第 2 版第 4 次印刷

169mm×239mm · 16 印张 · 258 千字

标准书号：ISBN 978-7-111-60251-4

定价：49.80 元

电话服务	网络服务
客服电话：010-88361066	机 工 官 网：www.cmpbook.com
010-88379833	机 工 官 博：weibo.com/cmp1952
010-68326294	金 书 网：www.golden-book.com
封底无防伪标均为盗版	机工教育服务网：www.cmpedu.com

你是否留意过生活中众多事件背后的秘密，

在概率的世界里挑战你的直觉？

译者的话

与大多数科普读物一样，本书的作者用最朴素的语言为读者描述了概率这样一个深奥复杂的世界。同时用化繁为简、深入浅出的写作手法和平易的叙述方式将每一个概率理论娓娓道来，译者在翻译过程中深深地感受到了作者的用心。

俗话说："没有规矩不成方圆。"世界按照自然规律在运行，只有当你懂得了这些规律，掌握并学会运用这些规律时，你的生活才能更加舒适便利。本书最大的特色在于作者在每一章节之中都会巧妙地把概率的理论融入生活的点点滴滴中，让读者切身体会到概率这一小小的数字贯穿于我们生活的方方面面，无处不发挥它的作用。希望读者通过阅读本书，学以致用，将概率知识运用到日常生活中去。

特别感谢中国人民大学统计学院王星老师对本译稿进行了审校。由于译者水平有限，译文错误及不妥之处敬请读者批评指正。

前　言

我们的生活与小数字们如影相随，本书是关于它们的故事。试着回想你最近一次听到“概率”“机会”“胜算”“随机性”“风险”或者“不确定性”这些词是什么时候，想必不会是很久以前的事吧。在这本书中，我将向读者讲述关于这些概念的原理以及如何运用它们更好地了解我们所在的社会。此书并不是一本教材，所以它既没有定义、定理，也没有习题。我写这本书的主要目的是寓教于乐，你当然也可以从中汲取些许知识。书中偶尔会有一些小练习，但这些练习都已经巧妙地贯穿于正文当中，也许你自己都没有意识到就已经完成了这些练习。

首先我要对我的夫人致以衷心的感谢。感谢 Αλχμήνη 利用闲暇时间提供各种生活素材协助我完成作品，尤其是书中关于希腊词汇的运用技巧以及我早年那些难忘的旅行经历，读者可以在书中读到这些小故事。同时也非常感谢瑞典哥德堡查尔姆斯理工大学 Olle Häggström 教授的帮助。他通读了整篇手稿，并且做出了许多深刻、准确又客观的评论。如果读者在本书中看到一些觉得非常愚蠢的话语，很有可能 Olle Häggström 教授审稿时已经指出过，但我还是固执地保持了原样。感谢萨赛克斯大学的 John Haigh 以及 John Wiley & Son 出版社的 Steve Quigley，Kris Parrish 和 Susanne Steitz，还有许多其他匿名的评论意见。还要感谢 Sheree Van Vreede 出版服务处专业的编辑工作，以及特克斯技术公司的 Amy Hendrickson 对我遇到的技术问题进行的耐心迅速地解答。

本书的主要内容是在 2005 年那个纷乱的秋天完成的。我们在当年八月上旬从休斯敦搬到了新奥尔良，这个时间非常不凑巧，因为三周之后卡特里娜飓风就袭击了这里。我们不得不又搬回了休斯敦，但随后飓风丽塔来袭，于是我们只能在得克萨斯州西部与新墨西哥州交界的沙漠中避难。相比于飓风，沙尘暴真是客气许多！2006年1月我们终于搬回了新奥尔良，这个城市非常的美，铁架烤牡蛎更是代表性的珍馐美味。我非常感谢那些在这个秋天给我们提供住宿，并在各方面给予我们帮助的好心人。正是由于你们热情的帮助，本书才能付梓。感谢休斯敦莱斯大学统计系的凯西恩索公司和得克萨斯城的大陆学院汤姆英语公司为我提供了办公地点。最后，感谢我的博士论文导师查尔姆斯理工大学的Peter Jagers教授，从一开始写这本书时就一直给予我指导。

彼得·欧佛森

目 录

第 *1* 章

计算可能性：算对了还是算错了

概率影响着我们生活的方方面面，本章介绍了概率论的基本原理和法则，并用其解释空难是否会再次发生、抽奖是否公平等实际问题。此外，你能想到在某些特殊的决斗情况下，要想生还的最优策略竟然是第一枪放空枪吗？同时概率也是表达不确定性的一门艺术，下面请跟随作者来一探概率世界的奥妙。

1.1 关于概率学家

不管你是否愿意承认，概率的确主宰着我们的生活。如果你曾经过着赌徒式的生活，那你必然已经痛苦地意识到了这一点。而对于我们这些过着平凡生活的人来说，概率也会时不时地影响着我们。这些影响随处可见，如确定保险费用、新药物的引进、民意调查、天气预报和法庭上出示的 DNA 证据。不仅如此，概率还关系到我们每一个人。你的父亲遗传给你的是 X 染色体还是 Y 染色体？你遗传了祖母的大鼻子吗？从更专业的角度来看，量子物理学家告诉我们世间万物都是由概率来刻画的。他们整天都在研究薛定谔波动方程、海森堡不确定性原理，这些术语对我们来说艰深晦涩，但是至少从中可以得出一个结论：物理学的基本定律是在概率的基础上讨论的。事实上，牛顿物理定律也要归功于概率论。在日常生活中我们常常会说"对这件事，我 99% 地确定""只有百万分之一的可能"。当发生了不寻常的事情时，我们就会反问道"这件事情有多大的概率发生呀？"

我们中的一些人以概率为生，包括发展新的概率理论，探索它的新应用前景，并将这些知识传授给人们，有时还会写一两本相关的书。我们自称概率学家，但数学家和统计学家的称呼要比概率学家响亮得多，通常你可以在一所大学的数理统计专业发现我们的身影，但却没有办法找到概率专业。实际上我们和数学家、统计学家都能沾上点边，但我们通常不愿承认这一点。如果我在一场鸡尾酒会上说自己是一位数学家或者统计学家时，人们大概都会兴味索然地离开。但如果我说自己是一位概率学家……好吧，我承认大多数人还是会离开。因为这听起来就像提线木偶戏里的瑞典厨师正用一些生涩的词来吸引你的注意。但至少还有一部分人会留下来听我介绍这个我即将带你们走进的世界。

现在，让我们把自己想象成一位语言学家。我们首先从概率（probability）这个词开始研究它的含义。概率一词的拉丁词根是 probare 和 habilis，前者的意思是去试验，去证明，或者是去批准；后者表示才能、技术和能力。它们组合起来的单词——probable，最初是用来表示"值得肯定的"。在后来的使用中probable 一词才渐渐有了"可能的""合理的"这一层意思，这才跟随机性产生了联系。在我的母语瑞典语中，偶然性一词对应的单词是sannolik，它在字面上的含义就是"跟真理一样的"。德语中 wahrscheinlich 一词也表示这个意思。这和英语中概率一词还是有细微差别的，韦氏词典中列举出了这些细微的差别。对我们来说，一个具体概率常用来描述一件事情发生的可能性，而概率论指的是概率这个学科。

概率伴随着随机性而产生。许多人就什么是随机性这个问题已经进行了深入地探讨，在此就不再赘述了，否则整本书就会陷入无尽的哲学讨论中。法国数学家皮埃尔-西蒙·拉普拉斯（1749—1827）曾将其经典地总结为："概率是由我们的未知和已知组成的。"在拉普拉斯的启发之下，我们达成了共识：**当你遇到不确定性时，你就要使用概率了**。比如：

- 抛硬币、掷骰子或者转轮盘；
- 观察股市、天气或者美国橄榄球超级碗大赛；
- 想探知你家的后花园究竟有没有油井，火星上是否有生命，猫王是否还活着。

这些例子各不相同，在第一个例子的三种游戏中，结果都是等可能地出现，每种结果出现的概率可以简单用结果种类数的倒数来计算，也就是有 1/2 的概率抛到硬币的正面，有 1/6 的概率掷出数字 6，1/38 的概率得到数字 29（美式轮盘共有 38 个数字，包括 1 至 36 号、0 号以及 00 号）。这些都是显而易见的。我们能够计算出各种不同数字出现的概率。比如，在掷骰子时得到偶数的概率有多大？由于在 6 个数字中有 3 个偶数，因此结果就是 3/6 = 1/2。这些都是古典概率学的例子，它们也是数学家们研究的第一类的概率问题。其中法国数学家拉普拉斯和帕斯卡被认为是最为杰出的代表，他们在 17 世纪的来往信件被认为是最早开始对概率问题进行的系统研究。

下面我将列举三个例子来说明我们是如何将数据运用于概率的。根据观察得出当前的天气状况有 20% 的概率会下雨，那么我们就说今日降水概率为 20%。这个概率会随着天气数据的不断搜集而变化，我们称之为统计概率。在 2006 年的美国橄榄球超级碗大赛中，我在休斯敦德州人队上下了赌注，赔率是 800: 1。这意味着庄家认为休斯敦德州人队夺冠的概率低于 1/800。庄家能够得到这个结论除了由于自己曾经在休斯敦度假时几乎中暑休克之外，还通过很多数据测算从而得出结论。第三个例子与前两个例子有所不同，原因在于结果已经确定，只不过是你不知道它而已。比如究竟有没有油井这个问题。当你在开始挖之前，你始终想要知道发现石油的概率。某一位地质学家可能会告诉你这个概率是75%。但是这个比例并不是说一年中有九个月油井都在你的后花园，而剩下的三个月在你的邻居那里。它只是表示这位地质学家认为你挖到石油的概率很高。另外一位地质学家认为你挖到石油的概率是85%，这也只是在数值上的变化，内涵依然不变，也就是你挖到石油的概率真的很大。我们把这些称为主观概率。但问不同的人“猫王活着的概率”这个问题，得到的答案要么是0%要么是100%。有谁会说猫王有25%的概率活着呢？

了解一些关于比例的知识对我们计算主观概率大有裨益。假设你在匹兹堡的姑姑简给你打电话告诉你她的新邻居人很好，并且有一份跟恒星、占星家或天文学家有关的工作。如果没有足够的信息，这个邻居是一位天文学家的概率有多大？在几乎没有任何信息的前提下，你会说是50%吗？有些人会这样认为。但是你必须要考虑这个事实：在美国占星家的数量是天文学家的四倍，所以20%的概率更加现实。不要因为一件事情是“或者……或者……”就认为它的概率是一半对一半。在这种情况之下，安迪·鲁尼的50-50-90规则显得无比睿智，他说：“当你有50%的机会猜对一件事时，那么也许有90%的可能你猜的是错的。”也就是说，如果两件事机会均等，那么猜对事件发生的可能性微乎其微。

1.2 概率学家的玩具和语言

概率学家都喜欢玩硬币和骰子。从柏拉图式理念的角度上看，我们喜欢一切出现跟抛硬币和掷骰子一样的等可能事件的试验。假设现在有一个家庭有四个孩子，随机选择孩子。四个孩子全是女孩的概率有多大？如果用抛硬币的方法，就是连抛四次硬币每一次都出现正面的概率。很多概率问题都可以用抛硬币的方法解决。但重复使用这种方法会让大家觉得枯燥无味。所以我们就用掷骰子、转轮盘、从盒子里拿球或抽扑克牌这些方法来替代，在本书后面有关博彩那章将会详细介绍这些游戏的玩法。因为概率最早就是从博彩中起源的。

概率是表达不确定性的一门艺术。“抛硬币抛到正面的概率是1/2”是一个精确的表述。它表示抛到正面和反面的概率是一样的。这也是在长期反复试验的情况下考虑概率的一种方式。如果你连续不断地抛硬币，从长远来看差不多有 50% 的概率出现正面，50% 的概率出现反面。这是你能够确定的事，但你不能确定的是下一次抛的硬币究竟是正面还是反面。

概率学家们也有自己的术语。例如，我们通常会把不确定的情形称为"试验"。这种情形可能是一次真实的抛硬币或掷骰子试验，也有可能是完全不同的股市起伏或者是温布尔登网球决赛。试验结果可能是"正面朝上""6""沃尔沃的股价上涨""比约·博格赢了"（这些都是现实试验的一种真实结果）。这些结果就叫作"事件"。简而言之，事件是指发生在试验中的结果。它可以是一个简单的结果（比如骰子的数字 6），也可以是一组结果（比如骰子中的偶数）。关于事件这个概念的数学描述就是：事件是所有可能的结果的集合中的一个子集。数学家们把这个结果称为集合的一个元素。统计学家用"结果"和"事件"来强调与现实生活中发生的事情的联系。**在公式中，通常用大写字母来指代具体的事件，用字母"P"来表示概率。因此 $P(A)$ 表示的意思就是"事件 A 发生的概率"。**

所有可能出现的结果的集合被称为样本空间㊀。在有些情况下，样本空间的选择多种多样。假设你现在抛两枚硬币，需要知道两枚硬币同时正面朝上的概率。这时可能出现的正面朝上的硬币个数为 0、1、2。你可能会将这三个数字选为样本空间，然后平均下来每种结果出现的可能性为 1/3。但是，如果你不断重复这个试验，过一段时间你会发现得出两枚硬币同时朝上的概率小于 1/3。**问题就在于你选择的样本空间包含的三个结果并不是等可能地出现。**现在让我们区分一下这两枚硬币，将其中的一枚涂成红色，另外一枚涂成蓝色。它们将会等可能出现四种结果：同时正面朝上；红色的正面朝上，蓝色的反面朝上；红色的反面朝上，蓝色的正面朝上；同时反面朝上。让我们以一种更为简单明了的方式把这四种情况表现出来：HH、HT、TH、TT㊁。四种情况中有一种是两枚硬币同时正面朝上，所以正确的概率应当是 1/4。图 1-1 所示为抛两枚硬币出现的四种结果。

㊀ 样本空间是数学家们的标志性术语。1913 年，奥匈帝国战斗机飞行员理查德·冯·米泽斯在他的德文著作《概率微积分》中创造了 Merkmahlraum 一词，在德语中表示样本空间的意思。

㊁ H 为英文单词 head，表示正面朝上。T 为英文单词 tail，表示反面朝上。

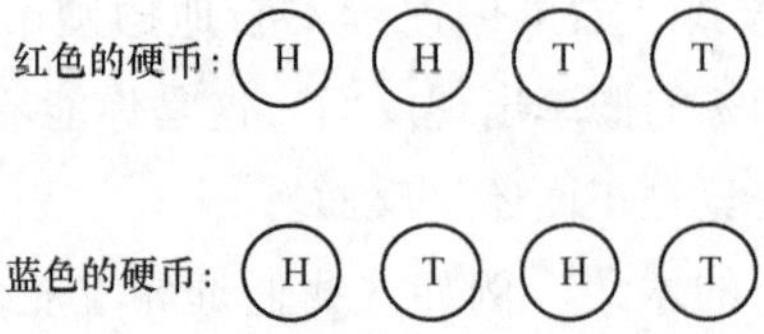

红色的硬币：H H T T

蓝色的硬币：H T H T

图 1-1 抛两枚硬币等可能出现的四种结果

接下来这个问题也是相同的。假设要掷两次骰子，得到两次的点数之和等于 8 的概率有多大？首先我们需要明确，掷两次骰子点数之和可以是 2、3、…、12，但是它们出现的概率是不一样的。为了找出每种可能出现的结果，我们同样需要用前面提到的区分硬币的方法来区分一下这两个骰子，也就是将它们分别涂上红色和蓝色。点数之和等于 8，存在着以下三种情况：2 +6，3 +5，4 +4。我们首先认为 36 种结果之中有三种情况能够得到总和等于 8。但是我们还需要进一步做出区分。比如将 2 +6 这种情况区分为蓝色骰子点数为 2，红色为 6 的情况和蓝色骰子点数为 6，红色为 2 的情况。这样区分之后，我们就会意识到一共有五种情况可以得出点数之和为 8 的结果。因此，两次的点数之和等于 8 的事件的概率就是 5/36 了。详细的样本空间分布如图 1-2 所示。

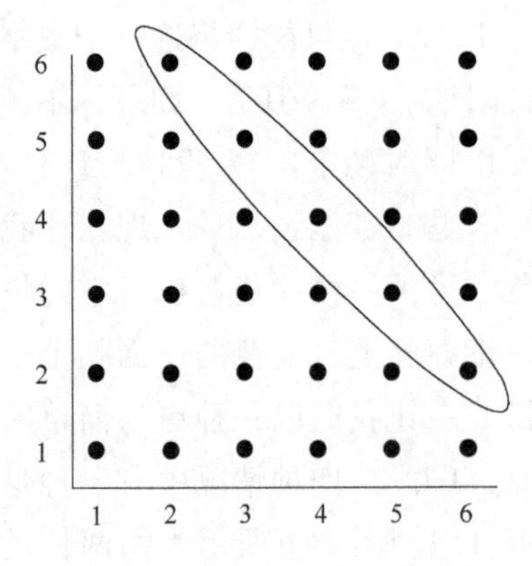

图 1-2 这个样本空间是掷两次骰子可能出现的 36 种结果。点数之和为 8 的事件用椭圆标注出来了，总共有 5 种可能。因为得到 2 和 6 与得到 3 和 5 同时都存在两种情况，而得到 4 和 4 只存在一种情况。

图 1-2 掷两个骰子的样本空间

接下来我们再举一个类似的例子。假设一个家庭有三个孩子，那么只有一个女儿的概率是多大呢？实际上，这个家庭可能有 0、1、2、3 个女儿，而这四种情况出现的概率是不一样的。我们把这三个孩子按照出生的顺序进行排列区分，比如说 BGB 代表第一个孩子是男孩，第二个孩子是女孩，第三个是男孩。那么，可能会出现 8 种不同的结果：

BBB，BBG，BGB，GBB，BGG，GBG，GGB，GGG

现在我们能够很轻松地算出只有一个女儿的概率是 3/8。**现在来算一算这个随机选出来的女孩的同胞没有姐妹的概率是多少呢？**这种情况看起来也很相似。她没有姐妹，意味着这个有着三个孩子的家庭有只有一个是女孩的概率是 3/8。相信这个结论吗？你不应该相信。这种情况是完全不同的，因为我们并不是随意选了一个有三个孩子的家庭，而是选择三个孩子中至少有一个是女孩，因此，出现 BBB 的情况是不可能的。那么概率变成了 3/7 吗？思考一会再往下看吧。

我希望你思考之后的答案是否定的。要解决这个问题我们需要一个完全不同的样本空间。我们用星号 * 来标明这个确定的女孩，那么将会出现如下 12 种情形：

BBG*，BG*B，G*BB，BG*G，BGG*，G*BG

GBG*，G*GB，GG*B，G*GG，GG*G，GGG*

因此，这个女孩没有姐妹的概率为 3/12 = 1/4。提醒大家注意之前的那些结果在这个样本空间中是如何被拆分的。三个孩子都是女孩的情形，即出现 GGG 的情况有三次，因为任何一个女孩都可能是我们指定的那个。我们计算出来的结果表明有三个孩子的家庭中只有一个女孩的占 37.5%，而 25% 的来自三个孩子家庭的女孩并没有姐妹。

那么三个孩子性别相同的概率又是多少呢？首先考虑一下这个不太完整的论证方法：其中两个孩子必定是同性别的，而对于第三个孩子来说是男孩或是女孩的概率是一样的。因此三个孩子同性别的概率是 1/2。这个例子就是投掷硬币问题的变形。早在 1894 年，英国贵族出生的业余科学家弗朗西斯 · 高尔顿爵士就用投掷硬币问题来说明草率思维的危害(在后文将会进行详细介绍)。让我们用第一个样本空间来发现错误，证明正确的概率应该是 1/4。

有一个古老的博弈问题跟这一事件异曲同工。**甲、乙二人参与投掷三颗骰子的游戏，如果三个数相加之和为 9，则甲赢；而如果三个数之和为 10，则乙赢。如果既不是 9 也不是 10，那么就继续投掷。这种游戏规则公平吗？**

有以下 6 种情况，三个数相加之和可以为 9：

1 + 2 + 6，1 + 3 + 5，1 + 4 + 4，2 + 2 + 5，2 + 3 + 4，3 + 3 + 3

同样有 6 种情况可以使其和为 10，分别是：

1 +3 +6，1 +4 +5，2 +2 +6，2 +3 +5，2 +4 +4，3 +3 +4

看起来这个游戏非常公平，但是从长远来看乙肯定会逐渐赢甲。这是为什么呢?

当你下定决心要玩这个游戏时，首先需要确定两种方式投掷结果的概率是相同的。就像之前考虑两个骰子的问题一样，假设三个骰子有三种不同的颜色，分别是红色、绿色和蓝色。如果我们按顺序来投掷这三个骰子，可能得出的结果是（1，1，1），（1，1，2），（1，2，1），（2，1，1），（2，2，1），一直到（6，6，6）；我们可以立刻知道总共有 6 ×6 ×6 =216 种可能性。让我们来看有多少种情况得出组合 1 +4 +4，结果为 9。这种组合对应这三种可能出现的情况：（1，4，4），（4，1，4），（4，4，1）。接下来讨论 1 +2 +6 这种组合，它对应有 6 种可能：（1，2，6），（1，6，2），（2，1，6）（2，6，1），（6，1，2），（6，2，1）。总之，如果三个骰子掷出来的是不同的数字，那么一共有 6 种可能性；如果两个骰子掷出来的是相同的数字，那么有三种可能出现的情况；如果三个数字都是一样的，那只有一种可能。

现在我们知道总和为 10 有 27 种可能，但总和为 9 只有 25 种可能。决胜关键点就在于出现 3 +3 +3 只有一种情况，但出现 3 +3 +4 有三种情况。详情可以参见图 1-3。因此，在出现的 52 种有关输赢的情况中，27 种情况是乙赢，概率大约是 52%，而甲只能在剩下的 25 种情况出现时赢，换而言之甲赢的概率是 48%。虽然差异不大，但足够让一些庄家以此谋生了（风险投资也是凭这种方式运行的）。

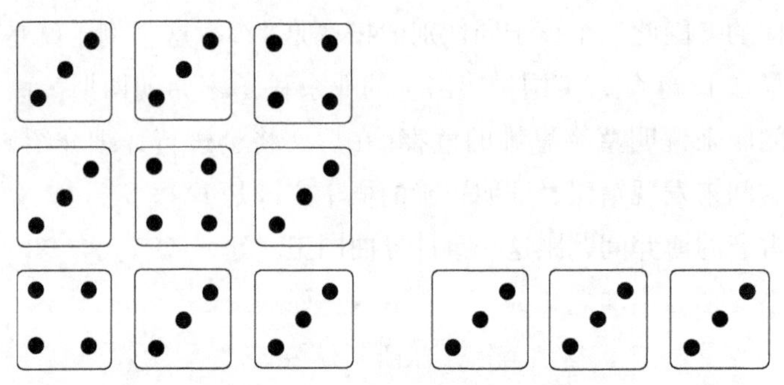

图 1-3　出现两个 3 一个 4 有三种情况（左图），但是通过三个 3 得到 9 只有一个情况。（右图）。

我在前文提到这是一个古老的问题。事实上早在 400 年前伟大的天文学家、望远镜之父伽利略在观察了一群佛罗伦萨贵族赌博之后就已经解决了这个问题。想象一下这个世界上最聪明的科学家居然会花时间帮助人们解决赌博问题，你都会觉得乐不可支。对于爱因斯坦来说值得庆幸的是在 19 世纪 30 年代的亚特兰大城还没有赌场。否则那些身无分文的赌徒一定会如潮水般涌向他在普林斯顿的办公室，跪求这位天才的帮助。

人们常常会对包含不止一个事件的问题感兴趣。比如，民意调查会同时调查人们的抽烟习惯和政治同情心。现在假设用 S 来指代调查的对象抽烟，用 R 来指代调查对象是共和党。我们可以随机制造事件。当他既是一个吸烟者，又是一个共和党人，我们把这种情况标记为“S 与 R”。当他或许是一个吸烟者，或许是一个共和党人，这一事件标记为“S 或 R”。记住，当我们描述为“S 或 R”时意味着这个调查对象可能是吸烟者，可能是共和党人，也可能两者都是。“或”的定义是一个典型的数学、逻辑和计算机科学问题。在日常用语中，我们通常用的“与/或”的语境与数学家们口中的“互斥”是不同的。后者意味着两者之中只能存在一者，比如“你想要薯条还是洋葱圈?”

而“被调查对象不是共和党人”这一事件仅仅意味着“非 R”。“被调查对象既不是一个共和党人也不是一个吸烟者”这一事件要用其他方式表述。一种方法就是否定“或”，即“非（R 或 S）”。另一种方法就是先分别否定然后就再相与，即“(非 R) 与（非 S)”。这两者等价，如等式

$$非（R 或 S）=（非 R）与（非 S）$$

括号是用来清楚地表示被否定的部分。同理，

$$非（R 与 S）=（非 R）或（非 S）$$

熟悉上面这些简单例子中包含的逻辑是非常必要的，因为我们在下文中还会使用这种表达方式。

1.3　概率学家的法则

概率可以用分数表示，也可以用十进制数表示，还可以用百分比表示。当你抛一枚硬币的时候，得到正面向上的概率是 1/2，也就是 0.5，或者也可以表示为 50%。对于什么情况下用哪一种形式来表示并没有严格的规定，在本书中三

种表达的方式都会出现。在日常情况中，我们通常会习惯于用真分数来表达，比如“十个中有一个”而不是“十分之一”。在你处理相同概率事件的时候也通常会这样用。十进制数在科技报告的数据计算中更为常见。而百分比则常在日常用语中与“机会”一块出现，代替了“概率”一词。例如，气象学家通常会说“有20%的降水机会”。它与“降水的概率是0.2”表达的是同样的意思。当从理论的角度上来看概率问题时，我们通常会把这些数字想成在0~1区间中任何一个小数，而不是以百分数的形式出现。

无论以何种方式表示，概率遵循一些基本法则。**一个自然的法则就是概率永远不可能是负数。概率最小值只能取0，它意味着我们所面对的这件事情不可能发生。**概率不可能低至-0.3或者是-5[⊖]。

第二个法则就是某件事不发生的概率可以表示为1减去这件事发生的概率。用公式表达即为：$P(\text{非}A)=1-P(A)$。这个法则很容易接受。在掷骰子的时候得出的结果不是6的概率是5/6，它等于1-1/6。如果降水概率是20%，那么不降水的概率是80%。这个法则看似简单，却非常实用。事实上，在约翰·黑格的著作《抓住机遇：概率制胜》(*Taking Chances: Winning with Probablity*）中，这一法则被称为概率的第一法则。

在博彩世界中，概率通常会被称为胜算。如果说事件A的胜算是4:1，这意味着事件A不发生的概率是其发生概率的4倍。因此我们可以得出这一等式$P(\text{非}A)=4\times P(A)$，进而得出$P(A)=1/5$,$P(\text{非}A)=4/5$。博彩中庄家是以此为生的，4:1的胜算意味着他们认为事件A发生的概率其实是小于1/5的。

第三个法则是：如果事件A发生那么事件B一定发生，则$P(A)$小于或等于$P(B)$，它的数学表达式为$P(A)\leqslant P(B)$。例如，事件A为掷骰子掷出数字6，事件B为掷出的数字是偶数。当事件A发生时事件B一定也会发生，但是事件B发生并不意味着事件A一定发生，可能出现的数字是2或4。特别值得注意的是，

⊖ 我不清楚你们对于负数的理解有多深，但是对于数学家们来说负数就像空气和水一样熟悉。接下来我要讲数学界最大的一个笑话：一个化学家、一个物理学家和一个数学家坐在街边的咖啡店看对面的房子。过了一会儿，两个人进入了这间房子。又过了一会儿，三个人走出来了。化学家说：“这是繁殖。”物理学家说：“这是测量误差。”数学家说：“呃……如果一个人再走进这间房子的话，这间房子才会没人。”

两个事件同时发生的概率总是不超过每个事件单独发生的概率。换而言之，不论事件 A、B 发生的概率是多少，$P(A\text{与}B)$ 总是不超过 $P(A)$ 或 $P(B)$。

我们再来举一个生动一点的例子。布罗德太太和蒂波多太太在篱笆旁边聊天，她们的新邻居正好路过。这是一位 60 多岁的老头儿，衣衫褴褛，远远地就可以闻到他身上那股劣质威士忌的味道。布罗德太太在此之前见过他，于是她告诉蒂波多太太这个老头儿是前路易斯安那州参议员。蒂波多太太觉得这太不可思议了。布罗德太太说道："是的，他就是前不久那个陷入丑闻风波的州参议员，被迫辞职后他就开始酗酒了。"蒂波多太太说："这听起来才更逼真呢。""不，"布罗德太太反驳道，"难道你认为我在骗你吗？"

严格说来，布罗德太太的质疑是对的。我们来看看下面这两句对这个衣衫褴褛的男人的描述："他是前州参议员"和"他是前不久那个陷入丑闻风波的州参议员，被迫辞职后他就开始酗酒了"。听起来后一句的描述更像是真的，因为它对酗酒进行了详细的解释。但正是因为这种解释使得它的真实性更低。我们需要注意到，如果第二句话是真实的，那么必须要先证明第一句话是真实的。反之就不是这样了。因此，第二句话真实的概率更低（从蒂波多太太主观角度来说，布罗德太太当然知道这个男人是谁）。这个例子便是诺贝尔奖[㊀]得主丹尼尔·卡尼曼与保罗·斯洛维奇和阿摩司·特沃斯基三人合著的《不确定决策》(*Judgment under Uncertainty*) 一书中描写的一个例子。他们用经验揭示了人们在众多陈述中选择一个真实性最高的陈述时通常会犯的错误。这对我们理解概率法则大有裨益。**令人匪夷所思的是，对一件事情解释得越详细，其可信度越低。如果要让自己值得信赖，那就尽量避免细节化。**

最后一项法则就是加法法则，两个事件中任何一个事件发生的概率为两个事件单独发生的概率之和。但是这一法则只有在两个事件不能同时发生的情况下才适用（术语称这两个事件为互斥事件）。用公式表达这一法则为

$$P(A\text{或}B) = P(A) + P(B)$$

例如，假设掷骰子得到数字为 6 是事件 A，得到数字为奇数是事件 B。这两

㊀ 我想在此说明诺贝尔经济学奖并非是真正意义上的诺贝尔奖，因为在阿尔弗雷德·诺贝尔的遗嘱里并没有设立这个奖项。这个奖项是在 1969 年开始设立颁发的，它的正式名称是"瑞典国家银行纪念阿尔弗雷德·诺贝尔经济学奖"。特此说明以便读者了解。

个事件就是互斥事件，因为你不可能掷一次骰子同时得到数字6和奇数。掷一次骰子这个前提很重要，因为你完全可以先掷出6，然后再掷一次得到一个奇数。利用上述公式可以算出掷一次骰子得到数字6或奇数的概率是1/6 + 3/6 = 4/6 = 2/3。

约翰·艾伦·保罗士在他的畅销书《数盲》(*Innumeracy*) 中描绘了一个他亲身经历的小故事：当地的一位天气预报员这样调侃天气，“周六有50%的降水概率，周日有50%的降水概率，因此周末的降水概率为100%”。这一说法明显是非常荒谬的，但是错在哪儿呢？原来是错误地使用了加法法则。周六下雨并没有排除周日下雨的情况，这两个事件完全可以都发生。在这种情况下，有一个修正版的加法法则可以运用。首先你需要把这两个事件发生的概率相加，然后减去两个事件同时发生的概率。用公式可表达为

$$P(A\text{或}B) = P(A) + P(B) - P(A\text{与}B)$$

如果事件 A 和事件 B 不能同时发生，则 $P(A\text{与}B) = 0$。那么在这个特殊情况下我们就可以得到加法法则了。如果我们用事件 A 来表示周六会下雨，用事件 B 来表示周日会下雨，事件 (A 与 B) 表示两天都会下雨。那么要计算周末有雨的概率，我们把50%加上50%，得到100%，然后我们还必须要减掉两天都下雨的概率。不管两天都下雨的概率是多少，它一定会大于0，因此我们最后得到周末有雨的概率一定小于100%。常识也告诉我们这一结论。我只是好奇，如果每天下雨的概率都是75%，那么天气预报员认为周末有雨的概率该是多少。

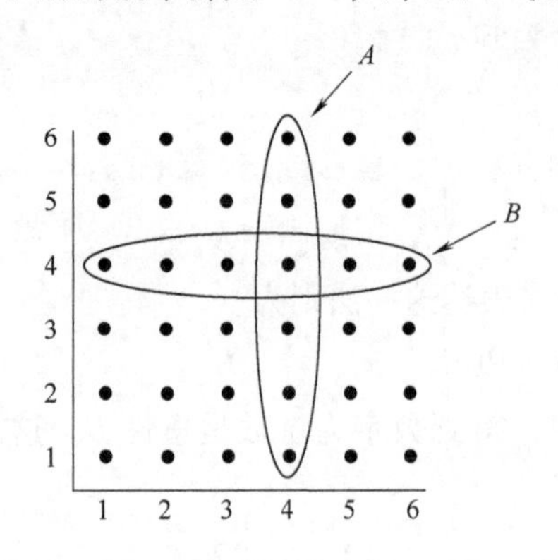

图1-4　掷两次骰子出现的情况

图1-4所示的样本空间包含了掷两次骰子可能出现的36种情况。事件“第一次掷出4”和事件“第二次掷出4”已经被标出来了。你已经注意到了这两个事件都有6种可能情况，最终两个事件共有11种可能情况，因为有一种可能情况在两个事件中都会出现。

让我们用掷骰子的例子来验证这一公式。如果你掷两次骰子，那么至少有一

次掷出 4 的概率是多少？在这个例子中，相关的事件为事件 A“第一次掷出 4”，事件 B“第二次掷出 4”。“至少有一次掷出 4”的事件为“A 或 B”。依据图 1-4 可知，这一概率为 11/36。$P(A)$ 的概率为 6/36，$P(B)$ 的概率为 6/36，因为两次都出现 4 的情况只有一种，即 $P(A$ 与 $B)$ 的概率为 1/36。$6+6-1=11$，因此这个公式是正确的。

不管每个事件的概率是多少，都必须在不违背上述法则的前提下进行。你可以随机问一位朋友，周六下雨、周日下雨、两天都下雨、至少一天下雨的概率分别是多少。你将会得到 4 个数字，这 4 个数字必须符合我们刚才所讨论的公式。例如，有人会认为周六下雨的可能性非常大，比如有 70%，周日也是一样的可能性。两天都下雨的概率呢？也许是 50% 吧。假设最后一个事件的概率是 80%。这些随机确定的概率违背了加法法则，因为结果 80% 并不等于 70% + 70% - 50% = 90%。另一个人可能会随口说出一些概率（以相同的顺序）：70%、60%、80%、50%。这些概率的确符合了加法法则，但是却存在另外一个问题。你知道是什么吗？（提示一下，布罗德太太也许会知道。）

让我们继续讨论周末的天气。假设周六、周日下雨的可能性分别都是 0.5，两天都下雨的概率为 p（p 的值介于 0 和 1 之间，不是百分数的形式）。那么 p 的取值区间是什么呢？周末有雨的概率是如何取决于 p 的呢？

假设将事件 A 和 B 分别定义为“周六下雨”和“周日下雨”。那么周末至少一天有雨的事件为“A 或 B”，因为 $p=P(A$ 与 $B)$，我们可以得到下面这个等式：

$$P(A \text{ 或 } B)=P(A)+P(B)-P(A \text{ 与 } B)=1-p$$

又因为 p 必须小于 $P(A)$ 和 $P(B)$，它不可能超过 0.5。如果 p 为 0，则 $P(A$ 或 $B)=1$，那么周末肯定会下雨。如果 p 的取值范围为 0 ~ 0.5，那么周末下雨的概率降到了 0.5 ~ 1。为什么会这样呢？这与周六、周日同时下雨的概率有关。一年有 52 个周末，平均来说 26 个周六会下雨，26 个周日会下雨。如果 p 为 0，这就意味着周六不下雨，周日一定会下雨。因此，26 个下雨的周六和 26 个下雨的周日必须分开，不能同时出现在一个周末。要出现这种可能性意味着每个周末恰好只有一天下雨。当 p 的取值越来越大，周末两天都下雨的可能性越来越大，最极端的例子就是当 p 为 0.5 的时候。所有的下雨天都集中在一起了，一年中半年的周末全都在下雨，另外半年的周末全都是晴天。

接下来做个小练习。把所有事件的概率都换一下，令 $P(A)$ 为 0.6，$P(B)$

为0.7，$P(A与B)$ 为 p。解释一下为什么 p 的取值区间为0.3～0.6。

1.4 独立性：对空难的解释

世界上每时每刻都在发生着随机事件，大多数情况下它们之间没有任何联系。比如你扔一枚硬币，我掷一次骰子，不论我掷出来的数字是多少，你得到硬币正面朝上的概率都为1/2。又如如果明天降雨的概率是20%，那么也不会改变流感是否会在亚洲爆发。再比方说美国股市股指的变化不会影响温布尔登网球锦标赛谁问鼎冠军。这些相互没有关联的事件称为独立事件。要计算两个独立事件发生的概率非常简单，只需将两者各自发生的概率相乘即可。我们把这种计算方法称为乘法法则，用公式表述即为

$$P(A与B)=P(A)\times P(B)$$

这个公式可以从正反两个方面来运用。如果两个事件是相互独立的，那么可以用乘法法则来计算两事件同时发生的概率。反之，如果乘法法则适用于两个事件同时发生的概率运算，那么这两个事件必然是相互独立的。要证明这一用法为什么正确需要经过相当详细严谨的过程，我们用几个简单的例子来说明这个公式和直觉是一致的。我们继续用上面的例子，你扔一枚硬币，然后我掷一次骰子。显然共有12种可能出现的结果：（H，1），…，（H，6），（T，1），…，（T，6）。那么硬币正面向上，骰子数字为6的概率是多少呢？显然是1/12。正面向上的概率为1/2，骰子数字为6的概率为1/6，两者相乘得出结果为1/12。

接下来我们举另外一个例子。从一副扑克牌中抽出一张牌，现在考虑两个事件，事件 A：这张牌为A；事件 H：这张牌为红桃。它们是相互独立的吗？让我们用乘法法则来检验吧。这两个事件分别的概率为

$$P(A)=4/52=1/13$$

$$P(H)=13/52=1/4$$

事件 A 和事件 H 同时发生的概率即抽出的这张牌为红桃A的概率为1/52，它是1/13与1/4的乘积。在这个例子中，$P(A与H)=P(A)\times P(H)$，这意味着这两个事件是相互独立的事件。现在从这副牌中拿出黑桃2，重新洗牌，然后再考虑上述两个事件。它们还是互相独立的吗？应该是吧？毕竟，黑桃2跟红桃或是A没有任何关系。此时分别计算这两个事件的概率，现在总共有51张牌，

因此，

$$P(A)=4/51$$
$$P(H)=13/51$$

那么 $P(A\text{与}H)=1/51$。此时 $P(A\text{与}H)$ 不等于 $P(A)$ 与 $P(H)$ 的乘积，这也就意味着这两个事件再也不是独立的了。为什么呢？当我们把黑桃 2 从牌堆里拿走时，牌 A 出现的概率从 4/52，变成了 4/51，但 A 的花色为红桃出现的概率并没有改变，依然是 1/13 = 4/52。让我们回到独立事件的概念，即一个事件的发生不会改变另外一个事件发生的概率。在上述的例子中，如果事件 H 发生了，那么事件 A 发生的概率会从 4/51 变为 1/13。

我通常会在介绍了事件独立性之后问学生：如果两个事件不能同时发生，那么它们一定互相独立吗？乍一听你肯定会这样认为。毕竟它们之间没有任何关系，对吗？错！它们之间有千丝万缕的联系。如果一个事件发生了，我们即可以确定另外一个事件不会发生。掷骰子得到数字 6 的概率是 1/6，但是当我告诉你结果一定是奇数时，这个概率就下降为 0 了。仔细想想这个问题。这对于理解独立性至关重要。

1992 年 12 月，一架小型客机在瑞典斯德哥尔摩靠近布罗马机场的居民区坠落，所幸没有造成任何居民的伤亡。但这使已经饱受交通拥堵和机场扩张折磨的居民们又多了一个顾虑。为了平抚民众，机场总经理在接受电视采访时说道，“从统计学上说人们应当感到更安全，因为再发生一次事故的概率相比之前已经小得多了”。当时我作为一名研究生，在瑞典学习概率和统计学。当我听到“从统计学上说”和“概率”这两个词在同一句话中被如此随意地使用时，我觉得非常的滑稽。作为一个热血青年，我立刻写信给瑞典的一家报社，解释为什么这个机场经理的话是错的，这封信最后也被刊登出来了。在信中我建议那位接受采访的经理联系我，以便我给他推荐一本好的概率书。当然，最终我没有收到他的回信。

这位机场经理犯的错误相当普遍：他混淆了一个事件发生两次的概率与一件事再次发生的概率。（扔两次硬币，两次都是正面朝上的概率是多少？1/4。一直扔硬币直到正面朝上，那么你下一次扔到正面朝上的概率是多少呢？1/2，因为这两个事件是独立的。）把扔硬币换成从布罗马机场起飞和降落的飞机，硬币正面朝上的概率换成飞机失事的概率。那么你就会知道为什么这个机场总经理的话是错的。他唯一可能的辩解就是飞机失事并非独立的，一次事故之后会启动调查从而提高安全性。或许如此，但是这并没有成为他的论据，他相信的是纯粹概率的戏法。其次，即使是有这样的调查，它也不会使另一起事故发生的概率骤减。毕竟引发事故的原因各不相同。这些事件都不是独立的，但是差别并不大。拿我们前面举过的那个从一副牌中取出黑桃 2 的例子来说，抽到 A 的事件和抽到红桃的事件并非完全独立。前者的概率是4/51，差不多是 0.078，而在我们已知抽到的牌是红桃时那么这张牌是 A 的概率为 1/13，大概是 0.077，并没有很大的差别。这些事件几乎可以视为独立的。

我曾在一堂概率课上说即使你已经连续扔九次硬币都是正面朝上，你下一次扔硬币得到正面朝上的概率跟它朝下的概率还是一样的。下课之后有一名学生非常疑惑地问我这怎么可能呢。毕竟，连续十次正面都朝上的概率太小了。我首先回答它硬币是没有记忆的。当你开始扔它的时候，你需要知道之前扔的是这枚硬币吗，之前是哪一面朝上吗？当然不需要。这名学生对此没有异议，但是仍然坚持认为连续十次都扔出正面朝上的概率太小了，这跟我的理论完全不符。虽然在连续十次都扔出正面朝上的概率非常小这一点上他是对的（这一事件发生的概率是 1/1024，比千分之一还要小），但是这跟我所说的扔完九次正面朝上再扔一次正面仍然朝上的概率完全没有关系。如果他连续十次扔硬币，他前九次扔硬币连续九次正面朝上是 512 种不同的情况中的一种，第十次继续得到正面朝上有一半的概率。连续十次正面朝上的概率是 1/1024，连续九次正面朝上之后第十次再正面朝上的概率依然是 1/2。并不是只有这个机场经理和大学生在这个问题上犯错。这样的错误非常常见，在后文中我将对此进行仔细地讲解。

假设你和你的堂妹乔伊打算用扔硬币的方法来解决你们之间的矛盾，但是你们两个人都没有硬币。于是乔伊建议用扔瓶盖来代替扔硬币，瓶盖正面朝上相当于硬币正面朝上，反之就是硬币的反面。但是你不能保证这两个事件的概率是否相等，有什么方法能够保证结果的公平性吗？

计算机之父——约翰·冯·诺依曼有一个不错的主意值得效仿，窍门是你可以要求掷两次瓶盖而非一次。如果投掷的结果是 HT，那么你赢；如果投掷的结果是 TH，那么乔伊赢。如果结果是 HH 或是 TT 则为平局，重新开始掷瓶盖。假设正面朝上的概率为 p，并不一定是 1/2。那么反面朝上的概率为 $1-p$，独立性使得事件 HT 发生的概率为 $p\times(1-p)$，得到 TH 的概率是 $(1-p)\times p$。实际上，两者的概率是相同的。这样就可以保证程序的公正性了（但是如果这时 p 的概率非常接近 0 或者 1，游戏就要玩很久才能分出胜负了）。

对于多个独立事件来说，乘法法则依然是适用的。假设事件 A、B、C 都相互独立，那么 $P(A$ 与 $B) = P(A) \times P(B)$，同样事件（A 与 C）与事件（B 与 C）也成立。三个事件同时发生的概率为 $P(A$ 与 B 与 $C) = P(A) \times P(B) \times P(C)$。对于三个事件来说，情况会复杂一些。下面的例子就说明了单独两个事件互相独立是不够的。我将会放手让你自己来完成这道题。你掷了两次硬币，然后考虑以下三个事件：

A：第一次正面朝上

B：第二次正面朝上

C：第一次和第二次结果不同

这三个事件两两相互独立，但是 C 相对于事件（A 与 B）来说并不是独立的，使得乘法法则在此处不再适用。值得注意的是，在此处单独事件 A 与事件 C 并无任何关系，同样单独事件 B 与事件 C 也无任何关系。但是这不能保证事件（A 与 B）与事件 C 没有关系。

如果你想要计算至少一个非独立事件发生的概率，那么上一节中提到的第一法则在这里就发挥作用了。首先计算所有事件都不发生的概率，然后再用 1 减去它。例如，在嘉年华“碰运气”游戏中，你投掷三颗骰子其中至少一颗点数为 6，那么你将赢得游戏。你赢的概率是多少呢？一颗骰子掷得 6 的概率是 1/6，你有三次机会，也许你认为你有一半赢的机会。1/6 乘以 3 当然等于 1/2。但是这跟我们现在叙述的问题没有任何联系。如果你按照刚才我给出的建议，先算出没有一次结果为 6 的概率。依据独立性原理，概率为

$$P(3\text{ 次均非 }6) = 5/6 \times 5/6 \times 5/6 = (5/6)^3$$

于是我们得出 $P(\text{至少一次为 }6) = 1 - (5/6)^3 \approx 0.42$

每次游戏中你付钱才能玩，所以你输的概率比赢的大。如果是掷四颗骰子呢？你赢的概率为 $1 - (5/6)^4$，大约为 0.52。因此在掷四颗骰子的情况下，你才有优势。

再举一个例子。美式轮盘上的数字从 1 到 36，另外再加上数字 0 和数字 00。如果你在一个数字上下注，你赢的概率是 1/38。你要玩多少轮才能保证至少赢一次的概率达到一半呢？是 19 轮吗（38 的一半）？现在假设这个数字是 n。那么

我们得到了等式

$$P\text{（至少赢一次）}=1-(37/38)^n$$

当 n 等于 19 时，概率只是 0.4。当 n 等于 25 时，概率约等于 0.49，当 n 等于 26 时，概率刚过半。因此，你需要玩 26 轮。38 除以 2 得 19 肯定是对的，但是它与游戏并不相关。⊖数字 19 另有用处。如果你在一轮游戏中赌了 19 个数字，那么你有一半的概率能赢。当然，你只是赢一次。然而你如果一直只赌一个数字，你可以赢很多次。下文将会解释，从长远来看，不管你怎么玩这个游戏你都是会输的。这是多么不幸啊！

1.5 条件概率：电视抽奖与萨利案

如果两个事件不是互相独立的，那么它们称为“如果……则……”相关的。如果两个事件是相关事件，那么一个事件发生的概率会随着另一个事件发生与否而改变。掷骰子掷得 6 的概率是 1/6。如果我告诉你投掷的结果是一个偶数，那么你就可以排除 1、3、5 这三种情况了。这时掷到 6 的概率是 1/3。我们预先知道了掷出的结果是偶数，再计算掷出 6 的概率，这种情况也就是条件概率。我在上文曾经提过可以用概率来思考平均长期行为的问题。同样，我们也可以用条件概率来看待长期行为；你只需要忽略所有不符合这个条件的行为。比如在上面例子中，你只需要忽略所有奇数结果，计算 6 出现在偶数结果的概率，你就可以得出 1/3 这个结果。对于条件概率我们可以运用乘法公式来表达，对于任意事件 A、B，有

$$P(A\text{与}B)=P(A)\times P(B\mid A)$$

换言之，如果事件 A、B 要同时发生，则首先要得出事件 A 发生的概率，然后再计算在事件 A 已发生的前提下事件 B 发生的概率。当运用到这个公式时，你可以自己选择将一个事件定义为 A，另一个事件定义为 B。现在假设你从一副牌

⊖ 这让我想起了一个有趣的小故事。一个乘着热气球的男人迷路了，他问地面上的另一个人他在哪里。这个地面上的人回答他说：“你在热气球上。”“也就是我这么倒霉，”坐在热气球上的这个男人抱怨道，“偏偏问了一个数学家。”“你怎么知道我是数学家？”地面上这个男人问道。他回答道：“你的答案是正确的，但是毫无用处。”

里抽出两张牌，两张都是A的概率为多少？令第一张是A为事件A，则$P(A)$为4/52。因为已经出现一张A了，剩下的51张牌中只剩下三张A。因此令第二张是A的概率为3/51，即$P(B|A)$等于3/51。将两个概率相乘，得到的结果约等于0.0045。

当你在对比这两种乘法法则时，你会发现**在独立事件中$P(B)=P(B|A)$，事件A的发生与否不会改变事件B发生的概率**。这个发现非常有意义。稍微改变一下上面的例子，第一次抽出一张牌之后将牌放回去，重新洗牌，再抽一次牌。现在两张都是A的概率是多少？在这种情况下，两次抽到A的事件是独立的，概率为4/52乘4/52，大约是0.0059（为什么得出的结果会比0.0045大呢？想想你抽三次、四次、五次得到的牌都是A的概率是多少吧）。

如果$P(B|A)$不等于$P(B)$，则$P(A|B)$也不等于$P(A)$。这看起来有着一定的对称性。事件（A与B）与事件（B与A）是一样的，你可以用上述的乘法公式来证明。尤其是注意到当无法直接计算出条件概率时，通常会用乘法公式去计算。通过变形，可以得出

$$P(B|A)=P(A与B)/P(A)$$

这一公式在以后会有大用。提醒大家注意$P(A与B)$表示的是事件A、B同时发生的概率，而$P(B|A)$是指当事件A已经发生了，事件B发生的概率。这两种概率意义完全不同。随机选择一个美国人，令事件A为“此人来自于罗德岛州”，令事件B为“此人是葡萄牙后裔”。$P(A与B)$表示这个人来自罗德岛州且有葡萄牙祖先的概率，大概有0.03%（在美国两亿九千五百万人口中，大概有九万人符合这样的特征）。而条件概率$P(B|A)$则指的是一个罗德岛州人拥有葡萄牙祖先的概率，这一概率大概是9%（罗德岛州一百万人口中有九万人拥有葡萄牙血统）。

为了方便理解如何计算条件概率，我们再一次用到掷两次骰子的例子。令事件A为至少一次掷出一个6，令事件B为两次结果之和为10。参见图1-5的样本空间，标记为A的事件指的是至少一次掷出6；标记为B的事件指的是两次结果之和为10。有两种情况可以使事件A、B同时成立（第一次掷出4，第二次掷出6或者第一次掷出6，第二次掷出4），因此$P(A与B)=2/36=1/18$。通过图1-5可知$P(A)=11/36$，因此利用公式可以计算出至少一次掷出6后两次结果之和为10的概率是

$$P(B|A)=P(A\text{与}B)/P(A)=2/36\div 11/36=2/11\text{。}$$

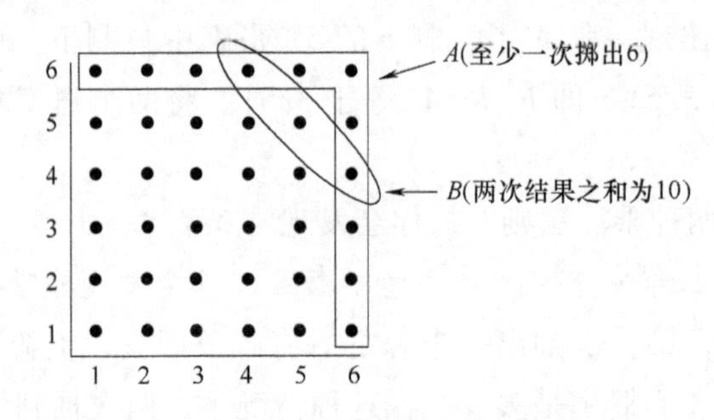

图 1-5　掷两次骰子的样本空间

当然你也可以直观地来理解这一问题，如果掷出了一个 6，剩下还有 11 种可能的结果，而其中有两种情况相加之和为 10，因此条件概率为 2/11。如果你的直觉不错的话，那么计算的结果和直观的结果总是一致的。

在 20 世纪 90 年代初，一家瑞典知名的报纸利用“你的彩票都被扔了!”这一标题引起了很大的骚动。这与当时的流行电视节目《宾戈乐透》有关。人们买乐透彩票然后寄给节目组，主持人在现场直播时从大邮袋中抽出一张彩票，宣布中奖。一些细心的记者发现，这个大邮袋中只有小部分寄来的彩票。因此得出一个结论：你的彩票被扔掉了!

让我们来快速地解决这个问题吧。假定总共有十万张彩票，随机选择了一千张来进行最后的抽奖。如果从全部的彩票中抽奖，你中奖的概率是十万分之一。按照节目组的方法，你的彩票首先要从第一轮随机抽取被放进邮袋，然后再第二轮从邮袋中被抽中。你的彩票可以被放入邮袋的概率是百分之一。当你的彩票已经在邮袋中，再次被抽中中奖的概率是千分之一。两个概率相乘，得到的是十万分之一。明白了这一点，观众就不会骚乱了。

用条件概率也可以解释为什么在 1.3 节的例子中，蒂波多太太会说：“这听起来更逼真呢。”她根本没有意识到自己用了条件概率。她无法想象一位前州议员会沦落到衣衫褴褛的境地。当她了解到他的经历时，她才开始相信。因此，她认为 $P(B|A)$ 比 $P(B)$ 更大（你知道事件 A 和事件 B 分别是什么吗?）。

在理解概率问题上产生的谬误远比激怒瑞典的电视观众或拿路易斯安那州的政客开玩笑更为严重。问问萨利·克拉克吧，她最清楚。1999 年，英国陪审团认为她谋杀了她的两个孩子。两个孩子分别在出生后 8 周和 11 周时猝死。一位儿科医生以专家证人的身份出席庭审时说，一个家庭中两个婴儿猝死综合征，或称“婴儿猝死”的概率只有七千三百万分之一。本案除此之外再无任何谋杀的人证物证，也不存在杀人动机。唯一的可能就是陪审团被这个极低的概率说服了。但是这个概率是怎么得到的呢？数据显示在 8500 个像萨利一样的家庭中就会有一例婴儿猝死。因此通过简单计算得出同一个家庭中两个婴儿猝死的概率是 1/8500 × 1/8500，差不多等于 1/73000000。

你发现错误了吗？我希望你能够发现。这种计算方法的前提是假设在同一个家庭中连续猝死的婴儿是独立事件。这个假设显然是存疑的，一个没有医学背景的常人也自然会想到存在基因的问题。事实上，有统计显示如果一个婴儿猝死，那么这个家庭其他的婴儿猝死的风险更大，高达 1/100。要计算出在同一个家庭中两个婴儿猝死的概率，我们需要运用到条件概率，即 1/8500 × 1/100，结果为 1/850000。现在得到的数字依然是一个很小的数字，它也许并不能够使陪审员们改变观点。但是 1/850000 和萨利被判有罪有什么关系呢？显然毫无关联。她第一个孩子的死亡被证明是自然原因死亡，没有谋杀的嫌疑。那么在没有谋杀嫌疑的前提下，这一事件再次发生的概率依然是 1/100。如果提交给陪审团的是这一数字，那么萨利就不需要在判决被推翻之前遭受三年的牢狱之灾了，最后这个专家证人（当然不是概率学专家）被判严重渎职罪。

你也许还会问 1/100 的概率与萨利的罪行有什么关系呢？这是她无辜的概率吗？当然不是。如果是的话意味着经历了两个婴儿猝死的母亲中有 99% 是凶手！1/100 仅表示第二个婴儿猝死的概率，即经历了一次婴儿猝死的家庭有 1% 的可能还要再承受一次同样的打击。如果需要在法庭上用概率的理论，那么所有参与方都应懂得基本的概率知识。而在萨利一案中，没有一个人懂得概率论。

接下来，让我们来看一个悖论吧（它通常并不以概率问题的面貌出现）。**你的老师告诉大家下周有个抽查考试，周一至周五任意一天的早上会告诉大家当天考试。**你立刻就会反应过来，这个考试不会是在周五。如果是的话，它就不是一次抽查考试了，因为前几天没考试最后一天当然就会考试了。于是，周五被排除了，剩下周一到周四。但是同理周四也不可能了，因为排除了周五它就是最后一天了。周四被排除了。接着周三变得不可能了，接着周二，接着周一。于是你得到这个结论：根本就没有抽查考试这回事！但是老师在周二早上告诉大家当天要考试，你当时就震惊了。

这个问题通常会以消防演习、秘密处决的形式出现，它有许多名字，比如“刽子手悖论”或是严肃哲学所称的“突然演习悖论”。要解决这一问题，我认为将其视为概率问题这一步至关重要。我们假设考试会在新的一周五个工作日随机选一天。周一考试的概率是多大呢？显然是1/5。如果周一没有考试，那么周二考试的概率是多少？选中周二考试的概率也是1/5，但是我们现在处理的是条件概率问题，周二考试的前提是周一没有考试。而在剩下的四天内周二考试的概率变成了1/4。同理，依据条件概率，在周三、周四、周五考试的概率分别是1/3、1/2和1。

我们依据每天不考试的概率用惊奇指数来定义这五天。周一，惊奇指数是0.8；周二降到了0.75；随着时间推移指数越来越低。到了周五，这一指数就变为0，意味着周五一定会考试。因此，抽查考试不是以等值的惊奇指数发生的，当到了周五时你会自然而然地知道今天一定会考试。

1.6 是谁在说谎

这一节我们将讨论一个经典的概率问题，它说起来很简单，但是却容易混淆。如果你读起来觉得有一些乏味，或者说你对这一节不感兴趣，你可以跳过这一节，直接进入下一节。这对你的阅读完全没有影响，不会错过任何重要的理论。

这个问题的典型例子就是，有时你在做事情之前必须停下来想清楚别人要求你做什么。例如，亚达、鲍勃和卡罗各自说真话的概率是1/3（他们说真话的事件是独立的）。如果亚达否认了鲍勃说卡罗在说谎，那么卡罗说真话的概率是多少？

首先我们要明白这是一个条件概率的问题，然后定义两个事件：

C：卡罗说真话

A：亚达否认了鲍勃说卡罗在说谎

我们现在需要知道的概率是条件概率 $P(C|A)$。从1.5节的介绍中，我们知道要可以通过 $P(C与A)$ 除以 $P(A)$ 来得到这一结果。那么我们先来计

算$P(C与A)$。首先还是沿用上文的假设，定义事件A为亚达否认了鲍勃说卡罗在说谎，因此事件（C与A）表示卡罗说了真话，亚达说鲍勃说卡罗说了真话。现在问题变成了：这种情况下到底是谁说了真话，谁又说了谎话？首先，卡罗是在说真话。其他人呢？如果亚达指证鲍勃说卡罗说真话是真话，那么鲍勃也在说真话。因此，这种情况下三个人都在说真话，概率为$1/3\times1/3\times1/3=1/27$。

如果亚达说谎呢？那么鲍勃说卡罗说谎的话意味着鲍勃自己在说谎。那么这种情况下，亚达说谎，鲍勃说谎，卡罗说真话也符合事件的要求。它的概率为$2/3\times2/3\times1/3=4/27$。在亚达说谎的前提下，不存在其他情况符合事件的要求。用它加上之前计算出来的1/27，我们可以得出$P(C与A)=5/27$。

仅对于事件A来说，还有其他可能的情况。比如，亚达说了真话，而鲍勃和卡罗都说谎。为什么呢？首先假设亚达肯定鲍勃说的卡罗在说真话这句话是真的。如果鲍勃在说假话，这意味着卡罗也在说假话，于是“亚达说鲍勃说的卡罗在说真话”这一事件就能发生了。表1-1 列出了所有真话（T）和谎话（L）的结合，并说明是否符合事件发生的要求。通过观察可以发现如果事件A发生，那么就有奇数个人说真话，而事件（C与A）发生的话我们就需要再加上卡罗说真话这个条件。

表 1-1 三人说真话还是谎话的所有可能情形

亚达	T	T	T	T	L	L	L	L
鲍勃	T	T	L	L	T	T	L	L
卡罗	T	L	T	L	T	L	T	L
A	yes	no	no	yes	no	yes	yes	no
C* 与 *A	yes	no	no	no	no	no	yes	no
概率	1/27	2/27	2/27	4/27	2/27	4/27	4/27	8/27

我们计算出了$P(C与A)$，通过上表可知$P(A)$为13/27。通过条件概率可以算出

$P(C\mid A)=P(C与A)/P(A)=5/27\div13/27=5/13$。这个概率大概是38.5%，比卡罗说真话的概率33.3%要稍微高一些。亚达确认鲍勃说卡罗在说真话让我们更加相信卡罗在说真话了，这让人稍稍有些吃惊，因为这群人可都是一

群骗子。

这是一个古老的问题。早在1935年英国天文物理学家亚瑟·爱丁顿爵士已经在《科学的新道路》(*New Pathways in Science*) 一书中提及，并在当年的《数学公报》(*The Mathematical Gazette*) 中发表的文章中对这一问题进行了深入的剖析。他说这个问题是受到了同事 A. C. D. 克罗姆林（有一颗彗星就是以他的名字命名的）在1919年一次餐后演说的启发。爱丁顿爵士的书中举的是四个人的例子，在下文中我也将会简要说明。有趣的是，对于这个问题有人也提出了一些争议的观点和不同的解法。差别之处源于我上文做出的一个重要假设之前，即如果亚达在说“鲍勃说卡罗说的是真话”这句话时说了谎，我把它解释成为鲍勃说卡罗说谎。但是这句话也可以解释出另一层意思——鲍勃什么都没说。事实上，这个假设是以下列内在逻辑引申出的一系列的推论：首先卡罗说了一些话，既有可能是真话也有可能在说谎；接下来，鲍勃知道她有没有说真话，然后说“卡罗说的是实话”或者说“卡罗说谎了”；最后亚达或者说了“鲍勃说卡罗在说真话”或者说“鲍勃说卡罗说谎”。这种解释也使我在改写这个问题时“摆脱了双重否定”。

然而，当我们回归到原话“亚达否认鲍勃确认卡罗在说谎”时，也有可能情况是这样的。亚达被问到“鲍勃确认卡罗在说谎吗?”，亚达回答说“不”。如果亚达说谎了，那么这意味着鲍勃的确说了“卡罗在说谎”。而如果亚达说的是真话，那么有可能鲍勃否认卡罗在说谎，也有可能鲍勃在这个问题上保持了沉默。爱丁顿爵士采用的就是后一种解释。他只假设卡罗说了一句真话或是假话，然后据此排除了明显与问题不符的话（他在此问题上也用到了他创造的在解释物理学观察结果时运用的“排除法”）。在他的观点里，与事件 A 不符的情况只有 L-T-T 和 L-L-L。而我们排除的 T-T-L 和 T-L-T 的情形在他的假设中也存在。他认为所有亚达说真话的情形都是与事件 A 符合的；即如果亚达说的是真话，那么我们就无法简单地断定鲍勃说的是真是假，也没有任何证据表明卡罗没有说真话。据此他得出，$P(C$ 与 $A)=7/27$，$P(A)=17/27$，最后得出卡罗说真话的概率是7/17。

1936年12月期的《数学公报》中发表了两篇文章：一篇赞同爱丁顿爵士的观点，另一篇则反驳他的观点。当然不存在绝对的标准来判断对错，只有在具体假设基础上的对与错。在爱丁顿爵士的解释下卡罗无法被证明说假话。这样的解释也必需分具体的场合。如果这些人是在法庭上作证，我们的解释——他们各自都发言了的假设是符合逻辑的。而如果是用于解释一些物理学原理，那么爱丁顿爵士的解释就更有意义。我相信大部分的概率学家会认为我们最初解决这个问题的办法是唯一合理的方法。尽管如此，我不会做出像瓦伦·韦弗在其现代经典著作《幸运女神：概率学理论》（*Lady Luck*：*The Theory of Probability*）一书中对爱丁顿爵士那样极端的评价，认为爱丁顿爵士得出的结论就跟做出的假设一样荒谬（《幸运女神：概率学理论》于 1963 年问世，直到今天它仍不失为一本非专业地介绍概率的好书）。当然，在判断谁在说谎的一系列假设，不应该以问题公式化的形式展示出来。这样反而会使问题更加复杂，让争强好胜的英国天文物理学家们喋喋不休地争论。下面我把爱丁顿爵士的原题列出：

如果 A、B、C、D 四人每人都有三分之一的概率说真话（每个人说真话的概率都是独立的），A 肯定地说 B 否认了 C 宣称 D 是骗子的话，那么 D 说真话的概率是多少?

我把这一题留给读者们当作练习题。爱丁顿爵士给出的答案是25/71，而按照我的解释，这题的正确答案是 13/41。

1.7　全概率法则：二手车与色盲

想象一下你在一座街道经常面临水灾侵袭的城市买了一辆二手车。了解到大约 5% 的二手车都经受过雨水的浸泡，并且预计其中的 80% 将会出现严重的发动机故障；而没有被水泡过的二手车中大约只有 10% 的概率会面临相同的故障。当然，没有任何二手车经销商会坦白地告诉你这辆二手车是否被水泡过。所以你就必须求助于概率计算了。那么你的汽车出现故障的概率是多少呢?

你可能会从比例的角度考虑这个问题。每卖出 1000 辆二手车，有 50 辆曾被水泡过，其中的 80% 即 40 辆之后会出现故障。而在 950 辆没被水泡过的二手车中，预计 10% 即 95 辆会出现相同的故障。因此，我们算出在 1000 辆车中有 $40 + 95 = 135$ 辆车在今后会出现故障，得到的概率是 13.5%。

如果你用这样的方法来解决问题，那么恭喜你，你无形中用到了全概率法则。这也是概率问题经常使用的法则。如果用概率对上面的解法进行重新演绎，那么得到的算法是：

$$P（发动机故障）=0.05\times0.80+0.95\times0.10=0.135$$

我们首先以是否被水泡过为标准将车分两种情况，然后再将两种情况下分别计算出来的概率相加。对于热爱数学公式的读者，下面就是对事件 A、B 的通用公式：

$$P(B)=P(B|A)\times P(A)+P(B|非A)\times P(非A)$$

周日晚上你和你的两个同事艾伯特和贝琪在当地的酒吧见面小酌一番。你们讨论起了每天上班你要坐的那趟公交，大约有 40% 的概率会晚点。你决定让大家预测下一周这趟车的晚点情况，看谁的预测最准。你们将会列出五个 L 和 T（分别代表“晚点”和“准点”）。现在知道公交每天晚点的概率是 40%，你决定按照这个比例随机选出现 L 和 T 的情况。艾伯特也有同样的想法，但又不想预测太多次晚点，于是决定预测两天晚点，三天准点，然后随机排列。贝琪觉得公交准点到的可能性更大，于是简单地列出了连续五天都是 T 的情况（艾伯特听完贝琪的预测，举起他的酒杯，摇头叹息到“女人啊！怎么可能每天都准时呢?”）。那么谁的预测最可能是完全正确的呢?

让我们先计算预测对一天的概率是多少吧。如果你预测的是 T，而公交又是准点的话你就对了，这一概率是 0.6。因此，贝琪每天都选择这个概率，而艾伯特只选择了三天，另外两天准确预测晚点的概率为 0.4。而你运用了更为复杂的策略，每次都预测准确。依据全概率法则，你一天预测准确的概率是 $0.6\times0.6+0.4\times0.4=0.52$。一共有五个工作日，那么你全部预测准确的概率为 $0.52^5\approx0.038$。艾伯特五天都预测准确的概率为 $0.6^3\times0.4^2\approx0.035$（不论他预测哪一天公交准点，概率不变），贝琪五天都预测准确的概率为 $0.6^5\approx0.078$。从 3.5%、3.8% 和 7.8% 这三个概率看出，每个人全部预测准确的概率都很低，但显然贝琪相对来说更有优势。为了挽回他的面子，艾伯特会说他比贝琪更能预测准确晚点。一周中有两天公交会晚点的概率大约是 0.35（用 0.035×10 得出来的结果，你知道为什么这样计算吗?）。当然，他的问题在于如何确定这两天分别是周几。

遗传学是一门应用概率知识非常广泛的学科。让我们回忆一下，基因总是成对出现，子代副本一个遗传自母亲，另一个遗传自父亲。假设一个特定的基因有两个等位基因 A 和 a，个体的基因型可以是 AA，Aa 和 aa 中的任何一个。如果父母的基因型均是 Aa，那么他们的子女具有相同基因型的概率是多少呢?

假设来自父母的两个基因副本具有相同的可能性遗传给子女，并且双方的遗传是独立的，那么表 1-2 列出了四种具有等可能的结果，子女基因型同是 Aa 的概率是 1/2（顺序在基因中不重要，Aa 和 aA 一样），而基因型是 AA 和 aa 的概率则都是 1/4。表中的方格是庞尼特氏方格的一个例子，方格中任一格都是 1/4 的概率。一个基因和两个等位基因对应的是一个 2 × 2 的方格，多个基因和多个等位基因对应的则是更大的方格。

表 1-2　庞尼特氏方格标示的可能基因型

遗传自父亲 \ 遗传自母亲	A	a
A	AA	Aa
a	aA	aa

我们称需要两个基因副本才能表达的等位基因为隐性基因，而仅需一个基因副本就能表达的等位基因为显性基因。举例而言，囊胞性纤维症（简称 CF）是由一个特定基因中的隐性等位基因引起的遗传疾病。设这个隐性等位基因为 C，健康等位基因为 H，只有当基因型为 CC 时才会患该疾病。基因型为 CH 的人只是携带者，意味着他们虽然有这种致病基因，但还是健康的。根据统计数据预测，每 25 人中约有 1 人是携带者（仅限于中欧和北欧血统中，其他种族中不太常见）。已知上述信息，那么健康父母生的新生儿中患有 CF 的概率是多少呢？设该事件为 CF，父母均是携带者的事件为 B，那么有以下式子

$$P(\mathrm{CF}) = P(\mathrm{CF} \mid B) \times P(B) + P(\mathrm{CF} \mid \overline{B}) \times P(\overline{B})$$

我们知道 $P(\mathrm{CF} \mid \overline{B}) = 0$，因为父母双方必须都是携带者，子女才可能患病。假设父母的基因型是相互独立的，得出：

$$P(B) = 1/25 \times 1/25 = 1/625$$

而子女只有分别从父母遗传到等位基因 C 才会患病，得出：

$$P(\mathrm{CF} \mid B) = 1/4$$

综合以上可以得出：

$$P(\mathrm{CF}) = 1/625 \times 1/4 = 1/2500$$

换言之，新生儿的 CF 发病率为 1/2500，即 0.04%。

现在假设一个家庭只有一名子女，父母双方健康，母亲是致病基因的携带者，父亲基因型未知，那么子女既非携带者又未患病的概率是多少？

设我们感兴趣的这个事件为 E，母亲的基因型为 CH，我们根据庞尼特氏方格算出的概率情况取得父亲的基因型，算出：

$$P(E)=P(E \mid CH)\times P(CH)+P(E \mid HH)\times P(HH)$$
$$=1/4\times 1/25+1/2\times 24/25\approx 0.49$$

另一个严重的遗传性疾病是经常导致新生儿死亡的泰-萨克斯病。这种疾病是常染色体遗传疾病，意味着这个基因位于非性染色体中的一条。而且也是隐性的，在普通人群中，大概每 250 人中有 1 人是携带者（这个基因在特定群体如德系犹太人、法裔加拿大人和美国路易斯安那州的法国人后裔中会更加常见）。这个概率看起来很高，是不是？但它却不是一种广为人知的疾病，虽然有超过 100 万的美国人都是携带者。当然，除非进行基因检测，否则你永远不会知道自己是一名携带者。那么这个疾病到底有多常见呢？让我们算一下新生儿患有家族泰-萨克斯病的概率。

首先，父母双方都需要是携带者。假设父母的基因型相互独立，概率是 $1/250\times 1/250$，低于 1% 的五分之一。其次，如果父母双方都是携带者，那么，根据表 1-2 的庞尼特氏方格，以 a 表示致病基因，计算出子女患病的可能性是 25%。所以，新生儿患有泰-萨克斯病的概率为 $1/250\times 1/250\times 1/4$ 即 1/250000。注意在这个案例中，患病个体远在具有生育能力前就去世了，所以不会有其他相关的庞尼特氏方格。推而广之，如果严重常染色体隐性遗传病（严重程度足以影响未有生殖能力的个体）的携带概率为 $1/n$，那么新生儿的发病率为 $1/4n^2$。患病个体可能（乃至常常）能存活至生育的隐性遗传病例子是镰状细胞性贫血和前文提及的 CF。

还有一类情况是伴性基因疾病，即致病基因位于性染色体中。伴性基因疾病最典型的是绿色盲，或红绿色盲，这种致病基因位于 X 染色体中。只需要一个正常的基因就足够避免色盲，鉴于女性有两条 X 染色体，而男性只有一条，因而男性中红绿色盲更为普遍。请见表 1-3 庞尼特氏方格的例子，在表 1-3a 中，父母均非色盲，但母亲是携带者。携带色盲基因的染色体标为 X^C，则色盲男性为 X^CY，健康男性为 XY，健康女性为 XX，色盲携带女性为 X^CX。在当前情况下，这对父母的子女患色盲的可能性是 25%。而女性只有在基因型是 X^CX^C 时才会成为色盲。所以，如果父母双方均是色盲，则所有子女都会是色盲。如果父亲是色盲，母亲并非色盲而只是携带者，则无论性别，子女色盲的可能性都是 50%。

后一种情况具体请见表 1-3b。估计约有 7% 的男性是色盲，即约有 7% 的 X 染色体携带色盲基因。因为女性需要两个这种基因副本才会患有色盲，其概率为 $0.07 \times 0.07 = 0.0049$，所以我们预计约有 0.5% 的女性是色盲，这也符合实际观察到的情况。

表 1-3　色盲的庞尼特氏方格

a)

遗传自父亲 \ 遗传自母亲	X	X^C
X	XX	X^CX
Y	XY	X^CY

b)

遗传自父亲 \ 遗传自母亲	X	X^C
X^C	XX^C	X^CX^C
Y	XY	X^CY

色盲症是伴性的 X 染色体遗传病，因而对于男性而言，从父亲处只遗传 Y 染色体，父亲是否患有色盲症并不重要，真正重要的是从母亲遗传的 X 染色体。对于女性而言则完全不同，成为色盲需要父亲必须是色盲且母亲是色盲（这种情况下女儿肯定色盲）或者是色盲携带者（这种情况下色盲概率为 50%）。因此，色盲父亲可以有一个非色盲的女儿，这个女儿如果有儿子则儿子是色盲的概率为 50%。男性不可能从父亲处遗传 X 染色体，但可能通过母亲继承外祖父的 X 染色体。在这种意义上，色盲可能发生隔代遗传。至于乔治·克斯坦萨在《宋飞传》“发福”这一集中声称的阿肯色州口音遗传是不是也是相同的原理，还是留给大家讨论吧。

1.8　羽毛球与意想不到的决斗策略

全概率法则在出现两个以上事件的情况下也是同样适用的。**假设安娜和鲍勃在打网球，处于局末平分的状态，谁领先两分就可以赢得比赛了。已知每一球安娜赢的概率是 2/3，那么她最终赢得比赛的概率是多少？**

答案很难脱口而出。事实上安娜要赢得这场比赛存在多种情况。她可以连得两分；可以先赢一分后输一分最后连赢两分。她还可以先赢后输，再赢……再输最后连赢两分。总之有无数种可能，把每一种的概率计算出来最后相加可以得到安娜赢得比赛的概率。你尽管试试，反正我不用这种方法。我要用的是一种更加简洁的方式。让我们来考虑以下三种不同的情况：

第Ⅰ种情况：安娜连赢两球

第Ⅱ种情况：鲍勃连赢两球

第Ⅲ种情况：他们各赢一球，不论先后顺序

现在运用全概率公式分别计算这三种情况的概率，然后代入下列公式：

P(安娜赢) = P(安娜以第Ⅰ种情况赢) × P(Ⅰ) + P(安娜以第Ⅱ种情况赢) × P(Ⅱ) + P(安娜以第Ⅲ种情况赢) × P(Ⅲ)

这三种情况的概率分别是多少呢？我们假设每一球是独立的，那么概率分别是

$$P(\text{Ⅰ}) = 2/3 \times 2/3 = 4/9$$

$$P(\text{Ⅱ}) = 1/3 \times 1/3 = 1/9$$

$$P(\text{Ⅲ}) = 4/9$$

最后一种情况的概率是用1减去前两种情况的概率和得到的。目前为止没有任何问题。现在要用到条件概率了。前两种情况都很明确：第Ⅰ种情况下安娜赢的概率为1，第Ⅱ种情况下为0。第Ⅲ种情况呢？在第Ⅲ种情况下，两个人又重新回到了局末平分的情况，这种情况下的概率正是我们现在要计算的。我们走进死胡同了吗？

不！恰恰相反，我们马上就要得出正确答案了。因为P(安娜赢）和P(安娜以第Ⅲ种情况赢）是相等的且未知，我们假设这个未知数为p，然后将已知的概率代入公式，可得到：$p = 1 \times 4/9 + 0 \times 1/9 + p \times 4/9 = 4/9 + p \times 4/9$。很快可以算出$p = 4/5$。在解决这个问题时我们并没有直接去计算概率，而是通过分析三种可能情况，计算出两种，第三种又将问题带回原来的情况，再通过等式计算未知数。这种解法是不是非常的巧妙。通过这个例子可以得出一个通用的公式：

$$P(\text{安娜赢}) = \frac{w^2}{w^2 + (1-w)^2}$$

图1-6以树状图的方式列出了各种不同情况。

现在让我们来解决一个新的运动赛事问题，这一次讲的是羽毛球。在美国，人们通常会在自家的院子里打羽毛球，如果是在大学运动馆的羽毛球场地打的，有90%的都是亚裔，剩下的就是北欧人、英国人、德国人和新西兰人。在2005年8月，白国豪和吴俊明在世锦赛上赢得了男子双打的金牌，这是美国运动员首次在羽毛球赛事上赢得世界冠军，从此也改写了历史。很多人都不知道羽毛球是最快的球拍类运动，它的时速可以达到200英里，对于羽毛球这个小球来说非常

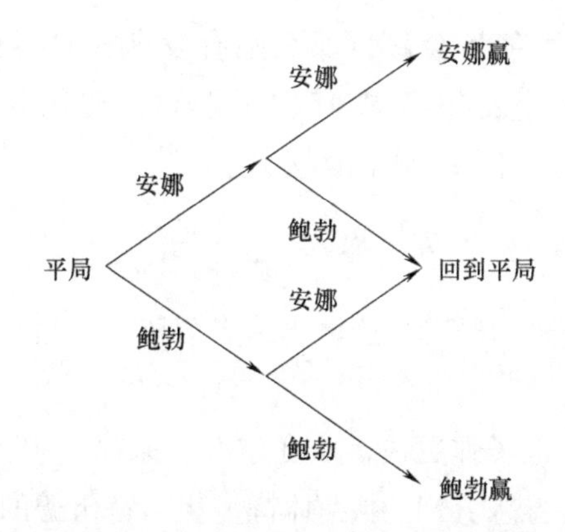

图 1-6　安娜和鲍勃在局末平分的情况下各种情况

快了。

在羽毛球赛中只有你发球时才可以得分[㊀]，球来回打一次被称为“对打”。因此当你发球，连续对打赢得一球时你才会得分。如果你接球时赢了，那么分数不会改变，只是取得了发球权，获得了赢球得分机会。假设安娜和鲍勃都是非常棒的羽毛球运动员，在每一次对打时安娜赢的概率是 1/2（这在羽毛球比赛中是很正常的，但是在网球比赛中谁发球谁就有很大的优势）。那么当安娜发球时，她得分的概率是多少？

我们仍采用在网球问题中同样的思路，分三种情况讨论：

第Ⅰ种情况：安娜赢了一次对打

第Ⅱ种情况：安娜连输两次对打

第Ⅲ种情况：安娜先输一次对打再赢一次

第Ⅰ种情况下，安娜得分；第Ⅱ种情况下，鲍勃得分；第Ⅲ种情况他们又回到了安娜重新发球的局面，没有人得分。计算可知 $P(\text{Ⅰ})=1/2$，$P(\text{Ⅱ})=1/4$，$P(\text{Ⅲ})=1/4$，P(安娜以第Ⅰ种情况赢)$=1$，P(安娜以第Ⅱ种情况赢)$=0$。P(安娜以第Ⅲ种情况赢）等于我们需要计算的 P(安娜赢)。用未知数 p 代入公式可得：$p=1\times1/2+0\times1/4+p\times1/4=1/2+p\times1/4$，算出 $p=2/3$。因此，发球者是有显著优势的，如果是在双方球员实力不均的情况下，优势更明显。例如，安娜

㊀　这是 2006 年以前的羽毛球比赛规则。

每一次对打有 0.55 的可能性会赢，那么她有发球权时得分的概率就会上升到 0.73。这就可以解释为什么 15∶3 或 15∶4 这样的悬殊比分会在羽毛球赛事中出现。通过这个例子可以得出一个通用的公式：

$$P(\text{安娜赢})=\frac{w}{w+(1-w)^2}$$

w 指安娜在每一次对打赢的概率。这里仍给大家留作一道练习题，大家可以自己去推导一下这个公式。

羽毛球已经很快，但子弹更快，从赛尔乔·莱昂内 1966 年的经典电影《黄金三镖客》（也译为《善恶丑》）中克林特·伊斯特伍德的左轮手枪中射出来的就更快了。我希望你看过这部电影，并记得结尾处的紧张场景，布兰迪、天使眼和图科三位主角站在墓地中，随时准备拔出皮套中的手枪。让我们稍微改变一下剧本，**假设布兰迪总是会射中目标，天使眼击中目标的概率是 0.9，图科击中目标的概率是 0.5。再假设从图科开始轮流射击，即由任何被射的人展开下一轮射击（除非被击中）。那么图科能够幸存的最优策略是什么？**

看起来显然应该先杀了布兰迪，他的枪法比其他两人都好。确实，如果他先射向天使眼，接着布兰迪肯定会杀了他，这并不是一个好的策略。如果用更优策略图科幸存的可能性有多大呢？设图科幸存事件为 S，图科击中目标事件为 H，图科失手没有杀死布兰迪的概率是 50%，这种情况下轮到布兰迪开枪并杀死比图科枪法好的天使眼。图科又得到一次射杀布兰迪的机会，成功概率为 50%。所以最后图科幸存的概率为 25%。如果图科成功杀死布兰迪，则枪击在图科和天使眼之间展开直至其中一人被杀死。形式上我们运用全概率法则得出算式：

$$P(S)=P(S\mid H)\times P(H)+P(S\mid \overline{H})\times P(\overline{H})=0.25+P(S\mid \overline{H})\times 0.5$$

这里需要算出 $P(S\mid \overline{H})$，即图科在和天使眼（由天使眼首轮射击）的对决中幸存的概率。让我们重新设这次图科幸存事件为 T，$p=P(T)$，然后考虑这三种情况：

第Ⅰ种情况：天使眼射中；

第Ⅱ种情况：天使眼失手，图科射中；

第Ⅲ种情况：天使眼失手，图科也失手

得出：

$$p=P(T\mid \text{Ⅰ})\times P(\text{Ⅰ})+P(T\mid \text{Ⅱ})\times P(\text{Ⅱ})+P(T\mid \text{Ⅲ})\times P(\text{Ⅲ})$$

其中 $P(\mathrm{I})=0.9$，$P(\mathrm{II})=0.1\times0.5=0.05$，$P(\mathrm{III})=0.1\times0.5=0.05$，$P(T|\mathrm{I})=0$，$P(T|\mathrm{II})=1$，求 $P(T|\mathrm{III})$，注意如果天使眼和图科都失手，就等于又重新回到了开始，那么 $P(T|\mathrm{III})=p$。可得

$$p=0.05+0.05\times p$$

从而算出 $p=0.05/0.95$，因此图科采用这个策略后的幸存概率为

$$P(S)=0.05/0.95\times0.5+0.25\approx0.28$$

我们知道图科尝试杀死天使眼的策略是错误的，因为即使他成功了，当布兰迪射击时他也必有一死。如果他失败了，天使眼会射杀布兰迪以最大化其幸存概率。如果天使眼失手了，布兰迪也会以同样的原因射杀天使眼，然后图科又得到最后一次杀死布兰迪的机会。这种情况下图科幸存的概率为 $0.5\times0.1\times0.5=0.025$。如果天使眼成功杀死布兰迪，图科必须在和天使眼的对决中幸存，但这次是图科先射击。和上文的讨论类似，他幸存的概率为

$$p=0.05+0.05\times p$$

算出 $p=0.05/0.95$，图科的总体幸存概率是

$$P(S)=\frac{0.05}{0.95}\times0.5+0.25\approx0.28$$

我们已经看到如果图科试杀布兰迪，他有 28% 的可能幸存。而如果试杀天使眼，他幸存的可能性是稍小一些的 26%。注意，图科若能失手，而让两个更好的射手先互相对决，是真的更有利的，所以他能做的最明智的选择其实是故意失手！他瞄准布兰迪后失手，布兰迪杀死天使眼，然后图科就能得到对布兰迪的最后一击，有 50% 的机会幸存。还有一个更好的策略是瞄准天使眼再故意失手，给天使眼一个机会去射杀布兰迪。如果天使眼失手就必死无疑，然后轮到图科对布兰迪最后一击。而如果天使眼成功，图科在两人的射击中胜出的概率是我们刚才算的 $p=0.05/0.95$，所以图科总的幸存概率是

$$P(S)=0.1\times0.5+0.9\times0.05/0.95\approx0.52$$

图科故意失手的幸存概率高于了平均水平，这比射杀天使眼或布兰迪的结果都划算。弗雷德里克·莫斯特勒在他 1965 年的著作《概率的五十大难题》（*Fifty Challenging Problems in Probability*）中也提出过类似的问题，并且就故意失手是否可能构成不道德的决斗行为表示担忧。在图科的例子中，我想我们可以安心地排除道德因素的考量。

1.9 组合：饮食搭配与百万亿首诗

组合是关于计数的一种数学方法，它在许多概率问题中常常会出现。组合的一个基本原则就是乘法原理，这比用语言描述要简单易懂得多。我们以晚餐为例吧。有一家熟食店，店里有三种面包、三种奶酪、四种肉、两种芥末。那么，你用这些材料可以做出多少种不同的肉和奶酪组合成的三明治呢？首先选取一种面包；每一种面包都可以搭配三种不同的奶酪，这样就有 $3\times3=9$ 种面包奶酪组合（黑麦面包/瑞士干酪，黑麦面包/波萝伏洛干酪，黑麦面包/切达干酪，小麦面包/瑞士干酪，小麦面包/波萝伏洛干酪……发挥你的想象吧）。接着随机在四种肉中选一种肉，最后再选一种芥末或者不要芥末。你一共可以做出 $3\times3\times4\times3=108$ 种不同的三明治。假设现在你还可以选择是否要加生菜、西红柿或者洋葱。这又增加了另外的 $2\times2\times2=8$ 种组合（每一种食材都可以选择加或者不加），结合之前的 108 种选择，现在一共有 $108\times8=864$ 种组合。

这就是乘法原理。每一步你都有多种选择，把所有各步的选择相乘就得到总的组合种数。你会惊奇地发现组合数增加得非常迅速。每多一种面包、奶酪或是肉，最后的奶酪也会变成 1920 种选择。大概要一年的时间你才能吃完这些不同组合的三明治。

另一个例子就是在下国际象棋的时候走了两步之后会出现多少种可能的位置。白棋先走，有 20 种开局的方式。白棋每一种开局方式黑棋接下来的一步都有 20 种可能，因此走了两步之后有 $20\times20=400$ 种可能的位置（但是在正式的比赛中一般都只有几种开局的方式）。走完开局的两步之后，之后能走的位置就要依据之前的位置来确定了。尽管如此，每一步棋能走的位置数还是会迅速增加，难怪计算机通常比常人要走得好。还有另外一个耳熟能详的故事，国王同意给发明象棋的人奖赏，奖品就是大米。发明者要求在棋盘上的第一格放一粒米，第二格上放两粒米，成倍增加，直到这棋盘上的 64 格都加满。最后一个格居然需要 $2\times2\times\cdots\times2=2^{63}$ 粒米，这些米都够做出能够让全世界人吃无数年的寿司了。

法国诗人和小说家雷蒙·格诺在 1961 年写的一本书名叫《百万亿首诗》（*One Hundred Thousand Billion Poems*），它建立了概率和诗歌的联系。这本书一共有十页，每一页都有一首十四行诗。每一行之间都剪了一刀，因此每一行都可以单独地翻页。因为所有的诗句都有相同的韵脚和相同的语法结构，不同页面的横条随意组合便是一首十四行诗。这样就有 10^{14} 首诗了，也就是百万亿首诗。有人计算过读者每天 24 小时一刻不停地阅读要花两亿年才能读完。我会另外推荐他的一本书《风格练习》（*Exercises in Style*），该书也是以同样的手法讲了 99 个故事，这本书你用一下午就能读完了。有人可能就会问他觉得自己最得意之作是什么，他大概会回答："我也不知道，因为我还有很多连看都没看过。"

概率在这里是怎么样发挥作用的呢？下面举另外一个例子。瑞典的车牌号中前三位是字母，后三位是数字。随机选择一个车牌号，使其既没有重复字母又没有重复的数字的概率是多少？

首先要知道在瑞典的字母表中有多少个字母。有没有一些像 å、ä 和 ö 一样的字母。当然是有的，但是在车牌号里并不用这些字母。还有一些其他的字母也不用，可以用的一共有 23 个字母。因此，一共有 $23\times23\times23\times10\times10\times10$ 种组合的方式，将近一千两百万个车牌号（排除典型的装饰性汽车牌照，如 VIKING 或是 I ♥ ABBA）。要得到一个没有重复字母的车牌号首先可以随意选择一个我们想要的字母，这里共有 23 种选择。接下来的那个字母不能跟第一个字母一样，所以就有 22 种选择。第三个字母又不能跟前两个字母一样，剩下 21 种选择。对于选择数字来说也是一样的道理，这三个数字的选择分别有 10、9、8 种。因此字母与数字都不重复的车牌号一共有 $23\times22\times21\times10\times9\times8$ 种。将这个数除以总数得到

$$P(\text{不存在重复字母和数字})=\frac{23\times22\times21\times10\times9\times8}{23\times23\times23\times10\times10\times10}\approx0.63$$

对于车牌号问题来说，字母数字的排列顺序非常的重要。比如车牌 ABC123 与车牌 BCA231 是不一样的。而在另一些组合问题中，顺序却是不需要考虑的，比如跟扑克有关的问题。你有一手牌（从一副牌中抽出来的五张）。那么这五张牌恰好是同花（五张牌的花色一样，但并非连牌）的概率是多少呢？

首先算出从整副牌中随意抽五张牌有多少种情形，然后计算恰好是同花的概率是多少。第一张牌有 52 种不同的选择，第二张牌有 51 种选择，一直到第五张有 48 种选择。所以一共有 $52\times51\times\cdots\times48=311875200$ 种不同的情况。但是我们需要考虑到顺序问题。比如说你按照顺序依次抽到（♠A，◇A，♠2，♡A，♣A）和按顺序依次抽到（♣A，♠2，◇A，♠A，♡A）其实是同一手

牌。不管顺序如何，4 个 A 依然是 4 个 A。那么总共有 $5\times4\times3\times2\times1=120$ 种不同的方式去排列五张牌（同理还是第一张牌 5 种选择，第二张 4 种，以此类推），因此需要用 311875200 除以 120 得到 2598960，也就是说你可以拿到约 260 万种可能的手牌。

现在假设拿到的同花花色是红桃。第一张抽到红桃的情形有 13 种，第二张是 12 种，以此类推。一共有 $13\times12\times11\times10\times9/120=1287$ 种拿到红桃的情形。但是这些情形里存在着五张牌是连牌的 10 种情形，我们在计算时需要减去这 10 种情形，剩下 1277 种情形。一副牌里有四种花色，共有 $4\times1277=5108$ 种同花的情形。因此概率为 $5108/2598960\approx0.002$。这意味着每 500 次中有一次是同花。

我们需要引进一些概念，方便我们今后适用。相信你对 n 的阶乘一定不陌生，即

$$n!=n\times(n-1)\times\cdots\times2\times1$$

因此 $1!=1$，$2!=2$，$3!=6$，$4!=24$，$5!=120$，$6!=720$。在这里感叹号表示的可不是惊讶，而是表示阶乘。例如，一副牌随机排列的情形一共有 52! 种，这可是一个天文数字。从这副牌中取出一张之后再重新洗牌。你认为洗过之后牌的顺序跟此前出现的某一次牌的顺序会一模一样吗？几乎不可能。假设地球上 65 亿人每人每十秒钟洗一副牌，一直不停地洗牌大约要花四百万的 42 次方年的时间才能将所有的情形都列出。这些有 51 位数的情况确实需要漫长的时间才能逐一实现。

上面我们通过计算得出了随意从一副牌中取出五张牌时所有可能的组合情况，即 $52\times51\times\cdots\times48/5!$。从 n 个对象中任意选出 k 个对象，通常有 $n\times(n-1)\times\cdots\times(n-k+1)/k!$ 种不同的组合情形。（读者们可以试着验证！）用公式表达即为

$$C_n^k=\frac{n\times(n-1)\times\cdots\times(n-k+1)}{k!}$$

也称为二项式系数。如果这个分式让你看起来特别烦，你只要记住有 k 个对象就可以了。因此一共有 C_{52}^5 种同花的情况，有 C_{52}^5-10 种情况不是同花的情况，一副牌中四种花色共有 $4\times(C_{13}^5-10)$ 种出现同花的情况。跟我们之前计算出来的结果对比一下看是否相等。同时通过笔算确认一下下述公式的正确性：

$$C_n^k = C_n^{n-k}$$

比如你需要笔算 C_{10}^8，就可以通过计算 C_{10}^2 来得到结果（实际算一次你就知道为什么这样做了）。这种算法的一个基本依据就是选择 k 个对象其实就是把剩下的 $n-k$ 个对象选择出来了。所以它们必然是相等的。现在大家很少再用笔算了，连最简单的便携计算器都已经有计算 C_n^k 的功能了。但是知道这个公式对我们依然非常有用。

下面就举一个日常家庭保健的例子。据观察两种药物相互作用发生危险的概率是 6%，而同时吃 5 种药的话这种风险就差不多达到了 50%。那么当同时吃 9 种药，风险会变得多高呢？首先我们可以计算出当吃 9 种药时一共有 $C_9^2 = 9 \times 8/2 = 36$ 种药物两两成对的可能。接下来我们就要算出至少有一对是会发生相互作用的概率，这时又需要用到概率第一法则了。任何两种药物之间不发生互相作用的概率是 0.94，假设每一对药物不发生作用的事件是相互独立的，那么所有药物都不互相作用的概率就是

$$P(\text{不发生互相作用}) = 0.94^{36} \approx 0.11。$$

所以这 9 种药物会发生相互作用的概率约是 $1 - 0.11 = 0.89$，差不多高达 90%。有人就会质疑，每一对药物不发生作用的事件真的相互独立吗？如果药物 A 与药物 B 发生了反应，那么也许它跟其他药物也会发生反应的概率就更高了。为了验证这个假设，我们可以用其他的已知信息来证明，即同时吃 5 种药会产生药物相互作用的概率大约是 50%。对于这 5 种药物来说有 $C_5^2 = 5 \times 4/2 = 10$ 对药，在事件独立的前提下这 10 对药发生反应的概率是 $1 - 0.94^{10} \approx 0.46$。46% 跟试验统计得出的 50% 非常接近，这就可以支持我们的假设了。这个例子是本书的一个匿名评论家告诉我的，借此机会再次感谢！

一个更有趣的问题来了。现在掷六次骰子，六个数字每个都出现的概率是多少？乍一看这个问题与组合没有什么关系，但是我们可以把这种情形想象成 6 个球和 6 个盒子，分别把它们标号，从 1 标到 6。现在开始掷骰子。如果掷出了 1 就把 1 号球放到 1 号盒子里；如果掷出了 2 就把 1 号球放到 2 号盒子里，以此类推。再掷一次骰子，又把 2 号小球按照掷出来的数字放到相应的盒子中去。掷完六次骰子，6 个小球也按照掷出来的数字分别放在各个盒子中，一共有 6^6 种放小球的方式。而掷出六个不同的数字的情形有 6！种。所以分别掷出六个数字的概率是

$$P(\text{分别掷出六个数字})=6!/6^6\approx0.015。$$

对于这个问题的一个基本总结是 n 个球放在 n 个盒子中，没有一个空盒子的概率是 $P(\text{没有空盒子})=n!/n^n$。

随着 n 的变化，分子分母都在迅速地变大，但是对于这个分子式来说却是 n 越大概率越接近 0。

1.10 特普拉一家与二项分布

回到我们之前举过的例子：计算一个有三个孩子的家庭只有一个孩子是女孩的概率。我们先把 8 种可能的情况列出来，然后再数出只有一个女儿的情形，最后得出结果为 3/8。这个问题还有第二种解决方法。首先要注意到两个男孩一个女孩不同的排列顺序代表的事件是不同的。如 BBG 的概率为 $1/2\times1/2\times1/2=1/8$。而两个男孩一个女孩一共有三种情况（GBB，BGB，BBG），所以概率为 $3\times1/8=3/8$。

现在让我们来考虑一个有七个孩子的家庭，特普拉一家，这个家庭有五个女孩的概率是多少呢？一共有 $2^7=128$ 种情形，从 BBBBBBB 到 GGGGGGG。如果要把这 128 种情形全都列出来再找出其中有五个女孩的情形，这种作法也太死板了。我们就用第二种方法来试试吧。每一种出现 5 个女孩 2 个男孩的事件，如 GBGGBGG 的概率为 $(1/2)^7$。剩下的问题就是有多少种这样的情形。此时就需要用到组合的知识了，问题就变成了让这五个女孩站在七个孩子的位置上有多少种站法？答案是 C_7^5。上一节我们已经知道计算 C_7^2 的值更简单，即 $7\times6/2=21$。所以特普拉一家有五个女儿的概率是

$$P(\text{五个女儿})=21\times(1/2)^7\approx0.16。$$

特普拉家的问题解决了，读者们再来解决一下杰克逊家的问题吧。有九个孩子的杰克逊一家有三个女孩的概率是多少呢？㊀

接下来再介绍一个可以用同样的方法解决的问题。你掷 12 次骰子，希望能掷出两个 6，这一事件的概率是多少？现在脑子里想一想在 12 个数字中有两个

㊀ 可别把杰克逊家的女儿们叫作珍妮·杰克逊或是拉托亚·杰克逊。（只是为读者们看书增加一点点小趣味）。

6，比如 xx6x6xxxxxxx，其中 x 表示除 6 之外的其他数字。根据独立性我们可以用乘法将分别的概率相乘 5/6 × 5/6 × 1/6 × … × 5/6，可以将其改写为 $(1/6)^2 \times (5/6)^{10}$。这一概率只是随意两个位置上数字是 6 的概率，我们还需要考虑有多少种出现两个 6 的情况。就像上面的问题一样，我们还需要给这两个 6 选一选位置。所以这一事件的概率为

$$P(12\text{ 次掷骰子两次掷出 }6) = C_{12}^{2} \times (1/6)^2 \times (5/6)^{10} \approx 0.3$$

如果我们用简单地在样本空间中数的方法，我们必须注意到 x 表示的是不等于 6 的数字，所以我们不能简单地使用 $2^{12}=4096$ 的样本空间，即从 xxxxxxxxxxxx 到 666666666666。我们必须把每一个 x 都用除 6 以外的 5 种不同的情况代入，得出 6^{12} 的样本空间，比 20 亿大一些。用这种方法来解决问题未尝不可，但我并不推荐。

现在我们来总结一下公式吧。假设有一个具体的试验（比如生孩子或者掷骰子）要重复 n 次，我们把每一次尝试都看成一次试验。试验成功的概率为 p，每一次试验相互独立。k 次成功的概率为

$$P(k\text{ 次成功}) = C_n^k \times p^k \times (1-p)^{n-k}$$

其中 k 可以为 0 到 n 中的任意数。当 k 等于 0 或等于 n 时，C_n^k 的值为 1，当 k 无限接近 0 值也会视为 1。在 n 次尝试中成功 0 次的概率为 $(1-p)^n$，而 n 次都成功的概率为 p^n。我们将不同次数的成功概率称为二项式分布（C_n^k 被称为二项式系数，你可能还知道是牛顿提出的二项式定理）。n 和 p 被称为二项式分布的系数。在上文举的特普拉一家的例子中，$n=7$，$p=1/2$；在掷骰子的例子中，$n=12$，$p=1/6$。而在药物反应的例子中 $n=36$，$p=0.06$，我们可以推算出 $k=0$ 的概率。

在二项式分布中有两个假设前提至关重要。第一个前提就是这些连续的试验必须是相互独立的；第二个前提是要保证每一次试验成功的概率都为 p。让我们用一个具体的例子来说明这两个条件。如果某一天的温度达到了 90 华氏度，那么这一天就是“热”的。假设新奥尔良 7 月上旬的一天是“热”的概率为 0.7。现在你决定来算一算下面各具体期间里有多少天是热的：

（1）接下来五年的每年 7 月 4 日

（2）明年 7 月的第一周

（3）明年每个月的第一天

这三种情况都符合二项式分布吗？只有第一种情况符合。每年7月4日的气温当然是独立于其他年份的，7月上旬每天热的概率也能保持在0.7的水平（当然要保证全球变暖的速度没有那么快）。因此这个二项式分布参数的值分别是$n=5$，$p=0.7$。在第二种情况中，每一天的天气并不是相互独立的。因为如果7月1日天气热，那么第二天气温高的概率会更高，因为这两天都处于同一个天气系统的控制之下。因此在这种情况之下不存在二项式分布。7月上旬的一天是“热”的概率为0.7这个条件换一种说法，指的是通过历年的记录表明大约有70%的概率七月的上旬是热的。这些热的天气会集中在某些年份，而在另外某些年份几乎没有热天。平均来说10天中有7天是热的，连续的日子是否会热这一事件并不是独立的。

在最后一种情况中，尽管每个月的第一天的天气状况是相互独立的（一个天气系统的控制期没有那么长），但是问题在于不能保证每天的概率不变。1月1日是热的，这个事件的概率远远要低于0.7。所以在这种情况之下也不存在二项式分布。

回想一下1.7节中酒吧小酌的例子，假设你用策略猜到了公交晚点的天数。这些天符合二项式分布，其中$n=5$（一周中有五个工作日），$p=0.4$（任何一天公交晚点的概率）。这一次，贝琪的预测最不准确。她的预测完全正确的概率等于公交从不晚点的概率，也就是$k=0$，利用公式计算出概率为$0.6^5\approx0.08$。如果公交两天晚点则艾伯特猜对了，概率为

$$P(\text{公交两天晚点})=C_5^2\times0.4^2\times0.6^3\approx0.35$$

这一答案也回答了我在1.7节酒吧小酌例中提出的问题。你预测对的概率计算起来稍显复杂。因为你的预测和实际的结果都符合二项式分布，所以我们必须要用到全概率法则。如果你猜测0次，那么概率为$0.6^5\approx0.08$，即如果公交从不晚点，你猜对的概率为0.08。全概率中的第一项是$0.08\times0.08=0.08^2$。接下来需要用到二项式计算当$k=1$时，概率为$5\times0.4\times0.6^4\approx0.26$，即当你预测晚点一次且事实上的确晚点一天的概率。然后把这一概率平方加上之前的概率$0.08^2+0.26^2$。用这样的方法计算全部6种情况的概率并分别平方，即k从0到5，然后再全部相加。计算出来的概率就是你预测准确的概率，你可以验证一下出来的是0.25。艾伯特终于一雪前耻了。

让我们再来扔扔硬币吧。当你扔四枚硬币时，最典型的情况就是两枚正面朝

上，两枚反面朝上。这种情况的概率用二项式计算为

$$P(\text{两枚正面朝上}) = C_4^2 \times (1/2)^4 = 3/8$$

同理，当你扔六枚硬币时，最典型的情况就是三枚正面朝上；当你扔八枚硬币时，四枚正面朝上的情况最典型。那么当你扔偶数枚硬币时，出现正面朝上和反面朝上的数量相等这种最典型情况的概率是多少？假设你扔的是 $2n$ 枚硬币，需要计算得到 n 枚正面朝上的概率。用二项式分布，得出公式

$$P(n\text{ 枚正面朝上}) = C_{2n}^n \times (1/2)^{2n}$$

当 n 的值很大时很难马上计算出来。在这里给大家介绍一个实用的近似公式——斯特林（Stirling）公式。这个公式的推导需要很大的技巧，我就不一一详述了。如果读者感兴趣的话可以自己去查找相关的资料。它的推导过程非常灵活。总之，最后我们可以得到的近似公式是

$$P(n\text{ 枚正面朝上},n\text{ 枚正面朝下}) \approx 1/\sqrt{n \times \pi}$$

你可能会想这个 π 究竟为什么会出现在这里。这不就是著名的圆周率 3.14 吗？的确如此，但是每一个学数学的人都知道 π 这个数字常常会在许多意想不到的情况下出现[⊖]。你要做好准备，随时都有可能再次看到它。让我们用四枚硬币来验证一下这个公式吧。在这种情况下 $n=2$，$P(2$ 枚正面朝上，2 枚正面朝下$) \approx 1/\sqrt{2 \times \pi} \approx 0.40$。而我们之前计算出来的值为 3/8，用小数表示为 0.375。两个数很接近。n 的值越大两个公式计算出来的值就越接近。随着 n 不断变大，$1/\sqrt{n \times \pi}$ 也不断接近于 0。因此这种看似最典型的情况出现的概率其实会越来越小。它只是从平均的角度上说反复地扔这 $2n$ 枚硬币，平均统计下来，n 枚正面朝上的情况最常见，并非表示具体地某一次扔这 $2n$ 枚硬币结果一定是 n 枚正面朝上。关于这个问题，在下文中将会深入介绍。

最后让我们再举一个运动的例子吧。**弱旅更容易赢得美国橄榄球超级碗大赛（也称为超级碗）或世界职业棒球赛（也称为世界大赛）吗？**这两个比赛赛制的不同之处在于超级碗是一场比赛决胜负，而世界职业棒球赛是由七场比赛组成的。哪一种赛制对于弱旅来说更有利呢？让我们排除主场优势以及其他一些复杂

⊖ 还存在其他出现 π 的情况。如随机选择一个整数是无平方数因数（不能被 4、9 等这些平方数整除）的概率为 $6/\pi^2$；如果随机选择两个数，它们互质（没有公因数）的概率也是 $6/\pi^2$。

的原因，只考虑每场比赛弱旅赢得比赛的事件是相互独立的，概率为 p。要赢得世界大赛就要在七场比赛中获胜四场，如果在前几场提前赢了四场比赛，剩下的比赛就不用继续了。因此就有四种不同的情形可以赢得大赛：连续赢四场；前四场中赢三场，第五场再赢；前五场中赢三场，第六场再赢；前六场中赢三场，第七场再赢。每一种情况中最后一场比赛肯定会赢，概率就为 p；不同的分别在前三、四、五、六会赢三场，即二项式分布的 n 的值分别为3、4、5、6。那么弱旅会赢的概率为

$$P(\text{弱旅赢得世界大赛}) = \sum_{n=3}^{6} C_n^3 \times p^3 \times (1-p)^{n-3} \times p$$

然后再代入不同的 p。

表1-4对比了弱旅在超级碗和世界大赛获胜的概率。从表中可以看出对于弱旅来说赢得超级碗的概率总是要比赢得世界大赛的概率高；实力强的队伍适合赛制多的比赛。比如一个球队每场比赛赢的概率为1/5，那么它在世界大赛中夺冠的概率只有3.3%。所以在超级碗中爆冷获胜的概率更高。读者不妨用历届比赛的结果来验证一下吧。

表1-4　弱旅赢得超级碗和世界大赛的概率

P（单场取胜）	50%	40%	30%	20%	10%
P（赢得超级碗）	50%	40%	30%	20%	10%
P（赢得世界大赛）	50%	29%	13%	3.3%	0.3%

1.11　结语

第1章的导论就介绍到这里了。你现在已经用概率知识武装好了头脑，知道如何把一般问题转化成概率问题，然后计算出来。接下来就赶紧练练手吧。

第 2 章

神奇的概率：直觉不可靠

本章有很多非常有趣但又与我们日常的直觉相悖的例子。其中最著名的要数蒙提霍尔问题了。此外，你能想到只需要 23 个人就能保证生日相同的概率超过 50% 吗？当直觉不可靠的时候，看看理性是如何发挥作用的吧。

2.1 男孩、女孩、A牌与彩色卡片

概率问题看似简单，但其解决的方法却很容易引起混淆，以至于产生激烈的争论甚至是隔空的谩骂。这让概率背上了不好的名声。虽然我没有目睹过因为讨论概率问题双方拳脚相加，但是我并不认为这种情况不会发生。许多混淆都是由于问题本身没有很好地设计，有很多种解释方法。概率问题通常都来源于现实生活，这是与其他数学分支不太一样的地方。你可以凭着自己的生活经验去理解问题，提出解决的方案，不需要任何正式的概率学的背景知识。让我们用一个典型的问题来拉开本章的序幕吧。

这一次简阿姨又来电话了，说她的新邻居有两个孩子，其中至少有一个是男孩，那么另外一个也是男孩的概率是多少？

你跟艾伯特和贝琪就这个问题在酒吧里展开了讨论。你认为一个孩子是男孩跟另外一个孩子是否也是男孩的事件是相互独立的，因此很容易得出概率为1/2。艾伯特用了更为系统的方法。他列出了四种所有可能的情况BB、BG、GB、GG，同时因为有一个孩子肯定是男孩所以排除了GG这种不可能的情况。艾伯特认为概率是1/3，贝琪随意说了一个数字1，酒保鲍勃随口说了0，喝醉的黛西觉得应该是0.73（这是个幸运数字），那么谁是对的呢？

事实上谁说的都有可能。这取决于我们做出了什么样的假设以及简阿姨是从何处得到这些信息的。让我们先从艾伯特的分析方法入手吧。首先，他假设四种情况是等可能事件，这个假设是合理的。然后他根据“至少有一个是男孩”的信息得到概率是1/3。但是简阿姨是怎么知道的呢？也许她问了她的邻居是否有儿子，并且得到了肯定的答复。这时艾伯特的结论是正确的。因为这个信息可以让我们排除GG这种情况而只剩下三种可能的情况。

如果简阿姨随后看到了邻居家的母亲跟一个小男孩在散步，那么这对结论有什么改变吗？乍一想似乎没有什么事情会因此而改变。毕竟，她已经知道这个家庭里有一个男孩，她的观察只是更加肯定了这件事情。但是看到一个特定的男孩这个事实比被别人告知“至少有一个男孩”传递出了更多的信息。我们需要用到样本空间来考虑这个问题（与1.10节讨论的从有三个孩子的家庭选一个女孩的情况类似）。在这个样本空间中，我们必须确定哪一个男孩是简阿姨看见的那

个男孩，用星号来标记这个特定的男孩，得出样本空间

$$B^*B,\ BB^*,\ B^*G,\ GB^*$$

在四种情况中有两种情况都有两个男孩，因此只要能确定这个男孩的存在，事件的概率都为1/2。比如说，简阿姨看见了这个男孩，简阿姨跟这个男孩打过电话，简阿姨捡到了他丢失的成绩单。因为此时需要考虑到有一个已知的特定男孩，所以其实有两种出现BB的情况。换而言之，另外一个孩子的性别与这个已知的孩子是完全无关的，在这种情况下你的结论是正确的。在不对简阿姨的话做任何其他说明的前提之下，你的结论是符合逻辑的。

那么贝琪给出的概率1呢？她也许会反驳我们认为四个结果是等概率事件的假设，因为母亲如果有一个听话的女儿能陪她散步她就不会在泥地里追着淘气的儿子跑。这就使得事件 B^*G 和 BG^* 的概率为0，事件 B^*B 和 BB^* 的概率均为1/2。显然，如果符合贝琪的假设，那么另外一个孩子显然就是男孩了。

酒保鲍勃认为一个母亲绝对不会只带一个儿子出来散步而让看电视的父亲照看另外一个用蜡笔在墙上涂鸦的儿子。依据鲍勃的理论，如果母亲只带一个男孩散步，另外一个孩子肯定就是女儿。因此他认为事件 B^*B 和 BB^* 的概率为0，而 B^*G 和 BG^* 各自的概率为1/2。

选择0到1之间的任何四个数字，只要相加等于1都可以用来给这四个情况赋值，包括黛西随口说的0.73。你可以再来一品脱酒庆祝一下大家都答对了（黛西就不要再喝了，她已经喝得够多了）。每个人出于自己的考虑都有各自认为最正确的概率分配，但排除这些顾虑，这些例子告诉你在计算概率时必须要明确具体的假设前提。在上述的例子中，依据不同的假设，概率会不确定地在0～1之间变动。

接下来再说一个相关的问题。你给了贝琪一手牌，问她："这些牌里有A吗?"她回答："有。"那么她的牌中有不止一张A的概率是多少呢？接着你问她："你有黑桃A吗?"她再一次给出了肯定的回答。现在她手中不止一张A的概率又是多少呢?

就像上文中一开始介绍男孩的例子一样，这两个信息传递出来的含义是不一样的。当确定了某一些特定的因素后，信息能传达出更多的含义。前者表达的含义是：当我们知道至少有一张A时，这一手牌中有不止一个A的概率是多少。

而后者是给出了一张特定的A，然后计算不止一个A的概率。为了简化这个问题，我们假设一副牌中只有四张牌♠A，♡A，♣8和◇5，给了贝琪两张牌。因此贝琪手中持有的牌型共有6种可能的情况：

（♠A♡A），（♠A♣8），（♠A◇5）（♡A♣8），（♡A◇5），（♣8◇5）

如果她对“这些牌里有A吗？”这个问题给出了肯定的回答，那么就排除了（♣8◇5）这种情形。剩下的五种可能情形中，只有一种情形有两个A，这种情形的条件概率是1/5。如果问她“你有黑桃A吗？”她回答：“有。”那么有三种牌型都被排除了，此时有两张A的条件概率为1/3。

我希望借这个简化的例子可以让你明白，即使原来是用一副完整的牌来计算两个条件概率也适用同样的原理，只不过是更加复杂一点而已。瓦伦·韦弗在《幸运女神》（*Lady Luck*）一书中也举了这个例子，并将这个问题及其解法归功于马丁·加德纳这位美国趣味数学领域的无冕之王。加德纳从1956年开始，连续25年在《科学美国人》杂志中开设“魔法数学”专栏，致力于将深奥的数学介绍给普通大众。说来也奇怪，韦弗先生也表达了“至少一个A”和“黑桃A”这两种表述之间存在区别的类似观点，他认为：

“但是加德纳先生的推理真的合理吗？第一种情况下的五种牌型与第二种情况下的三种牌型是等可能的吗？”

答案是肯定的。简化的四张牌的例子已经很好地诠释了这个问题。[㊀]韦弗先生之所以对加德纳先生的理论持怀疑态度在于《幸运女神》一书中提出的另一个问题。接下来我们来看一看这个问题吧。

盒子里放着三张卡片。一张卡片两面都是红色的，一张卡片两面都是黑色，剩下的一张卡片一面是红色一面是黑色。现在随机抽出一张卡片，并展示它一面的颜色。假设是红色，那么剩下的一面也是红色的概率是多少呢？

答案显而易见。你随意从三张卡片中抽出一张，抽到任何一张都是等概率的。如果抽出的这张有一面是红色，那么这张卡片有可能是两面全是红色的那张卡片，也可能是一面红一面黑的那张卡片，因此抽到的是两面全红的那张卡片的

㊀ 加德纳先生用的是桥牌而不是普通的扑克牌来举例。我完全不懂怎么玩桥牌。我唯一一次与桥牌近距离接触还是我在大学的暑期实习中与精神诊疗院的病人一块玩的简易版本。但是当他们告诉我，我的水平是白痴级别的，我深受打击再也不玩了。

概率是 1/2。不费吹灰之力。但是等等，还有个问题。如果展示出来的那一面是黑色，那么抽到两面全黑的卡片的概率也是 1/2。所以不管我们看到的是什么颜色，抽到两面同色的卡片的概率都是 1/2。这就意味着我们虽然三张卡片中有两张是两面同色的卡片，但是我们随机抽到的概率还只是 1/2。肯定有什么地方出错了，但是问题出在哪儿呢？

问题就在于没有分清楚条件概率与非条件概率。一开始两面红色的卡片与一面红一面黑的卡片被选中的概率是相等的，这意味着在非条件概率的情况下，两者是等可能事件。但是，当我们知道抽出的卡片有一面是红色时，两面红色的卡片与一面红一面黑的卡片被选中的概率就不再相等了。为什么呢？这种情况与我们之前讨论过的有一个特定的孩子的问题是一样的，只不过在这个问题中我们要考虑的是已经看到某张卡片特定的一面。因为每张卡片的两面都有颜色，并且用星号标记出已经展示的特定面对颜色，我们得到了如下的样本空间：

$$R^*R,\ RR^*,\ R^*B,\ RB^*,\ B^*B,\ BB^*$$

现在我们就可以很方便地计算出任何我们想要的概率了。因为上述样本空间中有三种情形包含了 R^*，其中的两种情形是与 R 结合的，所以当展示出来的一面是红色时，抽到的卡片两面都是红色的概率为 2/3。而如果至少有一面是红色，抽到两面都是红色的那张卡片的概率则只有 1/2，因为在这种情况也包括了 RB^*。但是这种解释的方法却不是我出这道题的本意。

瓦伦·韦弗发现了扑克牌问题与卡片问题之间的相似之处。在卡片问题中，一开始两面是红色的卡片与一面是红色一面是黑色的卡片被选中的概率是一样的，但当两面是黑色的卡片被完全排除了之后，它们被选中的概率就不相等了。这个发现带来了一个新问题：排除了某些扑克牌出现的可能性是否会使得剩下的牌出现的概率变得不相等呢？正如我们刚才列出的这些有颜色的卡片最终有 6 种可能的情形，当展示出来的一面是红色时，我们排除了 3 种情形，而不是从三张卡片中排除了一张。事实上简化版的四张扑克牌问题也有六种可能出现的情形，从这个角度上说这与卡片问题是类似的，但绝不是韦弗理解的那种意义上的相似。

用经验事实一一去验证这些概率非常的简单（在计算机上运行会更快）。用四张扑克牌来解决扑克牌问题。反复地洗牌，每次从中抽取两张。忽略没有抽到 A 的情形，计算你至少抽到一张 A 的次数，用 N 来代替这个数字。同理，计算你抽中黑桃 A 的次数，用 A 来代替；用 T 来表示你抽到两张 A 的次数。反复试验之后，T/N 的值应当趋近于 1/5，而 T/A 则趋近于 1/3。

2.2 山羊与幸灾乐祸（蒙提霍尔问题）

最著名的概率问题也许就是蒙提霍尔问题（Monty Hall problem）。来源于蒙提霍尔主持的《让我们做笔交易》游戏秀，通过一个世界上最聪明的人和几个粗鄙的数学家利用一辆车、两只山羊给全世界人民创造了茶余饭后的谈资。参赛者需要从三扇门中选择出一扇门，其中一扇的后面有一辆汽车，另外两扇门后面则各藏有一只山羊。当参赛者选定了一扇门，还未去开启它前，节目主持人开启剩下两扇门中的一扇，露出了一只山羊。然后主持人会问参赛者，是继续坚持之前的选择还是换另一扇还未打开的门。问题的关键在于换另一扇门是否有利于参赛者赢得汽车呢？

乍看之下这并不影响参赛者赢得汽车的概率，因为两扇门中只有一扇后面有汽车。但是因为蒙提霍尔知道汽车在哪扇门后，所以他总是会先打开一扇后面藏着羊的门。如果这时你选择换另外一扇门的话，就意味着不论你最初选择的门后是否藏着山羊，你赢得汽车的概率都是 2/3。所以，如果你换另一扇门是更有利的。因为这个问题被反复地讨论，炒作解释，在此我不细究了。许多网站和书籍上都提供了各种解释甚至还给出了延伸讨论，有些网站还开设了这个游戏。上网搜索一下就可以找到。我要做的事是解释对这个问题从根源上产生的分歧。首先，让我们回顾一下这个问题发展的历史。

1991 年《展示》（*Parade*）杂志“问问玛丽莲”（Ask Marilyn）专栏中刊登了这个问题，从此之后蒙提霍尔问题得到了世人的关注。这就是玛丽莲·沃斯·莎凡特（Marilyn vos Savant）从 20 世纪 80 年代开始写的专栏，这位女性保持着吉尼斯世界纪录最高智商的记录（228）[⊖]。玛丽莲对这个问题进行了解释，说明为什么换一个门更加有利。大量的数学家随即对她的解释进行抨击，声称她

⊖ 最高智商的纪录再也没有被刷新过，玛丽莲（Marilyn）也跻身吉尼斯世界名人堂。现在测试分数的门槛被降低了，像玛丽莲这样高的智商已经无法记录了。这么高的智商得分究竟有什么意义还不得而知，但是成为世界上最聪明的人这一点就足以让人洋洋得意了。想想这个名头能够给你带来的机会……比如说在《展示杂志》拥有自己的专栏。

错得太离谱。我敢打赌这些数学家们看着这个比他们更聪明更出名的女人在这个简单的问题上犯错时有多么的幸灾乐祸。有些人甚至把矛头指向对权威的盲目信任：

“在至少三个数学家对你犯的错误进行指正之后，你依然坚持你错误的观点。我非常震惊。

到底需要多少数学家发疯才能纠正你的错误呢？

如果连博士都要出错，这个国家也要完蛋了。”

有一些人就更加粗鲁了，他们说：

“你就继续吹牛吧，你这次真是牛皮吹太大了！……你连最基本的原则都搞不清楚……这个国家已经有够多的数学盲了，我们不想再有个世界上智商最高的人来凑数！真让人羞愧！

我能求求你去买本概率教科书看看吗？

我相信无数高中生和大学生会给你来信指导你的。也许你需要再多用几个地址来接收这些帮助你专栏的邮件。”

还有一群人试图用一种更加“委婉”的方式来理解她，“也许女人和男人看待数学问题的角度不一样吧”。

事实证明玛丽莲是对的，而这些数学家们都错了，幸灾乐祸的人最后只得到了山羊。[㊀]英国统计学家布莱恩·埃弗里特在其著作《机会规则：概率、风险和统计的非正式指南》（*Chance Rules*：*An Informal Guide to Probability*，*Risk*，*and Statistics*）中介绍了蒙提霍尔问题，对于某一个数学家他评论道“他依然在洗刷着耻辱”。我们就不再落井下石了。人们也许会对这些来信中严厉刻薄的用词不满，但我依然要为这些数学家们说几句话，我也许太善良了。因为蒙提霍尔随机选择的门后面有一只山羊，他们都本能地运用了条件概率。但是这是不同的。我们假设你每次都会选择换一扇门，然后再来看这个问题。

如果你和蒙提霍尔都是随机选择一扇门，那么有三种等可能的结果（你先选

㊀　许多持反对意见的数学家拥有很高的学术地位：保罗·厄多斯（1913—1996），作为20世纪最伟大的数学家之一，不赞同参赛者换一扇门赢的概率更高。在保罗·霍夫曼写的厄多斯传记《他只爱数字》（The Man Who Loved Only Numbers）一书中详细介绍了厄多斯关于蒙提霍尔问题的观点以及这位伟大的数学家在朋友用计算机模拟该问题计算之后终于承认换一扇门赢的概率更高。

择）：车/山羊，山羊/车，山羊/山羊。为什么是等可能呢？你选中车的概率是1/3，蒙提霍尔只能选到山羊。你选中山羊的概率是2/3，在这样的前提下，蒙提霍尔选到山羊和车的概率都是1/2。如果蒙提霍尔随机选择了一扇藏着山羊的门，山羊/车这个组合就会被排除，剩下的车/山羊和山羊/山羊的组合依然是等可能的。一种情况你会赢，另一种情况你会输，所以你赢的概率是1/2。提醒大家注意的是，蒙提霍尔有可能随机选择的一扇门就是藏着车的那扇门，但只不过在游戏中他绝不会选择那扇门。你可以想象一下反复玩这个游戏，然后排除蒙提霍尔一开始就随机选中这扇背后藏着车的门的情况。这种情况发生的概率大概是1/3，剩下的2/3 的概率中你有一半的机会赢。这在游戏秀中自然可以解释成：蒙提霍尔事先知道车在哪一扇背后，他总是会先打开一扇背后藏着山羊的门。因此在游戏秀中山羊/车这一组合出现的概率为0，你通过山羊/山羊的组合赢的概率是2/3。

在蒙提霍尔问题中还存在一种心理因素的影响，即如果你换了门发现后面是一只山羊，你会非常的后悔。这让你感觉你用一辆车去换了一只山羊。如果你坚持最初的选择，发现那扇门之后是山羊，你至少表现出了自己坚持的一面，不会左右摇摆犹豫不决。这一点非常值得骄傲。也许我们应当把这种“挫折因素”量化，并在解决问题时慎重考虑到这个因素。

这一类的概率问题并不是由玛丽莲或是蒙提霍尔首先提出的。另外一个实质上完全相同的问题于1959 年以“三囚犯问题”（Three Prisoners Problem）的形式由马丁·加德纳提出。我也用圣经故事重新演绎了这个问题：尼布甲尼撒王决定随机赦免沙德拉、米煞和亚伯尼歌中的一人，使其免受扔进火窟的责罚。亚伯尼歌显然比他的朋友更担心自己，他问尼布甲尼撒王他会不会被赦免。尼布甲尼撒王不想回答这个问题，但是他告诉亚伯尼歌，沙德拉是不会被赦免的。这个回答好歹也让亚伯尼歌松了一口气，因为这样他得以赦免的概率从1/3 提高到了1/2。这个问题将留给读者自己去研究，你会从中发现它与蒙提霍尔问题的相似之处，从而让亚伯尼歌的幻想破灭。

2.3 生日问题

对于很多概率问题（即使是非常简单的日常问题），人们也很难迅速得出正确的答案，这也是概率问题不同于其他日常数学问题之处。例如，我们每天都要完成很多预定好的活动（上课、工作、旅行等），我们能很好地估算某一项活动大概需要用的时间。也许我们从来没有从纽约开车去芝加哥，但是要估算出这一路大概需要花多长的时间也不是一件困难的事。如果有人说大概要花两周的时间，我们就会觉得非常可笑。同样，我们也能轻松地估算出长度、面积和容积这一类物理量。你根本不用为在餐厅里面吃一顿饭该付多少小费而烦恼。如果你需要在一下午把家具全搬出屋子，你大概要叫五六个朋友来帮你。但是**如果需要保证至少两个人的生日为同一天的概率不小于 50%，最少要多少个人呢？**

你也许早就知道答案了，毕竟这是一个经典问题。但即使你知道这个数字，你能说这是你估算出来的吗？我们当然不具备这样的现实经验，没有人会闲得去统计多少个人中才会出现两个人的生日为同一天。让我们做一点小小的假设，来看看这个问题是如何解决的。首先我们假设一年有 365 天（将 2 月 29 日排除），接着需要假设所有随机选择的人们在每一天出生的概率都是等可能的。现在可以运用到第一法则了，先计算每个人都在不同一天出生的概率，然后再用 1 减去这个数字就得到了我们需要的概率。先看看只有两个人的情况。第一个人可以随便在哪一天生日，第二个人只需要避开这一天生日就可以，概率是364/365。所以两个人在同一天出生的概率是 $1-364/365\approx0.003$。

然后再加一个人，他（她）的生日必须避开前面两个人的生日，概率变为 363/365。那么三个人在不同的日期生日的概率是 $364/365\times363/365$（我们用的是 1.5 节中介绍的条件概率中用到的乘法法则），那么这三个人中有人在同一天生日的概率是

$$P（有人在同一天生日）=1-\frac{364}{365}\times\frac{363}{365}\approx0.01$$

通过这种方法我们认识到 n 个人中有人在同一天生日的概率为

$$P（有人在同一天生日）=1-\frac{364}{365}\times\frac{363}{365}\times\cdots\times\frac{(366-n)}{365}$$

随着 n 的值不断变大，这个数字也迅速地变大。当 n 分别等于 4、5、6、7 时，概率分别是 0.02、0.03、0.04 和 0.06。当有 10 个人时，概率已经超过 0.1 了；当 n 等于 22 时，概率为 0.48，当 n 等于 23 时，有人在同一天生日的概率为 0.51。因此仅仅需要 23 个人就可以保证有人在同一天生日的事件发生的概率至

少有50%。太不可思议了，难道不是吗？用一个实际例子来验证一下，我从2006年全国橄榄球联盟每个球队的首发球员中挑了23个人，查了一下他们的生日（亲爱的读者，为了你们我真的很努力地工作着）。32支球队中，我发现17个人中就有至少两个人在同一天出生。当然我们不能期望每一次实证检验的结果都这么详尽，但我依然非常欣喜第一次尝试就找到了这种理论与实际能够完美吻合的例子。在表2-1中列出了不同人数的情况下至少有两个人在同一天生日的概率。

表2-1　同一天生日的概率（以百分比的形式）

人数	5	10	22	23	30	50
P（同一天生日）	2.7%	11.7%	47.6%	50.7%	70.6%	97.0%

我猜大部分人一开始猜出现两人同一天生日的概率为50%时的数字应该是183左右的数字，也就是半年的天数。有意思的是在表2-1中，这个数字为23，23可比183小很多。有时在课堂里我问过学生100个人中至少有两人在同一天出生的概率是多少。我画了一条线，端点分别是0和1。我用教鞭从0开始缓慢向1滑动，当我滑到学生们心中所想的概率时，同意的人举手示意。通常当我滑到1/4到1/3之间时，大部分人会举手（这个问题我在瑞典和美国都试验过，所以不用担心存在文化差异问题）。这个问题回答的正确率是0.9999997。

想象一下我现在坐在瑞典大一的课堂里，手边有十个班的花名册，每个班大约有20~25个孩子。我需要核对有多少个班中有孩子跟我是同一天生日的。根据我们上面计算出来的结果，大概有五个班左右符合要求。但是事实上出乎我的意料，一个班也没有。难道是我的运气太差了吗？

不是的，这个结果也应当在预料之中。计算一个人与另外一个人的生日重合的概率与计算某一个人在特定某一天生日的概率是完全不同的。在计算前一个概率时必须要保证每一个新加入的成员避开之前成员的生日。后一种情况下，只要避开某一特定的日期就可以了，每一次的概率都是364/365。计算23个人（不包括我）中有人与我同一天生日的概率需要用到第一法则，即

$$P(\text{有人与我同一天生日}) = 1 - P(\text{没人与我同一天生日})$$
$$= 1 - (364/365)^{23} \approx 0.06$$

得出来的结果与0.51相差甚远。那么至少要多少个人才能保证其中有人与我

的生日是同一天的概率超过 0.5 呢？用 252 来代替 23 这个指数，计算出来的结果比 0.5 略小一些；用 253 来代替则结果刚好超过 0.5。因此，需要 253 个人才能保证其中有人与我的生日是同一天的概率超过 0.5，这个数字远远大于 23。

人们只注意到 23 和 253 都与 183 相去甚远，但却没有注意到它们之间存在着有意思的联系。这种联系可以从生日重合的可能性角度考虑。让我来详细解释一下。首先需要考虑我的生日，我们已经知道如果与其他 253 个人一一对比，有 50 对 50 的机会能够匹配。这时我们就形成了 253 个生日对，在这些生日对中寻找匹配的生日对。而如果我们想要找的并不是与我同一天生日，而是一群人各自之间存在匹配的生日，我们需要把每一个人与剩下的其他人配对，形成所有可能的生日对。那么 23 个人一共有多少生日对呢？还记得我们在上一章学习的组合知识吗？这个数字是 C_{23}^2，即 $23\times22/2$，恰好等于 253。因此，23 个人可以形成 253 个生日对，其中至少两人在同一天出生的概率是 0.5。

尽管上面的论据非常有用并给人以启发，但是其中还是包含着一点点欺骗性的内容。想一想我们是如何计算“有人跟我是同一天生日”的，用 $1-(364/365)^{23}$。因为每个人的生日都是独立的，所以需要反复将 364/365 乘以 364/365。每一对生日对从这种意义上说都是独立事件，因为“我与一个人同一天生日”与“另一个人是否会与我在同一天生日”完全没有关系（除非这些人是按某种特别的要求选出来的，比如说 2 月 29 日出生人员大会）。从 23 个人中我们可以得到 253 对生日对，这些生日对却不是完全独立的。比如我与佛莱迪·摩克瑞的生日是同一天，而他又与杰西·詹姆斯（电影《不法之徒》的男主角）的生日一样，所以我与杰西·詹姆斯也是同一天出生的。但是大部分的生日对之间还是互相独立的。我和佛莱迪在同一天生日，而我又被告知麦当娜与查尔斯·布考斯基在同一天生日（事实也是如此），这与麦当娜和我是否在同一天生日毫无关系（事实上我们不在同一天生日）。而这种互相独立的生日对足够的多，这个论据是一个无限接近的近似值，所以也是有效的（从这里我们也可以看出 23 与 253 之间的关系）。因此，n 个人中至少两个人在同一天生日的概率的近似算法是

$$P(\text{有人在同一天生日})\approx 1-\left(\frac{364}{365}\right)^{C_n^2}$$

这个公式可以让你更方便地计算此类问题的概率。

我们假设在每一天生日的概率都是等可能的，但是在现实生活中这是不正确的。而我们做出的这种等可能的假设也使得“同一天生日”更难了。于是，在现实生活中正确答案会是一个比 23 还要小的数字。在这一点上我不进行完整的数学证明了，而分别从直觉和数学两个角度来了论证。希望至少有一个论据可以让你信服。

直觉上论证：考虑一些等可能生日的极端的例子。如每个人都在 1 月 1 日出生，那么需要多少个人才能满足要求呢？显然两个人就够了。再举一个没有那么极端的例子：假设每个人都在 1 月出生，一共就只有 31 天而非一年中的 365 天，那么 n 个人中至少两个人同一天生日的概率就变成了：

$$P(\text{有人在同一天生日}) = 1 - \frac{30}{31} \times \frac{29}{31} \times \cdots \times \frac{(32-n)}{31}$$

一一代入数字，很容易就可以得出当 $n=7$ 时概率超过了 0.5。因此只要 7 个人就可以了，显然 23 个人就更满足要求了。这些都是特殊的生日分布例子，不论你想出什么其他的例子，所需要的人数一定不会超过 23。

数学上论证：为了将问题简化，我们把一年分成冬半年和夏半年，我们不考虑在某一天生日，而是考虑在某半年生日。假设现在有两个人，他们在冬半年或夏半年出生的概率是相等的，即 1/2（第一个人可以在任何一个半年出生，第二个人只需要与第一个人在同一个半年）。假设每个人在冬半年出生的概率是 p，在夏半年出生的概率就是 $1-p$，两者互相独立。那么两个人都是在冬半年出生的概率就是 $p \times p$，都在夏半年出生的概率为 $(1-p) \times (1-p)$。因此两人在同一个半年出生的概率为 $p^2 + (1-p)^2$。当 $p = 1/2$ 时概率是最小的（你可以随意赋予 p 一个值然后代入，也可以通过计算器的最小值计算功能来检验）。因此，两个人在同一个半年出生的概率最小为 1/2。同理，不论现实中 23 个人的生日如何分布，我们可以计算出其中有人同一天生日的概率至少也为 1/2。

生日问题可以从各个角度继续延展。比如需要多少个人才可以保证至少 3 个人在同一天生日的概率不小于 50%？大概是 82 个人。需要多少个人才能保证至少 2 个人的生日相差不过一天的概率不小于 50%？只需要 14 个人。我想这个数字不会让你觉得不可思议了。我们先把生日问题放在一边，讨论一些其他的问题。在后面博彩一章里我们又会回到这个问题，然后教你如何用它来挣钱。是的，确确实实是用它来挣钱。

2.4　典型的非典型

存在随机性的情况下我们通常会用“平均”“典型”这样的词来形容。在 1940 年的纽约世界博览会上得克萨斯州的皮革家族——克拉兰敦一家当选为“典型美国家庭”。“平均每个美国人”有八千美金的卡债。除非你知道它们表示什么样的意思，每一句话都有可能引发歧义。在第 8 章里我们将会详细了解平均数，在本节中我们只是简单地接触一下它们，举例说明被认为典型的事物也许是不可能发生的。

随机选择一个有四个孩子的家庭。最可能有多少个女儿？有多少个儿子？最可能的性别分布是什么：所有孩子都是同性别的（0—4），或是一个孩子与其他三个孩子性别不同（1—3），或是两个孩子性别相同（2—2）？

上述问题的答案似乎是两个女儿、两个儿子，性别分布为 2—2。让我们一一来检验。有多少个女儿这个问题可以用二项式分布来解决，令 $n=4$，$p=1/2$，利用 1.10 节中的公式可以计算出有 0、1、2、3、4 个女儿的概率分别是 6.25%，25%，47.5%，25% 和 6.25%。这个家庭最有可能有两个女儿，也就是最有可能有两个儿子。而最后的问题答案自然就是 2—2 了。这种解法对吗？当然不对，否则的话我也没有必要写这一节了。最有可能出现的性别分布是 1—3，大约有 50% 的可能。这个结果很容易就可以算出，因为这个家庭有一个儿子三个女儿的概率是 25%，有一个女儿三个儿子的概率也 25%，两者相加即可得到 50%。但是如果我们采取如下表述就会稍显奇怪：典型的四口之家里有两个女孩、两个男孩，其中性别分布为 1—3！问题的奇怪之处就在于“典型家庭”这个概念很难界定。

在牌类游戏中也有同样的问题，它会让你更为吃惊。**在桥牌中，要把 52 张牌发给 4 个玩家，每人 13 张牌。这 13 张牌最有可能以什么样的花色分布呢？**你手上有 13 张牌，有 4 种等可能的花色，平均一下每种花色你应该有 3.25 张牌。四舍五入到最近的整数，你各种花色应当有 4—3—3—3 张牌。从某种意义上说这应当是“典型”的分布。但这是最可能出现的吗？不是的！通过计算这种情况和其他可能出现的情况的概率可知，4—4—3—2 这种情况是最有可能出现的，概率为22%，而4—3—3—3这种情况的概率只有11%。事实上有一些其他的分布情况的概率也比4—3—3—3这种情况高，见表2-2。

表2-2　桥牌中六种最可能出现的花色分布

花色分布	概　率
4—4—3—2	21.6%
5—3—3—2	15.5%
5—4—3—1	12.9%
5—4—2—2	10.6%
4—3—3—3	10.5%
6—3—2—2	5.6%

这些结果看似违背了直觉，但是跟上面性别分布的例子相比，我们必须要注意到我们其实没有区分“5张红桃，3张梅花，3张方块与2张黑桃”的情况与“5张方块，3张红桃，3张梅花与2张黑桃”的情况。但是我认为这种区别相比于数字大小来说在桥牌中是没有意义的。

你也许会对计算特定花色分布的概率感兴趣。它归根结底是组合问题，以4—3—3—3这种情况为例来计算。桥牌玩家手上有从52张牌中随机发放的13张牌，一共就有C_{52}^{13}种牌型。接下来我们需要找出所有符合4—3—3—3分布的牌型，数量不少哦。我们从13张红桃牌中挑选出4张，一共有C_{13}^{4}种方法。而从其他三种花色牌中选3张的方法各为C_{13}^{3}种。乘法法则告诉你将这四个数字相乘可以得到4—3—3—3情形中有4张红桃的所有情形。同理可以算出有4张梅花、4张方块或4张黑桃的数量，最终我们可以得出

$$P(4—3—3—3\text{ 分布情况}) = \frac{4 \times C_{13}^{4} \times C_{13}^{3} \times C_{13}^{3} \times C_{13}^{3}}{C_{52}^{13}} \approx 0.11$$

你可以自己练习计算4—4—3—2分布情况的概率，

$$P(4—4—3—2\text{ 分布情况}) = \frac{C_{4}^{2} \times 2 \times C_{13}^{4} \times C_{13}^{4} \times C_{13}^{3} \times C_{13}^{2}}{C_{52}^{13}} \approx 0.22$$

可能性最小的是13—0—0—0的分布情况，有四种可能；接下来就是12—1—0—0这种分布情况，共有13×13×4×3=2028种可能。（读者可以自行解释这种计算方法。）

让我们再用飞镖游戏来举例。飞镖盘是一块圆形的板，被分成 20 小块（扇形图），分别是 1 到 20 分的分区（不是按顺序标的）。这块板的中心是靶心，这块板有两个同心圆，两个圆中间有 0.3 英寸宽。两个圆圈中间部分是三倍分区，投中这个区域就获得三倍的得分；外面的区域是双倍分区，投中此部分获得两倍的得分。我们知道这么多就够了。

假设现在你随意投射飞镖。[⊖]你的飞镖插满了镖靶，假设你投中 6 与 11 的概率完全是相等的，投中双倍分区的 20 与三倍分区的 3 也是等可能的。显然，平均投中的位置就是靶心，但这绝对不是典型的情况。

关于镖靶还有一件趣事。每一个位置都能用与水平轴的角度和圆心（靶心）的距离来定位，我们可以让计算机来随机模拟，从 0°到 360°之间随机选择一个角度，在 0 到 9 英寸（通常是镖靶的半径）之间随意选择一个半径。如此模拟以后我们会发现飞镖会更集中在靶心的位置。为什么呢？

当随机投飞镖时，相较于靶心更容易投中远距离的位置。比如虽然双倍分区和三倍分区同宽，但因为双倍分区比三倍分区离靶心更远，投中双倍分区会比三倍分区容易得多。在靶心周围也有一个同样的宽度圆圈，这个区域就更难投中。虽然选中位置离靶心的距离是随机等可能的，但是这并不意味着投飞镖投中也是等可能。平均投中的距离并不是位于半径的一半处，而是半径的 2/3 处。数学家们如何计算出 2/3 这个数字我不打算在本书中讨论，反正我们用实证的方法也已经验证了（借助于计算机方便多了）。

当你在地球表面北纬 90°和南纬 90°之间，西经 180°和东经 180°之间随意选择一点，同样的问题会产生。如果你重复选择，你会发现越靠近极点你选择的点会越集中，越靠近赤道则越稀疏。这是因为每条经线的长度是一样的，但是纬线却长短不一。事实上，南北纬 90°即通常称的两极都只是一个点，而 0°纬线则是整个赤道。如果你用这个方法随机选择你的度假地点，那你很有可能要去斯匹次卑尔根岛度假而不是新加坡的莱佛士酒店了。

⊖ 毋庸置疑，专业的选手可不是随意投射飞镖的。法庭也将此作为事实用过。1908 年，一个英国旅店老板吉姆·加赛德被控允许客人赌运气：飞镖。加赛德让当地的飞镖冠军“大脚”威廉·安纳金作为其证人。不论法庭说什么数字，“大脚”总是可以投到这个分数。法庭意识到飞镖游戏是技术而非运气，加赛德也因此被无罪释放。

2.5 购物策略

人生的很多选择都是在充满不确定性时做出的。当面对这些选择时，你需要用到手头所有的信息来做最明智的选择。不论是娱乐消遣还是现实生活，许多概率问题都与如何选择最佳概率有关。就像很多概率问题最终可以转化成为扔硬币或掷骰子问题一样，许多生活问题也可以进行类似的转化。本书是为读者提供消遣的读物，我关注的重点也会落在策略和决策幽默的一面，但是读者要记住股市、战场和婚姻等这些严肃的场合有时也会被戏称为游戏和谜题。

亚马逊在线商店有一个功能叫作“金盒子”。当你点击进去的时候，里面会有十种不同类型的商品，从书籍到DVD，从厨具到“松下ER411NC鼻毛和耳毛修剪器”（不包括电池）。每一次都只会出现一种产品，当你决定是买或者跳过之后，才会出现下一种产品。以前当你决定买下一款产品时，剩下的产品就不会再展示了；但是现在你可以随心所欲选择多件产品，只是你依然不能回看之前的产品和修改订单。假设你现在不多不少只需买一件产品。那么你该采取什么策略才能将赢的概率最大化，也就是买到最优惠的产品呢？

我认为“最优惠产品”指的是你看到了全部的十件优惠产品，然后按优惠的程度从高到低排列，然后买最优惠的产品。但是现在的问题就在于你每次只能看到一个，而且要立刻决定是买还是跳过。我们该怎么办呢？假设你采用的是缺乏耐心的策略——总是买第一件产品。所有的产品都是随机排列，你有10%的机会选到最优惠的产品。假设你采取的是犹豫不决的策略，每次都看完所有十个产品，然后只能选择最后一个产品，这时你依然有10%的机会选到最优惠的产品。假设你采取的是随机的策略，随意在第一个产品和第十个产品中挑一个产品，然后买下。这时你选购最优惠产品的概率依然是10%。那么有更好的方法吗？

当然有。首先看完前五个产品，从中选择一个最优惠的产品，将它称为目标产品。然后继续看接下来的产品，如果发现有一个产品比这个目标产品还要优惠，那么就买下它。如果剩下的五个产品没有一个比目标产品还要优惠，那说明目标产品就是最优惠的产品，但你却错过了它不得不买最后一个产品。如果你采取这种购物策略的话你赢的概率就是25%。因为如果次优惠产品在前五个产品中，最优惠产品在后五个产品中你就能保证成功。次优惠产品在前五个产品中的概率是 5/10 = 1/2（因为最优惠产品在任何位置出现都是等可能的）。在这个前提之下，最优惠产品在后五件产品中的概率是 5/9（剩下的 9 个位置中出现最优惠产品都是等可能的）。两个事件同时发生的概率需要利用乘法原则计算条件概率，即 P(第二优惠产品在前五个产品中,最优惠产品在后五个产品中) = 1/2 × 5/9 = 5/18 ≈ 0.28 这个数字显然要比 0.25 大。事实上赢的概率会比上述计算出来的更大，因为这并不包含你所有能赢的方式。比如说，当最优惠选择是第六件产品，而第二优惠产品在第七件至第十件产品之间，在这种情况你也会赢。还存在其他赢的情形。当然最优惠的产品必须在后五件产品之中，而且不会被之后将会出现的产品超过，你才会赢。你可以通过列出所有赢的情形来计算这个概率，但是这也太无聊了。你可以设定一个小一点的数字，比如说四种产品，然后再列出来所有赢的情形。当有四种产品时一共有 4! = 24 种排列产品的方式，你可以数出来所有赢的情形。你可以用跳过“前面一半”的策略（比如，从 1 到 4 的产品中，1 号产品是最优惠的产品，在 4231、3412 等类似情形下都会赢）。你会得出赢的概率是 10/24 = 5/12。

假设现在不止有十件产品可以选择，而是有一百件产品可供选择。你还是用这种策略：先找出前五十种产品中最优惠的产品，然后再看接下去的产品，当有产品比这个目标产品更优惠时就选择这个产品。当目标产品是次优惠产品，而最优惠产品是在后五十种产品之中的情况，这种情况下你一定会赢。此时赢的概率是 50/100 × 50/99 = 25/99，比 1/4（等于 25/100）要大一些。在其他情况下你可能也会赢，但是赢的概率会低于 25%。这让你意识到不论一共有多少种产品供选择，你选到最优惠产品的概率会维持在一个水平不变。即使有一百万种选择，你可以在前五十万种产品中选择一个最优惠的目标产品，然后再依次看后五十万种产品，当出现比目标产品更优惠的产品时买下它。这时你赢的概率依然是低于 25% 的。看起来机会挺大了，但这依然不是你可以做出的最佳选择。

有一个更好的策略：**在前 37% 产品中选择最优惠的产品，再接下来的产品中有比这个产品更优惠的就买下来。那么此时你赢的概率是 37%。这个策略是最优策略；其他策略再复杂也不可能让你赢的概率更高。**当可供选择的产品越多就越接近 37%。在“金盒子”问题中，10 的 37% 是 3.7，所以你得到的结果是 4。

这个问题是概率学中的经典问题，它常常出现在公主如何在一群求婚者中挑出最优秀的人，或是王子如何挑选出嫁妆最丰厚的新娘。我决定将这个概率问题从童话世界中搬进现实的网购中，然后举了一个我亲身经历的情形。顺便提一句，我没有买鼻毛和耳毛修剪器。

2.6 纸牌游戏

让我们再次拿出纸牌，我会教你玩这样一个游戏：由我来洗牌，我把牌洗好并开始一张一张地把牌翻到正面。在任何时间你都可以说“停，下一张是红色”。如果你是正确的，你就赢了。你必须在某个时间点上说出来，如果我翻完51张牌你还没有叫停的话，你就必须猜最后一张牌是红色的。除此之外，你可以自由运用任何策略。什么是最好的策略？你赢的概率是多少呢？

如果在我开始发牌前你就猜第一张牌是红色的，那你有一半的概率会赢。你还能做得更好吗？如果你让我发第一张牌并且它是黑色的，这时你叫停那么下一张牌是红色的概率是26/51，大约是51%。也有可能第一张牌是红色的，这时你就处于劣势了，不应继续猜下一张牌是红色而是过掉更多的牌。这样策略的原理还不太清楚，但似乎过掉的牌中红色的比黑色的少更加有利。或许只要我已经翻开的牌中黑牌比红牌多，你就叫停；如果这种情形一直不发生，那就直到最后一张牌？

在我给出正确答案之前，先让我们只用简化版的两张红牌（R）和两张黑牌（B）来测试一下这个策略。总共会出现以下六种组合：

BBRR，BRBR，BRRB，RBRB，RBBR，RRBB

于是问题就变成在这些组合中你赢的概率。在第一种情况下，你会输是因为你会在翻开第一张牌后就猜下一张是红色的，而第二张却是黑色的。在第二和第三种情形下你会赢。在第四种情形下则会输（必须直到取出最后一张牌），在第五种情形下赢，在第六种情形下输（必须直到取出最后一张牌）。六种情况中三种会赢，即赢的概率是50%，没比猜第一张牌赢的概率有所提高。试试另外一种策略：在翻开的牌中有两张是黑色的之后猜下一张是红色的牌。利用这个策略，你会在第一、第二和第五种情形下赢，在其他的情形下，你必须等到最后一张才猜，而最后一张却是黑牌。这又是一半赢一半输的问题。现在试试一种看上去愚蠢的策略：当更多的红牌被翻开之后猜下一张牌是红色的。这肯定会更糟糕吗？但是看看结果发现你会在被迫直到最后一张牌的第一、二种情形下赢，并且当你在第六种情形下猜第二张牌是红色的也会赢。因此这个貌似愚蠢的策略也有一半的概率会赢。事实上，选择任何策略赢的概率都是 50%。

对于一副完整的牌来说，任何策略赢的概率都是一半。任何一个“理性的策略”只有在决定性条件发生时才会显示出优势，但是这种优势常常会因为决定性条件不发生而不起作用。而那些“愚蠢的策略”既有优点也有缺点，赢的概率也是一半。上文简易版的扑克牌问题很好地解释了这一点，但这也许不足以让你相信在一整副扑克牌中也会发生同样的情况。一个经常提出的论据就是与其猜下一张是红色不如猜最后一张是红色。因为不管你采用哪一种策略，在实际运用中下一张牌是红色与最后一张牌是红色（也许下一张牌就是最后一张牌）的概率是相同的。而最后一张牌在洗牌的时候就已经确定了，它是黑色或是红色都是等可能的。有一些人认同了这个论据，但我也遇到过不同意这个论据的人。当然我可以用严密的数学方法来证明，但在此处我就不赘述了。

再举一个关于猜测的策略的例子。我两只手中各有一张纸条，我在每张纸条上都写了一个数字，你选择一只手看这张纸条上的数字，然后猜测另一只手中纸条上的数字是比它小还是比它大。这两个数字都是整数（不论正负），且不相等，除此之外你对于我如何选择、选择了什么数字等信息一无所知。此时你还有一半的机会能赢吗？

看起来不可能。但是奇迹发生了，你可以的！首先，你选择一个整数，不论正负，然后加上 0.5，将其当作临界值。你可以随机选择一个整数，当选择无限多时就需要计算机来运算了。当你确定好临界值之后，你随机选择我某一只手看到了这个数字，然后假设你选择的临界值是这个看到的数字和剩下那个数字中间的数字。基于该假设，你可以做出选择了（事实上，你用这个临界值来代替了隐藏起来的数字）。如果你看到的数比临界值要小，那么你就知道这个数是两个数中小一点的数。如果你看到的数比临界值要大，你会猜这个数是两个数中大一点的数（因为你在选定的整数上加上了 0.5，这就保证临界值不会与看到的数一样大）。使用这样的策略，你获胜的概率将会大于 50%。想想这是为什么呢？

我们需要考虑三种情况：

1）临界值比两个数字都要大。

2）临界值比两个数字都要小。

3）临界值位于两个数字之间。

在前两种情况中，你假设临界值位于两个数之间的前提是错误的，所以唯一有影响的就是你随机选中的那个手里写着的数字，此时你有50%的概率猜对。具体说来，在第一种情况中如果你选中的是小数字你就猜对了；在第二种情况下，选了大数字就赢了。任何一种情况下你赢的机会都是一半对一半。在第三种情况下，因为假设的前提是对的，所以你肯定能猜对。将这三种情况合起来，不论前提是对的概率为多少，你赢的概率都要超过50%。让我们更加严谨地处理这个问题。假设事件G为你的猜测正确，事件A为假设前提是正确的，p为事件A发生的概率。那么利用全概率法则可以得出猜测正确的概率为

$$P(G)=P(G|A)\times p+P(G|\text{非}A)\times(1-p)$$
$$=1\times p+1/2\times(1-p)=(1+p)/2$$

结果显然比1/2要大。可以用计算机或者具有随机数生成功能的计算器来验证这一结果。随机数的值要在0~1之间，所以如果你将所有的数字都限定在这个范围之内，你也可以自己来检验。假设一开始设定的数是0.3和0.7，让计算机在0~1之间随机选择一个临界值。最后在0.3~0.7之间随机选择一个数，将上述猜测的策略运用到此处。反复重复这个过程，统计你赢的次数。现在假设p是数字随机分布在0.3~0.7之间的概率。而0.3~0.7之间的数字占0~1之间数字的40%，所以$p=0.4$，因此你猜测正确的概率为$(1+0.4)/2=0.7$。写一个计算机的程序来验证这个问题并不困难，真正困难的地方在于如何去理解这个结论。你通过一个不论正确与否、相关与否的猜测提高了赢的概率。除此之外我也不知道应当如何更有理有据地解释了。也许是时候问问玛丽莲了？

把最后两个问题放在一块讨论非常有趣。在前一个问题中（猜下一张牌是不是红色），看起来你猜对的概率肯定超过一半，但结果却不是。而第二个问题中（猜哪一个数字更大），似乎猜对的概率低于一半，但结果却证明猜对的可能性大于一半。不好意思，我又要啰嗦地再说一遍“这难道不酷吗？”

2.7 细胞分裂问题与分支过程

现在还有另外一个问题，我们也可以用1.8节中解决图科问题采取的策略来

解决。假设有一种细胞，分裂和死亡的概率相同。如果一个种群从这样一个细胞开始变化，那么这个种群最终灭绝的概率是多少呢？

这个问题并不简单吧。如果第一个细胞分裂失败，种群就直接灭绝，概率即为 1/2。如果第一个细胞分裂成功，就有了两个细胞。但若它们都分裂失败，这个种群仍可能在第二代就灭绝，概率是 $1/2 \times 1/2 = 1/4$。也有可能两个细胞都分裂成功或者一个成功一个失败。这个问题越往后发展就会迅速变得复杂，需要用计算机进行计算。如果开始的时候成功分裂，那么最终就会有许多细胞。有了很多细胞后，我们通常预计一半分裂一半死亡，那么下一代的细胞数量也大致相同，那么种群则趋向保持不变。但是，这只是通常的情况。实际种群大小当然存在大量随机波动，很难预计会发生什么情况。这时我们可以用到全概率公式来轻巧地解决问题。

假设事件 E 为种群灭绝，事件 S 为第一个细胞成功分裂，事件 F 为其分裂失败，总概率的计算公式如下：

$$P(E) = P(E \mid S) \times P(S) + P(E \mid F) \times P(F)$$

其中三个概率事件都很简单，$P(S) = P(F) = 1/2, P(E \mid F) = 1$，因为若第一个细胞分裂失败，种群则直接灭绝。需要计算的是 $P(E \mid S)$，即若第一个细胞成功分裂情况下种群灭绝的概率。但这意味着我们又回到了两个细胞的问题，因为子细胞又开始新的一轮再繁殖（或世系）。必须两个亚种群都灭绝，整个种群才算灭绝。我们又把问题带回了原点，不同的只是现在初始的不是一个细胞而是两个。假设 $p = P(E)$，即最终灭绝的概率。同时假定两个亚种群互相独立发展，那么两者同时灭绝的概率为 $p \times p = p^2$。所以 $P(E) = p, P(E \mid S) = p^2$，代入公式即为

$$p = p^2 \times 1/2 + 1 \times 1/2$$

这就是一个简单的一元二次方程，通常你可能知道如何解，如果你会的话，你就会算出结果 $p = 1$。灭绝是必然的！如果你并不熟悉一元二次方程的运算，你也可以将 $p = 1$ 代入验证是否正确（虽然一元二次方程通常有两个解，但这个方程仅有一个解）。这完全出乎意料。尽管种群通常保持不变，但随机波动迟早将导致灭绝。

细胞种群的分支过程仅仅是一个简单的小例子。首先研究分支过程的是法国人比安内梅（I. J. Bienaymé）和英国人弗朗西斯·高尔顿爵士（Sir Francis Galton），亨

利·沃森（Henry Watson）。弗朗西斯·高尔顿爵士生于1822年，卒于1911年，他是一位有趣的人。他属于有产阶级（换句话说，这类人不工作也可以生活），他将一生都奉献给业余科学家生涯。他研究气象学、基因学、心理学、地理学、热带探险和统计学。最为著名的贡献可能是指纹的应用，这一贡献比他自己本身要出名得多，但高尔顿爵士却远不如他的表兄达尔文出名。高尔顿爵士沉迷于数据收集和分类学（尤其是对人的分类）。他的口袋里时常揣着卡片，通过在卡片刺孔来记录在大街上看到的女神和丑女的数量。这一结果最终形成了英国的“美人地图”，这也是其他任何旅行指南所没有的。他还调查过“祈祷的效力”，并且丈量父子们的身高、体重和其他特质，由此引进了概率学上的“回归和相关分析”，这些我都会稍后在书中解释。高尔顿爵士众多的科学贡献中，优生学是最值得怀疑的，即通过选择性繁殖使人种更加“优越”[⊖]。尽管他反对20世纪后期一些意识流学者提出的优生学观点，这也许是他的这项贡献没有像其他贡献一样受欢迎的原因。

作为一位典型的英国绅士，高尔顿爵士担心英国的贵族血统会消失，他将这个问题当作一个概率问题发表在了一本科学期刊上。高尔顿的问题跟之前说的细胞问题是同一类问题，不同之处在于人类可以生育多个后代，这使得问题变得更复杂。高尔顿自己也没有解决这个问题，他的朋友亨利·沃森（一位值得尊重的数学家、登山运动员）解决了这个问题。沃森利用一种数学方法来解决这个问题，这个方法至今依然被学习分支过程理论的概率学家们使用着，我也是其中之一。我大部分的概率研究都集中在这个领域，主要应用于细胞和分子生物学。我还研究了基因突变的累积和细胞持续分裂时染色体末端即端粒不断变短和朊病毒动态问题的相关模型。其中，朊病毒作为错误折叠的蛋白质，是引起人类和动物多种疾病的原因，最有名的例子是牛脑海绵状病，通俗地说就是“疯牛病”。我们稍后会在第5章详细讨论分支过程。我与这位英国贵族靠得最近的一次是我在2001年发表的一篇关于曼彻斯特人民寿命问题的文章。

⊖ 亚历山大·格雷厄姆·贝尔就是优生学的支持者。他通过研究玛莎葡萄园岛上的聋人群体，得出耳聋是多遗传的，并且主张要通过法律禁止聋人通婚。他本身并不歧视聋人，他的母亲和妻子都是聋人。

2.8　结语

在这一章中我们通过众多例子认识到我们估算概率的能力有多差。这也许是因为我们都被训练得不自觉去寻找秩序和规律，从而忽视和误解了许多概率现象。或者是我们做的概率训练还不够多？不论什么原因，我们都在概率法则的指导之下仔细考虑问题，正确运用公式最终解决了问题。在这一章中我们并没有接触到什么特别的问题，下一章中我们会研究一种特殊类型的概率问题：永不消失的微小概率。

第 3 章

微乎其微的概率：为什么奇迹总会发生

在这一章里我们将讨论：

1. 你每吸一口气中究竟吸入了多少个凯撒大帝临终前呼出的最后一口气的空气分子？

2. 数字 37 又隐藏着怎样的秘密呢？

3. 你中乐透大奖是一个奇迹么？

这章中介绍了小概率，我们切忌忽略它们，因为一个事件即使再稀有也不意味着它永远不会发生。

3.1　可能的不可能

在第2章中我们介绍的概率问题乍看起来都违背直觉，出乎意料。这一章我们会继续接触一些特殊的概率问题：为什么不可能发生的事情还是常常会发生呢？为什么在概率那么小的情况下还总是有人会中彩票又总是有人遭雷劈呢？在生日问题上我们其实已经接触过此类现象。通过2.3节的介绍我们几乎可以肯定100个人中至少有2个人的生日是同一天（这一事件的概率高达0.9999997）。如果我们只考虑单独的两个人的话，他们同一天生日的概率为1/365（第一个人可以随意在哪一天出生，第二个人必须与第一个人在同一天出生），大约只有0.3%。然而在100个人中，我们共有 $C_{100}^{2}=4950$ 个生日对，在这之中要找出生日在同一天的一对非常容易。

生日问题的例子说明了一个道理，尽管有些事情从个体看来几乎是不可能发生的，但当它以群体出现时，因为有许多的个体事件在尝试着，所以发生的概率就很高了。另一个例子就是风靡全国的博彩游戏“选3”。你从0~9十个数字中选出三个数字，按照选择的顺序排列组成一个数；换句话说也就是从000~999这一千个数字中选择一个数字。当你选择了三个数字之后，你中奖的概率是1/1000，所以如果你只玩一次那么你中奖的概率很低。在有些州，如得克萨斯州“选3”游戏每天开奖2次，每周有6天开奖。这样如果你每一次都投注，你一年有624次机会能中奖。这就意味着如果你一直投注的话，你每两年至少会中一次奖，不可能不中奖的。如果你在某一期中奖了，那么这一期你中奖的概率依然还是1/1000。

让我们将它转化为数学问题吧。假设重复进行某种试验，每次成功的概率为 p，且每次试验都相互独立。如果你做了 n 次试验，那么至少一次成功的概率为

$$P(\text{至少一次成功})=1-(1-p)^{n}$$

其中，$1-p$ 表示每次试验不成功的概率，$(1-p)^{n}$ 表示 n 次都不成功的概率。运用概率第一法则，用1减去 n 次都不成功的概率得出的就是至少一次成功的概率。这个公式也是本节内容的基础。现在假设一年内每一期“选3”游戏你都下注了。那么此时 $p=0.001$，$n=624$，则

$$P(\text{至少一次中奖})=1-(1-0.001)^{624}\approx 0.46$$

你在这一年内有一半的机会中奖。没有中奖的期数都会被忘了，你靠千分之一的概率终于实现中奖的梦想了。

在近期的《危险边缘》节目中，场上三位选手中有两位选手相隔20年先后在同一所高中上学。主持人阿力克斯·特里伯克觉得没什么比这个还要不可思议的了。如果我们依然只考虑个体事件发生的概率p，那么概率就非常的小了。然后阿力克斯已经主持了20年的《危险边缘》，n的数值非常的大。而且念同一所高中是指一种巧合，也可能有选手在同一所大学上学，住在同一个街区，去看过同一场美国橄榄球超级杯大赛等。只不过阿力克斯之前没有注意过。我也只是对阿力克斯的话进行了分析，事实上我和大家一样觉得这个巧合太妙了。

还有一些极端的例子，20世纪80年代中期伊芙琳·亚当斯在4个月内连续中了两次新泽西州乐透大奖，奖金总额高达540万美金。报纸报道说这样的事件发生的概率是17万亿分之一（后面跟着12个零）。这是什么事件的概率呢？它们有什么关联呢？17万亿分之一是亚当斯女士每次只买一张彩票，且中了两次大奖的概率。如果我们计算的是某人在四个月的时间内中了两次各州的乐透奖，概率就要大很多了。普杜大学的两位教授乔治·麦凯布和斯蒂芬·塞缪尔斯花了很长时间计算出了这个概率，大约是1/30，不再小得那么离谱了。而不限制在四个月内，有人中两次州乐透奖的概率就更大了。就像瑞典机场经理例子中介绍的那样，我们在这里计算的概率是“再一次中奖”而不是“第二次中奖”。买乐透彩票的人会一直买下去，中了奖之后就会投入更多的钱去买彩票。（亚当斯女士的确也是这么干的。）有些人再中一次奖不是不可能，但是我们要计算的是：有人中了两次奖。[⊖]

英国物理学家詹姆斯·杰恩斯爵士，在他1940年出版的著作《气体分子运动论简介》（*An Introduction to the Kinetic Theory of Gases*）一书中写到了一个有趣的例子，说明某些看起来极端不可能发生的事件其实很有可能会发生。“你每吸一口气时，究竟吸入了多少个凯撒大帝公元前44年临死前呼出最后一口气的气

⊖ 即使莫林·威尔科特斯猜中了两次大奖的数字，但她并没有赚一分钱。1980年6月，她买了马萨诸塞州和罗德岛的彩票，她买的数字与这两个地方的大奖数字一样，但是却没有赚一分钱：她买的马萨诸塞州的乐透号码是罗德岛乐透的大奖号码，而她买的罗德岛乐透号码却是马萨诸塞州乐透大奖号码。

体分子?”他举这个例子是为了说明气体动力学中包含的大量分子。

如果有吸进去任何一个分子的话，似乎这个概率应当是0。让我们来算一算吧。詹姆斯爵士告诉我们空气中大约有10^{44}个分子，人们呼吸会使用到10^{22}个分子。两千年过去了，我们假设凯撒在最后说的那句“还有你吗，布鲁图?”时呼出的气体已经在大气中传播并与其他的分子充分混合。现在考虑你刚吸进去的一个气体分子，它是凯撒呼出的概率有多大?（你可以现在也吸一口气。）这是一个经典的概率问题。用凯撒呼出的分子数量除以空气中总的分子数量；因此你吸进这个特殊的分子的概率是$10^{22}/10^{44}=10^{-22}$，这种概率类似于连续抛硬币73次正面都朝上。但是你并不是只有一次机会，事实上你有10^{22}次机会，所以$n=10^{22}$，$p=10^{-22}$，利用上述公式计算出：

$$P(\text{至少吸进一个凯撒呼出的气体分子})=1-(1-10^{-22})^{10^{22}}\approx 0.63$$

这个概率居然超过了一半。那小得可怜的概率p被大得惊人的n次方平衡了，你最终能成功吸进凯撒呼出的分子的概率才会比你不能吸进的概率要大。有一个小小的提醒，如果你想用便携式计算器来计算上面的公式，你可能得到的结果是0而不是0.63。因为此时计算器先计算的是括号里面的数，得出它的近似值是1。等会我就会教给读者另外一种计算的方法。

细心的读者也许会说在这种情况下分子间并不是独立的，而之前的例子中连续扔硬币是独立的。事实的确如此，假设你一个一个地吸进气体分子，前一个成功吸进了凯撒呼出的分子，那么下一次也成功的概率就会变化，因为凯撒呼出来的分子数量和总的分子数量都必须减去1。相比于硬币问题，这个问题其实跟之前的至少有一个红桃扑克牌问题更像。（从有10^{22}张红桃的10^{44}张牌中抽出10^{22}张牌。）这个问题我们需要用到组合的知识。但是因为1相对于之前的数来说实在太小了，所以我们可以假设每一次吸进一个分子的事件是独立的，这样也方便计算。

你也许还会想是不是凯撒呼出的所有空气分子还在空气中呢。毕竟氧气会被人类和动物的血液吸收，二氧化碳会被植物吸收，这些分子可能很早已经就不在空气中了。为了更严谨，我们就只考虑氮气吧，空气中有78%的氮气而且它不会消失。那么我们之前计算用的p必须要乘以0.78，得出的概率下降到了54%，这依然高于一半。

当然科学问题的很多假设都难以被验证。毕竟我们上面提到的例子都只是为了说明一些观点以供大家娱乐。凯撒呼出的最后一口气的分子最终去了哪里一点也不重要。约翰·艾伦·保罗斯于1993年在《美国数学月刊》上发表了一篇文章《数学盲》，并在其中描述了这个凯撒问题，我想他一定没有料到会遭到如此尖锐的抨击。一位伦兹先生花了两页半纸的篇幅来批评保罗斯的假设和计算，认为他在竭尽全力哗众取宠。难道数学家们就不能好好相处吗？

3.2 是巧合还是有迹可循

1987年，我在澳大利亚东海岸游了一会儿泳，海浪把我的眼镜冲走了。1992年，我遇见了来自布里斯班的澳大利亚统计学家罗德尼·沃尔夫。他的故乡离我当年游泳的地方很近。我们一开始讨论袋鼠、AC/DC乐队、咸味酱三明治这些司空见惯的东西，然后我就提到了我丢失的眼镜。沃尔夫并没有捡到我的眼镜。

好吧，这是一个很烂的故事，我也几乎不会跟别人说这个故事。但是如果他有一次去游泳的时候捡到了我的眼镜呢？这也太巧了，我一定会反反复复说这个故事的。我举这个例子就是为了说明你每听到一个巧合的背后有无数个平淡无奇的故事。不大可能发生的事情随时都有可能发生，很有可能发生的事情发生的概率比它高多了。

拿梦境的预言来说吧，当你梦到在匹兹堡的简阿姨时她恰好打电话把你叫醒。即使她固定每周给你打一次电话，每个月也会出现在你的梦中几次，这两件事情同时发生的概率就非常难计算。想一想所有人当他梦见亲戚时，这个亲戚都会打电话来把他叫醒这件事。也许对于某些地方，某些人来说常常会发生。但是当它发生在你身上时你会觉得不可思议。

有一次在希腊的帕特摩斯岛遇到了一个老朋友，我觉得特别的开心。但如果考虑到每年夏天大批大批的瑞典人都会去希腊度假，这也没什么让人吃惊的了。很多人都会偶遇另一些人。只不过现在这件事情发生在了我的身上，然后我就把这个故事告诉了你们。有一次在悉尼的街头我遇到了以前的高中同学。我也觉得非常的奇妙，但是他却见怪不怪的。他说我是近几个月他遇到的第20个老乡了。

个体事件发生的概率很小，但是n次方之后群体事件概率很大，如恒河沙数。它们包括了中乐透奖到被闪电劈中，从基因突变、物种进化到其他星球上的生命。数学家、科普作家艾米尔·艾克赛尔在他的作品《头号概率：为什么宇宙中注定会有智慧生命》(*Probability 1：Why There Must Be Intelligent Life in the Universe*) 中就提到了我们举的最后一个例子。这个问题的概率当然没有办法计算出来，你可能也不赞同他在书中作出的假设，但问题的关键在于一个特别小的概率 p 并不代表这个事件不会发生。在宇宙智慧生命这个例子中，宇宙中有数十亿个银河系，每个银河系中又有数十亿颗恒星，我们无法探测出这个 n 有多大。

宇宙的问题对我来说太深奥了，所以还是让我来说我旅行中遇到的故事吧。我在大学期间有一次跟朋友一块去南太平洋旅行。在萨摩亚首都阿皮亚机场时我们听到身后两个人在用瑞典语交谈。结果发现那两人是住在我家几个街区之外的朋友。我们结伴在萨摩亚玩了一周，然后就分开了。四个月之后我们又在悉尼机场见面了，而且我们还是同一趟航班！我不知道这是可能性大还是可能性小，但是我觉得这太有趣了。

当语言学家们在研究不同语言间的联系时，他们通常会讨论一些古老语言中出现的单词，比如数字、家庭关系和身体部位。有时候的确会出现一些相似之处。比如现代希腊语中“眼睛”的单词是“mati”（μάτι），而萨摩亚语则是“mata”。这看起来至少一种不可能发生的巧合，但是曾经有一位语言学家就认为这两种语言之间是存在联系的㊀。尽管古希腊语和加利福尼亚的印第安丘马什人的语言都有一个叫 simi 地方（希腊的那个岛屿名叫 Σύμη，岛上有一个盛产葡萄酒的 simi 庄园），但从没有人说过这两种语言之间存在联系。在毫无关系的两种语言里发现相似的单词并不是那么不可思议。因为两个字节的单词实在是有限，世界上那么多种语言都需要用到这些单词，最终必然会有相似的。让我最后再用一个例子来结束这趟波西尼亚语课程吧。萨摩亚语中数字 4 是“fa”，读音与第四个音节相似（do-re-mi-fa），你可以捏造一下这个单词与你母语之间的联系。最后也是我最爱的一个语言学上的巧合：波托马克河是由美国本土人民自己命名的，而希腊语中“potomaki”（ποταμάχι）就表示小河。这概率是该多小呀？

马丁·普利默与布莱尔·金合著的《超乎巧合》(*Beyond Coincidence*) 一书中就搜集了很多这些日常生活中发生的不可思议的巧合（包括伊芙琳·亚当斯和

㊀ 人们还发现了有一个希腊的小岛也叫做萨摩斯。（这是古代数学巨匠毕达哥拉斯的故乡。）

之前章节提过的可怜的莫林·威尔科特斯的故事）。这本书并不是一本数学类的书，所以他们并没有在书中提到很多概率问题，但书中的一些例子却可以用我们学习过的方法来计算事件的概率。比如书中提到了2002年9月11日纽约州“选3”的中奖数字是……是的，就是911。这是冥冥之中天注定还是仅仅只是一个普通的概率问题？不管怎么样，这都足够让人觉得不可思议。普利默和金在书中告诉读者相隔了200多年以后吉米·亨德里克斯住在乔治·弗莱德列·韩德尔伦敦故址的隔壁。不知道这两个作者还有没有新的发现，我也很好奇。

“现金5”这个博彩游戏在美国的一些州也很盛行。你从某一个区间的数字（每个州的范围不一样），比如1~40，选出5个数字。你是选“1-2-3-4-5”还是“3-11-14-26-39”呢？大部分人更倾向于后者。前一组连续的数字看起来就不可能？这种情况也从来没有中奖过。第二组数字没有遵循任何规律，与我们随机选出的数字如“5-8-19-24-33”相比没有任何差别。“3-11-14-26-39”这组数字其实代表的就是一组没有任何规律的数字，在我们眼里这组数字要比第一组连续的数字更容易中奖。如果中奖的数字是连续五个数字那么我们一定会觉得非常的“神奇”。也有一些其他很特殊序列的数字，如“1-3-5-7-9”“2-4-6-8-10”。但是一般的数字序列实在太多了，所以我们才会觉得出现这些特殊的序列的数字会比出现一般的数字序列的概率小得多。

扔硬币也是同样的情况。如果你连续扔十次硬币，HHHHHHHHHH与HHTHTTTHHT其实是等可能出现的，概率都为 $(1/2)^{10}$。但是由于第一种情况实在太特殊了，所以我们想当然地就会认为第二种随机五次正面朝上五次反面朝上的普通情况（概率大约是0.25）更加容易发生。但其实按照这种情形设定的顺序扔硬币的概率都是 $(1/2)^{10}$，与第一种十次正面都朝上根本没有区别。

似乎人类都有一种寻找模式、规律和巧合的天性，这种天性往往会让我们误入歧途。密文和阴谋都是通过数字和字母的组合来传递信息。2005年秋天的飓风疏散活动中，我的妻子和我在得克萨斯州的厄尔巴索待过一段时间（我们觉得世界末日的到来一定会伴随着飓风）。有一天我坐在一家名叫“阿尔多维诺穿越沙漠之行”的豪华餐馆露台边上读着彼得·伯恩斯坦的《与天为敌》。这本书从风险管理的角度记叙了概率和统计的恢宏历史。我在西得克萨斯州冬日的暖阳之下喝着罗斯威尔外星人琥珀啤酒，突然我意识到“伯恩斯坦”在德语中是“琥珀”的意思。太可怕了！我如今还在琢磨这些罗斯威尔外星人究竟想要告诉我什么。

另外一个典型的巧合就是共同认识的熟人。我想这在每个人身上都发生过。你在飞机上跟旁边的人闲聊，发现他的表姐是你妹妹的发型师，或者一些奇怪的关系。我又一次在汤加遇到了一个瑞典男孩，他也叫彼得。并且他小时候也在我的家乡生活过，我们还有一个共同的儿时玩伴：马格纳斯。这些例子都再一次证明了小世界效应：两个陌生人可以通过几个人的联系而认识。心理学家斯坦利·米尔格拉姆早在1967年就进行了这项开创性的试验。他写信给美国中西部的一群志愿者们，让他们通过各种关系找到一个住在马萨诸塞州的人。这些志愿者只能把信寄给一个自己认识的人，然后让这个人把信传递给下一个人。如此以往直到这个马萨诸塞州的人收到这封信。这些人就必须绞尽脑汁地通过给出的名字、地点和职业想想他们的朋友谁最可能认识这个人。只有15%的信最终到达了这个目标个体手中。这些成功到达的信函最多经过11次中转，平均只需要8次。米尔格拉姆和其他人之后通过一般的邮件和电子邮件等途径还几次进行这个实验，通常只需要6次就可以完成了。你可能也听过“六度分隔理论”这个术语，有时也被称为小世界效应，也就是说任何一个人想认识另外一个陌生人只需要经过六个人介绍。这看起来是荒谬的。6这个结论的得出没有任何科学依据，但是这个理论的关键在于大多数人都可以通过很短的链条就相互认识了。

在这个社会分工越来越细的时代，分隔的度可以更准确地计算出来。在2.2节的脚注中我提到了数学家保罗·厄多斯。厄多斯是一位多产的数学家，他在科学杂志上发表过1500篇文章，其中大约有500篇是与他人合著的。于是产生了一个新的概念“厄多斯数字”：一位数学家通过研究出版物需要多少步可以与厄多斯建立联系。对厄多斯自己来说这个数字就是0；对跟他合著的这些作者来说数字是1；对这些与厄多斯合著的作者再合著的作家们来说数字是2；依次类推。大部分数学家都有一个这样的“厄多斯数字”，平均下来这个数字是4.7。厄多斯之所以有这么多合著是因为他个人奇怪的生活方式。他居无定所，常常带着一两件行李在外漂泊，周游世界。他会将合著的数学研究给其他数学家充当房费、车费甚至是一杯咖啡的钱。

我的厄多斯数字是4。2001年的时候我与著名的遗传统计学家诺纳吉·查克拉波提（Ranajit Chakraborty）写过一篇关于如何将分支处理运用到一位马萨诸塞州百岁老人资料库的文章。而他又曾经与印度统计学家拉奥（C. R. Rao）（在统计学界非常著名的人物）合著过文章。而拉奥又曾经与一个天文统计学家乔吉·巴杜（是的，就是天文统计学！）合著过。乔吉·巴杜又与厄多斯一起发表过文章。厄多斯数字为4一点也不稀奇，大概有四万个人的厄多斯数字是3甚至是更小。MathSciNet这个在线的数学出版物数据库的一个有趣的功能就是让你知道任何数学家的厄多斯数字。

而在美国电影界，厄多斯数字就变成了凯文·贝肯数字。假定两个演员在同一部电影中出现就说明他们之间是存在联系的。因为一部电影里的演员远比一篇数学文章的合著作者要多，所以贝肯数字的平均数比厄多斯数字平均数还要小，只有2.95。芝加哥概率学家帕特里克·布林斯力的厄多斯数字是4，但是他同时也拥有贝肯数字，因此他可是能同时拥有两种数字的人的小型俱乐部里的一员。布林斯力在电影《不可触犯》中出演过一个角色，这让他的贝肯数字为2。（这部电影的另一位演员罗伯特·德尼罗跟凯文·贝肯共同出演过《豪情四兄弟》。）根据弗吉尼亚网站上“贝肯的神谕”，其实好莱坞至少有一千个演员比贝肯更适合成为“好莱坞中心”，比如蜜雪儿·菲佛（“蜜雪儿·菲佛数字”的平均数是2.88），黛安·基顿（2.82），克林特·伊斯特伍德（2.80）。这些名演员们之间的联系都很紧密，我想六度分隔理论最容易让人记住的表述应当是“六度贝肯理论”。虽然贝肯是一位不错的演员，但是他还是远比不上厄多斯。大概加上詹姆斯·迪恩、约翰·韦恩和马龙·白兰度才能企及厄多斯的才智、创造力和古怪。

那么你的萨达姆数字是多少呢？如果握过手就表示两人之间有联系，那么我的数字是4。关键的中间人就是前国务卿詹姆斯·贝克，他曾经在我工作过的莱斯大学待过很长一段时间。我敢打赌我的表兄妹们肯定不敢相信他们的萨达姆数字居然是5。也许我的萨达姆数字还会更小，但是没有类似于MathSciNet这样的数据库来专门统计。

现在你可能得出了这样的结论：没有什么事情可以让一位概率学家感到惊奇。我也在试图让你相信你自己也觉得没有什么事情还能让你感到惊讶的。当你被闪电击中，当你中了乐透大奖，你应该快速地计算一下概率，然后淡定地说，难道这不是注定要发生的吗？我无法告诉你该如何生活，但是你可以用下面的例子自我检测。你在街上漫步，突然遇到了你上高中时心仪的那个帅哥（美女），他（她）没有带婚戒，冲你微笑给你了一个大大的拥抱，然后表示这么多年之后与你偶遇太不可思议了。你需要选择一个恰当的回复："是的，多不可思议啊！我们一块去喝一杯吧。"还是"从概率的角度上说……"

3.3　小小风险

迄今为止我们所知的小概率大多数都能直接运算出来。其他的小概率则必须根据数据进行估算（回想一下1.1节中所介绍的统计概率）。以多种风险评估作为例子（这是保险公司一直在做的事情）。詹姆士·伯克在他1992年出版的著作《概率：日常生活中的风险和赔率》一书中告诉我们人被闪电击中的概率是六十万分之一，遇到致命性空难（但自己不一定丧命）的概率是一千万分之一点六。这种数据只能通过统计方法来得出（在第8章会详细地介绍）。被闪电击中的概率就是用某国某年内被闪电击中的人数（对于伯克先生来说就是英国）除以总人数。当然，被闪电击中的风险取决于你是谁还有你做了什么。如果你酷爱高尔夫而且在在糟糕的天气依然坚持打高尔夫，那么你就是被闪电击中高危人群了[⊖]。如果在暴风雨天气你从不出门，那么你很安全。即使你被击中，你仍然有相当大的机会活命，因为只有大约十分之一的电击是致命的。空难概率的计算与此类似，也就是用发生过空难的航班数除以总航班数。

由于小概率是用各种数据计算出来的，所以它的浮动范围很大，特别是当缺乏数据时。对于民航安全来说，致死事故率是每一百万次航班中的致死事故总数（因为起飞和降落是整个飞行中最危险的时刻，这样的计算方法比依照飞行公里数统计要合理得多）。协和式超音速客机一度是世界上最安全的飞机，直到2000年7月25日发生了坠机事件。因为协和式超音速客机总共只飞行了八万次，致死事故率立即从零升到了八万分之一或者说每一百万次飞行中就会失事十二次，从而成为史上最危险的飞机型号。短时间内，协和式超音速客机就从最安全的飞机变成了最危险的飞机！把它的数据和飞行次数最多的飞机波音737相比。波音737大概飞行一亿五百万次，致死事故率是一百万次中的0.41。即使波音737飞

⊖ 顺便告诉大家，闪电有时会连续击中某些人。对于罗伊·苏利文来说，他被击中了7次。这个美国公园管理员跟托尔（译者注：北欧神话中司雷、战争及农业的神）有莫大的渊源，所以雷神并没有劈死他。1983年的时候，苏利文自杀了，自杀的原因跟气候现象没有任何关系。

机再次失事，对这一数据也不会有太大影响。因为这种稳定性，这种数据对波音737来说远比协和式超音速客机要有意义得多。

这个客机的例子说明了既要理解又要恰当地对比小概率是多么的不容易。再举一个例子，2000年，瑞典的谋杀率是瑞士的两倍。在瑞典，每十万人当中就有1.97个凶杀犯人，而在瑞士，只有0.96（作为比较，美国的谋杀率是5.64，南非最高，有50.14）。从统计学上来讲，你在瑞典被谋杀的概率是在瑞士的两倍，但这很难改变你的度假计划。在《概率：日常生活中的风险和赔率》一书中，詹姆士·伯克提到1992年的卢森堡是欧洲谋杀率最高的国家。然而到了2000年，卢森堡的谋杀率就变得很低了。这种浮动在卢森堡这种人口少的国家是非常典型的：杀人犯的人数的微小变化就会使得谋杀率大幅上升。再来看看这个，瑞士卫队司令阿洛伊斯·埃斯特曼和其夫人在梵蒂冈被杀，使当地的谋杀率从零一下子超过了五百分之一，居世界首位。第二年，它又降回到零。但在人口多的国家这样的计算就比较合理了，即使杀人犯增加了两倍甚至是三倍，风险依然还是很小。

那么，因被流星砸到而丧命的概率又是多少呢？这很难回答，因为还从未发生。在1911年，埃及的一只狗曾被流星砸死，1964年阿拉巴马州锡拉科加的安·道奇丝也曾被流星砸中，但大难不死。面对这些只有很少数据的案例，想必保险精算师都没办法估算出你的人身险的风险。当然，人还会因为其他一些高空坠物而死。比如说，在公元前456年，一只老鹰飞过古希腊剧作家埃斯库罗斯的头顶，鹰抓着的乌龟砸下来导致其当场死亡。所以不用担心被陨石砸到，从统计角度来说，你被高空坠下的乌龟砸死的概率反而要大得多。

3.4 为什么偏是百万分之一

我们常常用百万分之一来描述那些生活中难得一见的事物。网上快速搜索得出的结果显示，“百万分之一”这个词的使用频率大概是“万亿分之一”“十亿分之一”“十万分之一”和“万分之一”这些词使用次数的总和的20倍。当搜索无边无际分之一的时候，搜索引擎就会问你“是不是想查询百万分之一”。用《宋飞正传》中克莱默的话来说就是可以用“百万分之一的概率，博士，只是百万分之一”这句话来结束每一个“直肠科医生的故事”。

那么，为什么是一百万呢？当然，从语言层面来说，一百万的发音比其他数字要容易得多。在我看来，一百万虽然是个大数字但在现实生活中我们还是常常会用到它。比如说在计算国家和大城市的人口时，在一个中型城市的预算中，卖座电影的票房，老虎伍兹的月收入，都会用一百万作为单位。我还找到了一些证据来证明数字也像货币一样在不断地膨胀。在 1869 年，我们的老朋友弗朗西斯·高尔顿爵士是这样定义"杰出"人才的：

"我所说的杰出人才，他的成就在一百万人中只有二百五十人可以做到，换句话说每四千人中只有一个人能做到。四千是个很大的数字，这让那些不熟悉大数字集合的人们难以理解。"

——弗朗西斯·高尔顿爵士，一位遗传学天才，写于 1869。

那些可以被称为百万分之一的事物，高尔顿才称之"伟大的"，并且认为一百万是个难以企及的大数字。也许，随着时间的流逝和数字的不断膨胀，我们会对十亿这样的单位越来越司空见惯，克莱默在新版的《宋飞正传》中就会重新说这段话了。

那么百万分之一到底是多少呢？电影《白头神探》中快嘴弗兰克·德雷宾（莱斯利·尼尔森饰演）有这样一段对话：

简：你的机会只有百万分之一。

弗兰克·德雷宾：这至少比中乐透有望。

这是真的，至少对于累积奖金的那种高额奖金彩票来说就是这么一回事。真正的大钱还是跨州彩票乐透强力球（现在已覆盖 27 个州）和超级百万（已覆盖 12 个州）。在强力球彩票中你需要从 1 ~ 55 之间选出 5 个数字，再从 1 ~ 42 选出一个"强力球号码"，所以一共有

$$C_{55}^{5} \times 42 = 146107962$$

种可能。如果你想要有百万分之一的中奖率，那么你必须选择 146 种不同的组合。而百万大博彩的中奖率更低。你需要从 1 ~ 56 选出 5 个号码，再从 1 ~ 46 选出 1 个号码，这样就有

$$C_{56}^{5} \times 46 = 175711536$$

种不同的组合。如果想要有百万分之一的中奖率，你就要花 176 美元。当然，部分数字符合就能中的小奖的概率要大得多，大概有四十分之一。

如果你玩桥牌的话，你手里拿到十张红桃和其他花色各一张牌的概率差不多

也是百万分之一。相比来说在玩扑克时拿到皇家同花顺（同一花色从 10 到 A）的概率更大，大约有一百万分之一点五。1963 年肖恩·康纳利在意大利赌场接连三次拿到数字 17，这个的概率显然大多了，已经有百万分之二十。

有些时候，百万分之一显得没那么不可思议。如果我们说某件事情发生在一个人身上的概率只有百万分之一，那么在中国至少有一千人遇到过这种事，而在美国大概有三百个人会遇上，在瑞典可能有九个人会遇上，就连在斐济岛大概有位仁兄也会碰上。

备受崇敬的英国 20 世纪数学家李特尔伍德将“奇迹”定义为“一件具有重大意义的事情发生，且发生的概率只有百万分之一”。然后，他计算得出每个人大约一个月就会发生一次奇迹。这理论被称为“李特尔伍德奇迹法则”，广为流传。你甚至可以做得更好。如果你连续抛 20 次硬币，你会得到不同的正反面朝上的情况。我刚刚抛了二十次，得出的顺序如下：

HTTHHTHTTHTTTHHTHTTT

但是，每一组正反面的排列的概率都差不多是 $(1/2)^{20}$，大概就是百万分之一。我刚才扔的二十次中有 8 次正面向上，12 次反面向上，这看起来并不特别，但是要扔出一模一样的顺序，那样的概率还是真是百万分之一。我认为这件事情是具有重大意义的，而且概率也非常的小。所以每天起床喝杯咖啡，抛二十次硬币，这样你的每一天都是由奇迹拉开序幕的。

现在我们充分了解了什么才是百万分之一了吧。那么就留个小练习给你去计算下什么叫做毫无机会吧。

3.5 泊松分布和神秘数字 37

如果让你任意把 64 颗米粒摆在一块棋盘上，你会空出多少格呢？如果某件事成功的概率是百万分之一，你试了一百万次之后不成功的概率是多少呢？在科罗拉多州的杰克逊县随便选定一平方英里的范围，然后在里边溜达不遇任何人的概率是多少？如果有人告诉你平均每一千年就会发生大规模的陨星撞击地球的事情，那么接下来的一千年里会有多少流星撞击地球呢？

这些问题的答案都是 37%。在 2.5 节中介绍的网购例子时也出现了这个数字，金盒子的最佳购物策略就是不买前 37% 的产品，而是从中选出一个最好的产品作为基础，当 37% 的产品之后的产品中出现了比这个产品还要好的产品时，就立刻下手购买。在 3.1 节中提到的凯撒例子中，避开凯撒呼出的气体分子的概率也是 37%。37 这个数字究竟有什么特别的呢？我朋友利夫是一位退休的瑞典数字理论学者。他时常告诉我 37 既是最小的非正则素数又是最大的序素数，虽然我不懂这代表什么意思。同时 37 也是人体正常体温的摄氏度数，亚里士多德还认为这是男性最佳结婚年龄。抛开这些数字理论和伟大的希腊哲学家，37 的出现是因为 0.37 是 e^{-1} 的近似值。为了防止有些读者对这个数字不熟悉，我来简单地解释一下。数字 e 是所谓的自然对数算法的基础，对于数学家们来说这是最重要的数字（这一点还存在争议，有人认为 π 更重要）。e 的值是 2.718281828459…，小数位无穷尽且无规律可循。[⊖] e^{-1} 这种写法是 1/e 的变形，它的值近似于 0.3679…，或者说 0.37。

这样说来也没有多神秘，但是为什么 e^{-1} 出现在了这么多例子中呢？这与“小概率事件定律”（law of rare events）有关。小概率事件定律是指一个事件很少发生，基本只发生过一次且以后发生难以预测，那么这个事件不再发生的概率为 e^{-1}。这个定律可以运用到上面所有的例子中去。将棋盘上 64 个格子中的某一个格子定义为 a1（假设是最靠近执白棋选手左手边的那个角落）。那么 a1 格子上有米粒的概率非常小，只有 1/64。所以是否有大米完全无法预测，且不论你之前曾经在 a1 格上放过多少次米粒也不会影响这一次事件。你只能肯定地说如果你放了 64 次，很有可能有一次放在了这个格子上。当然你有可能依然是失败的，因为小概率事件定律告诉我们你失败的概率高达 e^{-1}，也就是还有大约 37%。这与之前的百万分之一的概率一样，非常小，难以预测，尝试一百万次平均也只会成功一次。科罗拉多州的杰克逊县的人口密度就是平均每一平方英里一个人，所以当你随机选择一个地点时想要遇到一个人就是一个小概率事件了。但是如果你把杰克逊县划分成各个平方英里的区域，然后把所有的区域都走过一遍，你平均在每个平方英里里就能遇到一个人。因为人们并不是平均地分布在杰

⊖ 当谷歌在 2004 年上市时，公司在提交给证监会的文件中写道他们预计从首次公开发行的股票中募集 2.718281828 十亿（译者注：为了方便读者理解作者举这个例子，此处并没有按照中文习惯翻译，而是保留了原书中的单位——十亿）美金的资本。虽然它们最终只募集到了 10 亿的股本，并没有达到目标，但是光这一点就值得数学家们为他们叫好。

克逊县各个地方的，所以你没有办法预测在什么区域会碰见他们。此时小概率事件定律又会发挥作用，你在某一个选定的区域遇不到任何人的概率是37%。大规模陨星撞击地球的时间也是稀少而无法预测的，基本上一千年才会发生一次，那么某一个千年时间内没有发生的概率也是37%。细想一下你就会发现大概有37%的人一辈子都不会经历那种千载难逢的事情了。

那么当某一个事件平均发生的概率是两次、三次甚至更多次呢？如果我们想要知道的是这类事件发生一次、两次甚至更多次的概率呢？小概率事件定律的运用范围远远不局限于我在上一段中介绍的情况，它还有其他的适用情况。假设某一稀有无法预测的事件平均发生的概率 λ（希腊字母“lambda”），发生次数 k 符合泊松分布，其中 $k=0, 1, 2, \cdots$，那么可以得出公式

$$P(\text{出现 } k \text{ 次}) = e^{-\lambda} \times \frac{\lambda^k}{k!}$$

在这样一种非常模糊的假设前提之下可以运用这样一个精确的公式来计算一个稀有难以预测事件发生的概率。这个公式的推导需要将之前作出的口头上的假设转化为数学上的假设，本书就不再赘述了。λ 是泊松分布中的参数（大家可以回忆一下在1.9节中我们是如何用这个术语来形容二项式分布的）。在上面的例子中我为了方便理解将 λ 的值设定为1；因此发生0次的概率总是等于 e^{-1}（对于这个概率公式的第二因子，我们必须记住任何数的0次幂都等于1，0！也等于1。）如果我们继续在棋盘上随意摆放128颗米粒，平均每一个格子上会有两粒米。此时 $\lambda=2$，$e^{-2}\approx 0.14$，通过计算得出大约有14%的格子会是空着的。如果我们转而计算每一百年中大规模陨星撞击地球的概率，此时 $\lambda=0.1$，陨星不会撞击地球的概率为 $e^{-0.1}\approx 0.9$。

泊松分布能够与很多现实中的数据库完美地匹配。最常见的一个例子就是书籍或者报纸上每一页的错误数量，此外还有一串DNA的某些序列的突变次数，关于放射性衰变的计算以及某一太空区域中恒星的数量和某一特定网页的点击量等。网页的点击率？雅虎还是亚马逊？这些网站的点击量并不低吧？其实这取决于不同的时间标尺。你总是能够找到一个时间标尺，在那一段时间中点击量很低，这个标尺也许是毫秒或者微秒。因为点击量是由全世界各个地方的网民们实现的，什么时候会被点击非常不确定，因此泊松分布依然适用。通常来说仅仅用“稀少”来形容是不够的，它还必须是“不可预测”的。一旦你确定了某一个时

间标尺，并且当时事件的发生是稀少的，它们也不会有任何的规律可遵循。读者们请注意“每一千年都会有大规模的陨星撞击地球”这句话和“千禧年总会在每一千年有一次”这句话是完全不一样的。两个事件都很稀少，但是显然只有第一个事件是无法准确预测的。

泊松分布由法国数学家西莫恩·德尼·泊松（Siméon-Denis Poisson）（1781—1840）在1838年时发表的文章中提出的。泊松分布早期的一个经典例子就是被自己马踢死的普鲁士士兵的数量。这个例子是一个非常完美的例子（并且还赋予“成功”这个词一个有趣的意思）。这个例子与在棋盘上放大米的例子不太一样，棋盘的例子中成功的概率一直都不变。但是马可能会越来越具有攻击性，且踢起人来越来越有技巧。尽管如此，只要成功的概率没有大幅度地变化，泊松分布依然能够很好地处理这种情况。

在棋盘例子中，我们同样也可以利用3.1节中的公式来计算a1格子上没有米的概率。如果利用这个公式，那么$p=1/64$，$n=64$，从而得出

$$P(\text{a1 格子上没有米})=(1-1/64)^{64}\approx 0.3$$

得出来的数值与e^{-1}近似。如果你尝试了一百万次的话，只不过是把64次幂用一百万次幂替换，你不成功的概率依然是e^{-1}。当n足够大时，有

$$(1-1/n)^n\approx e^{-1}$$

更准确地说，当n无限大时，$(1-1/n)^n$的值无限趋近于e^{-1}。你可以随便给n取值，然后自己检验一下这个公式。这就让我们之前举的凯撒的例子多了一种解法。当$n=10^{22}$，我们不能吸进凯撒气体分子的概率是e^{-1}。我想大概是詹姆斯爵士的刻意安排使得这个例子中p恰巧等于$1/n$，所以能够吸进凯撒气体分子的数量就是1。这也使得他最终能够说“我们每一次呼吸都能吸进一个凯撒气体分子”（其实詹姆斯爵士并没有像我这样计算过）。

细心的读者可能已经注意到了我们现在介绍的这些能用泊松分布来解决的例子其实也可以用二项式分布来解决。你们是对的。通常说来只要一个二项式分布中p足够的小而n又足够大，我们就可以用泊松分布来计算，其中$\lambda=n\times p$。所以当并没有要求严格计算出精确值时，这种方法可以简化计算。因为运用泊松分布你就可以不用计算C_n^k这个复杂的二项式系数，在某些问题中，比如凯撒问题中也不用再四舍五入了。

让我们最后再举一个配对的例子。**设定一个整数n，然后不按顺序随机写下**

1～n 的数字。如果第 k 个数字恰好就是 k 的话我们就称之为“一对”。当 $n=5$ 时，32541 这串数字就有两对（2 和 4），而 23451 这串数字就没有任何对。那么一串数字中没有任何对的概率是多少？

这个问题的概率显然取决于 n 的大小，让我们先来计算几个简单的例子吧。当 $n=2$ 时，12 的顺序中有两对，而 21 的顺序就没有对。所以配对的概率是 1/2。当 $n=3$ 时，一共有六种情形，分别是 123、132、213、231、312、321，其中两种情形（231 和 312）是没有对的。所以概率是 1/3。当 $n=4$，一共有二十四种情形，其中九种情形没有对，概率为 9/24=0.375。当 $n=5$，概率为 44/120≈0.37。在 5 以后概率就跟 0.37 很近了。我们的老朋友 37% 又出现了，这次读者们不会再觉得神秘了吧。如果我们假设有一对的概率是 $1/n$（说服你自己这是对的），且 n 非常大，这时配对就是一个小概率事件。我们尝试 n 次才会得到一对，换句话说平均 n 次才会发生一次，似乎小概率事件定律在此处也可以适用。这个假设与上面的配对问题是不同的，因为连续配对成功并不是独立的。因为假如第一个位置配对成功，那么第二个位置也配对成功的条件概率时 $1/(n-1)$ 而不是 $1/n$。这就说明了小概率事件定律的适用并不要求绝对的独立性。如果我们要考虑配对是对的数量的话，有一些数还是可以用到泊松分布。但显然 n 个数字中不可能有 $n-1$ 对，所以泊松分布也不能够在所有数的情况下都能完全适用。

配对问题是概率的经典问题之一，通常背景都是一个笨拙的秘书不小心把信随意放到了写好地址的信封中，或者派对上一群男人随意把帽子放作一堆，派对结束后随便拿帽子。不管数量大小，至少有一封信放在了正确的信封中的概率，至少有一个人拿对了帽子的概率都是 63%。很有趣吧，至少这个答案你不能脱口而出，需要经过计算得出。

数字 37 神秘的面纱已经被揭开了。但是毫无疑问它依然是最大的序素数。

3.6 夜空繁星

稀有而不可预测的事件都有一个特征，即扎堆发生。乍听起来可能违反直觉，因为稀有的事件发生后，我们预计它在很长一段时间内都不会再次发生。反之，如果距离上一次发生已经过了很久，我们预计它可能会很快就会发生。住在休斯顿的时候，我常听到人们说这座城市注定要迎接一场飓风。在卡特琳娜飓风来袭前的三周我们搬到了新奥尔良。新奥尔良的人们就没有那么紧张了，大家常常会说这座城市已经很久没有受到飓风袭击，相比于飓风人们更关心 O'Briens 酒吧的高脚杯。我钦佩于他们的态度，但这里的堤坝防洪质量太差。每一次飓风（在短时间内稀有，而且直到开始形成前都是不可预测的）的袭击都和以前袭击的地点和强度无关。尚未发生的都不能是“注定”发生，一旦发生你就不再安全了（只需问问佛罗里达人）。发生就是发生，你无法回避。

其他的事情也是如此。假设医生告知你患上一种严重的病，存活机会只有 50%。他继续说，“但是，你很幸运，因为我的上个病人死了”。这时我建议你赶紧从这个庸医那离开吧。让我们再用轮盘来说明这个问题。每转 38 圈，所有的数字都会平均出现一次。但你当然不会预期每次发生都是刚好 38 圈。那么每个单独的数字出现的典型模式是什么呢？我曾用计算机模拟上百次轮盘转圈，并记录下数字 29 每两次出现之间转过的圈数。以下是前 10 轮的圈数：

8, 43, 20, 77, 52, 6, 9, 162, 22, 30

请注意这些剧烈的波动。有一次竟然转了 162 圈后才又回到 29，而另一次只转了 6 圈就又得到了 29。这些数字的平均值约为 43，与 38 足够接近，表明未必有何异常。事实上，当你看到有些事情太有规律了，你反而应该怀疑。比如下面的序列：

35, 29, 28, 44, 46, 40, 45, 50, 25, 47

平均值为 39，与 38 非常接近。但不论是现实中还是计算机模拟中，这组序列都不像是轮盘赌的结果，因为这些数字太有规律了。这组序列完全是我随意编造的，没有采用任何随机的方法。

夜晚的繁星为我们提供了观察聚集的直观例子。只要抬头观看，你就会发现星星簇拥成一群一群的。当然，引力的原因使星星并非完全相互独立，但这种相互间的影响不足以使星星在夜空中形成近似泊松分布。如果有一天猎户星座（你若在南半球，那么就是南十字星座）消失，星星们都整齐地排在网格中，肯定非常令人惊讶。图 3-1 所示为两幅计算机模拟的星图。我想你肯定也觉得左图更像真实夜空的一角。随机性并不导致规律性，事实上恰恰相反。这也是为什么古人能在星空中找出图案，用多种多样的动物和其他物品来为它们命名。如果你看到我随机排布的星星，你也能创造自己的星座。

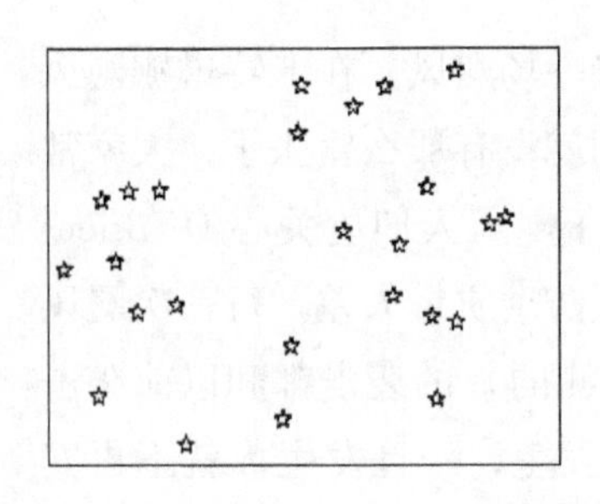

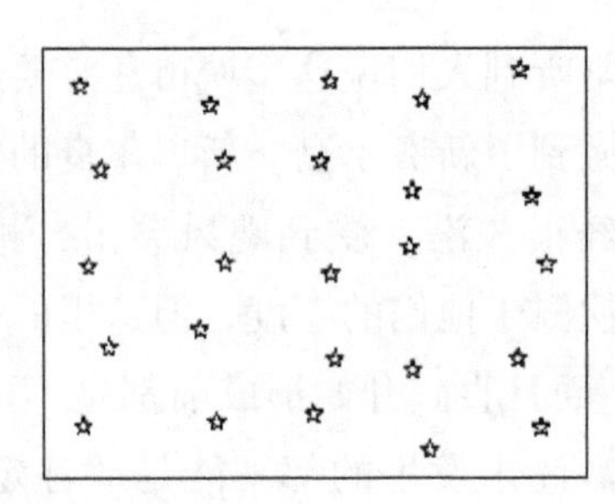

左图中的25颗星完全随机分布，而右图中的星则排列在网格中，掺杂一点随机的变化。

图 3-1 两幅模拟的星空图

到达站台的公交车是一个既不随机也不规律的例子，到达时间具有一定程度的随机性，但司机先生们是努力按照时间表运营的，你会发现其中有太多的规律性以至于无法用泊松分布来描述固定时间段进站车的数量。因为在这一段时间内进站的公交车可能在数量上是很少的，但是它们并不是完全无法预测的，所以并不能适用小概率事件定律。

3.7 结语

这章中介绍了概率问题中最有意思的概率：小概率。我们切忌忽略它们，因为一个事件即使再稀有也不意味着它永远不会发生。事实上极端稀有的事件时时刻刻都在发生。当说到一个事件是小概率事件时你必须立刻想到："究竟做了多少次试验就说这个事件稀有了呢？"不管机会有多小，你要坚信"有志者，事竟成"。问问亚当斯就知道了，或者吸进一个凯撒气体分子吧。

第4章

后向条件概率：回头是岸

在所有的数学发现中，贝叶斯法则是应用最多的法则之一，它从最开始的籍籍无名到现在广泛被认可并应用于各个领域。本章着重介绍了其在“概率侦探工作”中的应用，其中包括如何应用其在庭审中做出判决以及如何应用其来做疾病的诊断等。

4.1 载着黛西小姐回家

在本章中我们将继续介绍条件概率。回想一下之前的内容，我们认为如果在计算一个事件概率时需要考虑其他信息则需要用到条件概率。为了省去你再翻回前面重温这些知识的麻烦，这里再一次介绍条件概率的基本公式。如果事件 B 的发生要以事件 A 的发生为前提，则

$$P(B \mid A)=\frac{P(A\text{与}B)}{P(A)}$$

仅当事件 A 与事件 B 是相关事件时，$P(B \mid A)$ 才与 $P(B)$ 不同。如果事件 A 与事件 B 相互独立，它们才不会对对方的概率产生影响。换而言之，条件概率就是在某个事件的发生条件上增加一些不相关的信息。

当然我们还可以用其他方法来计算条件概率。事件“B 与 A”与事件“A 与 B”是相同的，而 $P(A\text{与}B)$ 又可以通过 $P(B \mid A)\times P(A)$ 得出，所以可以得出如下公式：

$$P(A \mid B)=\frac{P(B \mid A)P(A)}{P(B)}$$

这也是著名的数学家托马斯·贝叶斯（Thomas Bayes）（1702—1761）提出的贝叶斯法则（也称为贝叶斯定理）。但是贝叶斯自己并没有公开发表这一重大发现，而是他的朋友在他去世之后整理他的遗稿时发现的。这位 18 世纪英国教士留下的不起眼的公式给整个科学界和统计学界带来深远的影响。因为如果直接计算 $P(B \mid A)$ 非常简单，但是想要反向计算 $P(A \mid B)$ 就不是那么容易了。贝叶斯法则使得这种计算易如反掌。贝叶斯法则还有更加复杂的变形，现在常见的电子邮件垃圾邮件过滤器和互联网搜索引擎里都用到了它。接下来我们会重点关注贝叶斯法则在衡量证据方面（比如在体检时、或在法庭上）发挥的无可估量的作用。但首先还是让我们先去旁边的酒吧坐坐吧。

你主动载喝醉的黛西回家，但是她却拒绝了。她刚从新闻里知道 25% 的车祸都是由酒驾引起的。黛西想要自己开车回去，她说：“你们这些清醒的人要对剩下的 75% 的车祸负责任。你们这些马路杀手，能离马路多远就走多远。”你回答说，你就应该叫 Stevie Wonder（译者注：Stevie Wonder 是一位盲人歌手）来开

车载你回去，在你们家乡很久都没有报道过盲人音乐家驾驶发生事故。

你的回答让黛西捧腹大笑，最后她终于答应让你开车载她回去了，但其实你内心并不确定你反驳她的话有没有道理。现在贝叶斯法则就能够把事情整理清楚，只不过我们还需要一些具体的数据。假设酒吧附近的街道上驾驶的司机们有95%都是清醒的，他们驾驶发生事故的概率是1%。那么你和黛西驾驶发生事故的相关事件就是你清醒驾驶时发生事故的事件 $P(A|S)$，而你醉酒驾驶发生事故的条件概率是 $P(A|D)$。（译者注：A 代表英文单词 accident 事故，S 代表的是英文单词 sober 清醒，而 D 则代表英文单词 drunk 醉酒。）已知 $P(D|A)=0.25$，$P(S|A)=0.75$，$P(D)=0.05$，$P(S)=0.95$，$P(A)=0.01$。利用公式可以计算出：

$$P(A|S)=\frac{P(S|A)\times P(A)}{P(S)}=\frac{0.75\times 0.01}{0.95}\approx 0.008$$

即你有0.8%的可能发生驾驶事故。另外一方面，黛西发生事故的概率为5%，即

$$P(A|D)=\frac{P(D|A)\times P(A)}{P(D)}=\frac{0.25\times 0.01}{0.05}=0.05$$

所以她当然应当坐在副驾驶座上（其实后排座位更安全）。她犯了一个常见的错误，把 $P(D|A)$ 与 $P(A|D)$ 等同起来了。醉酒驾驶发生事故占所有驾驶事故的25%，这个数字必须与醉酒驾驶司机的数量结合起来才是一个真正相关的数字。因为酒驾的司机远远没有占到司机数量的25%，所以他们引起的事故比例相当的大。

$P(A|D)$ 无法从我们已知的数据中直接计算出来。当你知道了车祸事故的总数以及司机的总数你能计算出发生事故的平均概率。通过交警测呼吸和血液里的酒精浓度，你可以知道多少事故是由酒驾引起的。但是你没有办法直接计算出醉酒驾驶发生事故的概率，因为你不知道那些没有发生事故的酒驾数量。但在知道了酒驾司机的比例（可以通过交通检查站点做的数据统计也可以随机匿名调查人们的饮酒和开车习惯），贝叶斯法则就能帮助你准确地估算出 $P(A|D)$ 的值。

把 $P(A|B)$ 与 $P(B|A)$ 混淆起来是常犯的一个错误。我年轻的时候非常喜欢 Ed McBain“八十七分局”系列侦探小说中虚构的城市——艾索拉。我记得其中的一个场景就是一个意大利裔美国人在看到一个电视节目把意大利人描绘成为歹徒之后他非常愤怒。他去电视台抗议得到了这样的回复“歹徒不仅仅只是意大利

人，有很多的歹徒就是犹太人和爱尔兰人。”书中的这位答复人员非常聪明，他立刻区分出了“所有意大利人都是歹徒”和“所有歹徒都是意大利人”这两者之间的区别。虽然这不是一个纯粹的概率问题，但是我们还是可以用概率来分析它。电视节目将P(歹徒|意大利人）当成了1，而现实中P(意大利人|歹徒）要小得多。

最近我看到了一个关于艾滋病的问题，“通过血液传播感染艾滋病的风险有多高?”，随即附上的答案说2%的艾滋病患者是通过血液传播感染的。读者们请注意，问题问的是P(艾滋病|血液传播）是多少，但是答案回答的却是P(血液传播|艾滋病）的大小。2%的风险足以保证大家的输血安全，实际上据报道一百万次输血感染的次数只有不到一次。2%只是表示所有感染艾滋病病毒的患者中有98%是通过血液传播之外的途径感染的。当你决定要输血时你无须担心这个数据。

所有的单身男女们，奉劝你们结婚须谨慎哦。因为所有的离婚都是因为先结过婚。

4.2 贝叶斯法则：小球与男孩（女孩）

在我们要开始严肃讨论医药和法律问题之前，让我们再来举一些轻松的例子吧。一个盒子里放着两个白球和两个黑球。你先从中拿出一个球，然后再拿第二个。（当你拿第二个球的时候你不需要把第一个球再放回盒里。）考虑以下两种情况：

A：第一个球是黑球

B：第二个球是黑球

显然$P(A)=1/2$，当你已经拿出一个黑球之后，盒子的三个球中只剩下一个黑球了，所以$P(B|A)=1/3$。目前为止都没有什么问题了。但$P(A|B)$是多少呢?也就是说当第二个球是黑色的，第一个球也是黑色的概率为多少?

这个问题好像需要我们倒退从后往前想问题。难道不是1/2吗?毕竟第一个球都已经取出来了，它怎么会受到第二个球的颜色的影响呢?

当然不会受影响了，它们是不相关的。在这个问题上你不应该按照时间先后顺序考虑，当你选出第一个球的时候第二个球是什么颜色谁也不知道。你应当把先后取出这两个球当做一个完整的试验，然后大量重复做这个试验。首先把第二个球是白球的情况排除，当抽出的两个球是白球/黑球或黑球/黑球这两种情况的时候满足第二个球是黑色的要求。白球/黑球情形的概率是 $1/2\times2/3=1/3$，黑球/黑球情形的概率是 $1/2\times1/3=1/6$。把这两个数相加得到的就是第二个球是黑球的概率 1/2。那么第一个球是黑球的概率会是多少呢？出现白球/黑球的情形是出现黑球/黑球情形的两倍。因此，当我们进行大量重复试验大约一半的情形中第二个球是黑色的。那么有多少种情况第一个球也是黑色的呢？因为出现白球/黑球是出现黑球/黑球概率的两倍，所以第二个球是黑球时出现黑球/黑球情况的概率是 1/3，即 $P(A\mid B)=1/3$。

更简单的方法就是利用贝叶斯法则：

$$P(A\mid B)=\frac{P(B\mid A)\times P(A)}{P(B)}=\frac{1/3\times1/2}{1/2}=1/3$$

其中，$P(B)=1/2$。在上述计算中我们其实用到了全概率法则：

$$\begin{aligned}P(B)&=P(B\mid A)\times P(A)+P(B\mid(\text{非}A))\times P(\text{非}A)\\&=1/3\times1/2+2/3\times1/2=1/2\end{aligned}$$

这是贝叶斯法则在运算中的典型例子。随便设定两个事件 A 和 B。假设我们已知 $P(B\mid A)$ 和 $P(B\mid\text{非}A)$，需要计算的概率 $P(A\mid B)$。贝叶斯法则还有另外一种变形：

$$P(A\mid B)=\frac{P(B\mid A)\times P(A)}{P(B\mid A)\times P(A)+P(B\mid(\text{非}A))\times P(\text{非}A)}$$

在球的例子中，计算 $P(A\mid B)$ 并没有比计算 $P(B\mid A)$ 难多少，但是这两个条件概率是截然不同的。$P(A\mid B)$ 非常容易理解，就是你从盒子中取出一个黑球，把这个事件作为前提再从盒子中取出另外一个黑球，此时拿到黑球的概率是 1/3。$P(B\mid A)$ 则相对难以理解。你先取出一个球，握在手中，不要看它的颜色。这时拿着黑球的概率是 1/2。你继续从盒子里取出另外一个球，发现这个球是黑色的。突然你原来手中拿着的球是黑球的概率从 1/2 变成了 1/3。太不可思议了吧！这个球一直在你的手里啊，为什么你取出另外一个黑球它的概率就变了呢！

这些概率都是主观的，它们反映出你自己想法的坚定程度。你坚信自己手上的球是黑色的吗？如果你用概率去量化这种坚信的程度的话，最开始你认为是

1/2。但当你第二次拿到一个黑球时你就稍微没有那么坚信自己第一个球也拿到了黑色。毕竟如果你第一个球拿到的白球，第二个球拿到黑球的概率才更高。[1]通过计算概率你将自己坚信的程度量化成 1/3。虽然概率是主观的，但它并不是任意的。它通过反复进行某一种试验，然后从长远的角度上进行客观的评价。

我们还可以依据新信息利用贝叶斯法则来更新事件概率。在上述例子中，从盒子里取出白球或取出黑球的概率都是 1/2。当我们知道了第二个球是黑球这个信息时，我们就把概率更新成了 1/2 和 2/3。用概率学家的话来说，原来取出{黑球，白球}的概率分布是{1/2，1/2}，当我们知道第二个球是黑色时，概率分布变成了{1/2，2/3}。这两个分布分别是先验分布和后验分布。

4.3 贝叶斯法则与医疗诊断

贝叶斯法则在医学实验中也发挥了很大的作用。让我们来举一个例子吧。假设你在进行某种疾病的排查，这种疾病在人群中的发病率是 1%。在没有任何临床症状时，进行检查化验，准确率是 95%。我指的是当你确实患有该种疾病，那么化验结果有 95% 的可能是阳性；如果你没有患病，那么化验结果有 95% 的可能是阴性的。那么当你的化验结果是阳性时，你患病的概率有多大？

这个问题看起来很简单。如果检查的准确率是 95%，那么你得病的概率就是 95% 对吗？让我们继续用贝叶斯法则吧。令事件 D 为你患病的事件，令 + 表示化验的结果是阳性。目前已知 $P(D)=0.01$ 即发病的概率为 0.01。而化验的准确性翻译成概率语言就是 $P(+\mid D)=0.95$。但是现在要计算的是当化验结果呈阳性，你患病的概率是多少，即 $P(D\mid +)$ 的值。如果从时间顺序来理解的话的确也是如此，因为首先是你得病或没有得病，之后你采取化验得到阳性结果。将贝叶斯法则运用到这个例子中可知，

---

[1] 我举一个更极端的例子可能有助于大家理解。假设盒子里只有一个白球和一个黑球。你一开始取出一个球握在手上，然后再拿出另外一个球，第二个球是黑色的。此时你就可以确定第一个球是白色的。

$$P(D \mid +) = \frac{P(+ \mid D) \times P(D)}{P(+ \mid D) \times P(D) + P(+ \mid (\text{非 } D)) \times P(\text{非 } D)}$$

在整个公式中只有 $P(+ \mid (\text{非 } D))$ 的值需要稍微计算一下。

$$P(D \mid +) = \frac{0.95 \times 0.01}{0.95 \times 0.01 + 0.05 \times 0.99} \approx 0.16$$

所以你只有 16% 的概率是确定已经患病的！即使化验的结果准确率高达 95%，你也可以保持谨慎的乐观，因为你真正患病的概率很低。计算有问题吗？当然不是。在这个例子中评估患病的风险存在两个冲突的信息：①这个病非常罕见，所以你基本不可能患病；②这个化验非常的精准，所以当检验结果是阳性时你很可能就患病了。这两个信息量化之后对应的概率分别是 1% 和 95%，所以实际的风险应当在这两个数字之间。通过运用贝叶斯法则计算得出的最终概率 16% 恰好就在这两个数之间。

很多人都会把 $P(+ \mid D)$ 和 $P(D \mid +)$ 弄混，这其中包括最不应该把它们弄混的人：1978 年《新英格兰医学杂志》中发表了一篇文章，就一个类似的问题向哈佛医学院的四个附属医院中 60 个医生提问。只有 11 个医生回答正确，几乎一半的人的回答都是 95%。

在计算的过程中我们用到了人群中该疾病的发病率这个非条件概率 $P(D)$，即所谓的基本比率（比率的含义与概率相似）。这看起来似乎与本来的问题不相关。毕竟，你的化验是阳性，且当你确实患有该种疾病，化验结果有 95% 的可能是阳性。知道这些信息不就够了吗？这个病究竟是普遍还是罕见有什么关系呢？这的确有关。这个病越罕见，你检查出来阳性的结果越可能是误诊。设想一种极端的情况，你检查的这种病从来没有人得过（可以用男人得卵巢癌，女人得前列腺癌等这些无知的例子），化验结果的准确度高达 95%。这时你就可以确定这个阳性的结果肯定是误诊。反之疾病越常见，你就更应该相信检查的结果。另一种极端的情况就是你检查的这种病每个人都患有，且只要检查结果是阳性的，你就肯定得病了。所以基本比率是不能忽视的。

在上述的例子中想一想“如果很多人都来做检查会发生什么事情”能帮助你想清楚问题。一万人中大概有 100 个人患有疾病，其中 95 个人能够被检查出来。剩下 9900 个没有患病的人中，5% 的人会被误诊，这样就有 495 个人还会得到阳性的检查结果。因此总共有检查 590 例阳性病例，但其中只有 95 个人是真正生病了，概率大概是16%。那些健康的人被误诊的检查又被称为“假阳性”，而那些没有检查出疾病的案例则被称为“假阴性”。我在上一段中提到比率的含义与概率相似，所以我们通常会说“假阳性比率”和“假阴性比率”。在这个例子中假阳性比率是495/590即80%，而假阴性比率是5/9410即0.05%。

为了减少假阳性案例，通常会对那些在第一次化验中检查出阳性的人再做一次检查。假设第二次检查的结果与第一次检查结果之间是相互独立的，第二次检查的准确率依然是95%。所以如果你身患该病不论你第一轮的检查结果如何，在第二轮检查中化验结果是阳性的概率是0.95；如果你是健康的，那么你得到化验结果是阳性的概率是0.05。唯一不同的是经过了第一次化验的过滤，第二次检查的基本比率变成了0.16。所以如果你第二次检查的结果依然是阳性，那么你患病的概率是

$$P(D \mid +) = \frac{0.95 \times 0.16}{0.95 \times 0.16 + 0.05 \times 0.84} \approx 0.78$$

换而言之，依然有22%的假阳性存在，但是比例已经明显下降了。经过了上一节的学习，你也许会想到上面的程序是连续更新概率。一开始的风险是1%，后来升到了16%，再变成78%。如果没有贝叶斯公式的话这些概率很难计算出来。

在医学检查中你显然想让“假阳性比率”和“假阴性比率”越低越好。但是存在一个问题，因为这两个比率是此消彼长的关系。不管你做什么医学检查（提问、血型、X光、核磁共振成像……），除非是那些确定无疑的病例，总是会有一些灰色区域不是那么确定的。如果你想要降低假阳性的风险，你就必须让处于灰色区域中的人们被误诊为阳性的概率降低。但是这样就会使得假阴性的病例变多，这些人本来应该被检查出来但现在却被排除了。反之，如果你为了减少假阴性的病例而将标准变低，假阳性的病例就会变多。你在阅读的过程中可能也发现了我喜欢用极端的例子来说明问题。现在再举一个极端的例子，假设检查出来的结果每个人都是阳性的。这样就没有人可以被排除，那么假阴性比率就为0，而那些健康的人就全是假阳性了，所以假阳性的比率非常高。对应的极端例子就是检查出每一个人都健康，那么假阳性为0，而假阴性的比率很高。

现实生活中有很多这样的例子。你爱车的发动机灯突然出现故障了，但是你的车是好的：假阳性。安迪·罗迪克发球出界，但是边线裁判没有注意到：假

阴性。

在体检中保持低的假阴性是最高准则。其中的道理就是发现越多病患越好。而付出的代价就是假阳性的人数也会增加，这相对来说没有那么可怕。但是假阳性比率的增加也会带来很多麻烦。比如当用计算机断层摄影术（即 CT）来检查肺癌时，假阳性比率可能会很高（根据国家癌症研究所的统计有时高达 50%）。通常来说假阳性是把良性的瘤误诊为癌症，但是在手术中发现是良性。而这种手术通常非常复杂且风险很高。虽然看起来越早查出肺癌对患者越好，但是有些研究人员认为要慎重对待肿瘤，因为肿瘤通常并不致命。“排查”通常是指对一群没有明显症状但却有高风险的人群进行医学检查，比如对吸烟者进行肺癌的排查。“通过排查在早期就检测出肺癌是否更有利”这个话题在医学界是一场旷日持久的论战。对于其他癌症的排除，如乳腺 X 光片、子宫颈抹片检查、前列腺特异性抗原检查等，也有类似的顾虑。总之，排查会使得假阳性比率相对更高，因此在决定是否要进行早期检测时需要进行权衡。

对于病患和健康的人来说医疗检查的准确率也许是不一样的。举一个简单的例子，当你用发烧这个标准来诊断麻疹。患有麻疹的人几乎都会发烧，所以此时的准确率是 100%。但是对于那些没有得麻疹却因为其他原因发烧的人来说这种方法根本就没有用。许多没有得麻疹的人被诊断患有麻疹，所以这个方法对于那些被疾病折磨的人来说可行度大大降低。

病人被检查出阳性的概率叫做检查的灵敏度。灵敏度就是衡量一个检查在检测疾病时有多灵敏。因此，发烧检查对于麻疹来说有很高的灵敏度，即假阴性很少（很少有得了麻疹却没有检查出来的病例）。健康的人被检查出阴性的概率叫做检查的特异性。特异性衡量对于特定疾病或条件来说某一种检查方法是否足够准确和特殊。对于麻疹来说发烧检查方法并不特殊，所以这个方法的特异性很低，会导致很多假阳性的情况（有些人发烧并不是因为麻疹引起的）。

我个人对于假阳性也是颇有经历。当我申请绿卡时，我必须要做一个肺结核的皮肤反应测验。测验结果是阳性的。对于来自某些国家的人来说这是常态，因为这些国家通常要接种很多疫苗，针对肺结核接种的是卡介苗（在我小时候，在瑞典这个疫苗是必须接种的，但是现在可以选择是否接种）。因此这些疫苗让皮肤反应测验的特异性降低了。当皮肤反应测验的结果是阳性时，我接着再去做一个胸透。胸透的结果排除了我患有肺结核的可能，我终于拿到绿卡了。通常来说第一个检查的灵敏度都会很高，但是特异性就比较低；那些被检测出是阳性的人会用其他更加特殊的方法进一步检查。在艾滋病病毒检测时第一步都会先进行酶免疫检测或酶联免疫吸附检测。艾滋病抗体会在这些检测中发生反应但其他抗体也会发生反应，这样就会产生假阳性的情况。接下来就会进行第二步的试验，如免疫印迹法，这样就可以将艾滋病抗体与其他抗体区分开了。因此免疫印迹法比酶免疫检测和酶联免疫吸附检测的特异性更高，但是费用也相对更高，所以通常不会用来作为初步检测。

4.4 贝叶斯法则与案情分析

在庭审中，评估指控被告的证据也可以采用贝叶斯法则。这和我们上一节提到的药物试验相似，只需要把“检测呈阳性”替换成“指控证据”，“有病的”替换成“有罪的”。证据的来源多种多样，如目击者证词、测谎仪（如果允许的话）、指纹、脚印和DNA样本。或者，如在1.5节中萨利案中出现的，仅仅专家声称两个孩子根本不可能自然死亡的话也可以作为证据。

在法庭中利用概率并不是什么奇思妙想。第1章中提到的伟大法国数学家拉普拉斯早就想过这个问题。在1814年《关于概率的哲学讨论》一书中，他描述了如何在庭审中运用贝叶斯法则（贝叶斯法则在当时并没有被人所知，拉普拉斯自己独立发现的）评估证据。[⊖]

无论是何种证据，基本的问题是被告的罪行是否“排除合理怀疑”。在我们的术语里，已有的证据可以作为被告有某种犯罪行为的前提，但是否足够充分证明被告有罪？虽然没有规则可以定义哪一种程度是足够高的概率，但我们多半会同意在像谋杀案、强奸案等严重的犯罪应当比入店行窃案要求的概率高。显然罪名对应的处罚越严厉就越要确保被定罪的是真正的罪犯。当然这也导致了一个意外的后果，即比起入店行窃，强奸和谋杀更容易脱罪。

那么庭审和药物试验就存在着本质的区别。正如我之前所言，在医学检查中

⊖ 拉普拉斯在数学上的天赋并没有总是给他带来好运。拿破仑任命其为内政部长，但六个月之后他就被开除了。所有的人都抱怨他四处找茬，给政府找了许多鸡毛蒜皮的小事。还有一个有趣的事，拉普拉斯在拿破仑16岁的时候还当过他的老师，并且让他通过了考试。

最重要的是减少假阴性比率。而在法庭上，避免判决无辜者有罪比避免宣布某人无罪更为重要，即避免假阳性比避免假阴性更重要。但两者也存在相似的问题：忽视基本比率和混淆前后向条件概率。让我们先从 Kahneman 和 Tversky 提供的目击者报告示例开始吧。

全市的出租车中 85% 是蓝色的，剩下 15% 是绿色的。在一起晚上发生的交通肇事逃逸案中，目击者确认肇事出租车是绿色的。实验证明目击者在正常日光条件下正确分辨绿色和蓝色（正确地将绿色归为绿色，蓝色归为蓝色）的概率是 80%。那么肇事出租车是绿色的概率是多少呢？

Kahneman 和 Tversky 在他们的研究报告中写道，大部分人对这个问题的回答是 80%。听上去貌似合理，因为目击者平时的正确率是 80%，在这个具体的情形中也不会例外。但这种想法并没有考虑本城中出租车的绿蓝比例。和 4.3 节中的疾病排查测试相同，关于出租车的颜色有两类证据：一是基本比率，另一是目击者报告。根据基本比率就会认为肇事出租车为蓝色是因为蓝色出租车更常见，而目击者报告指向绿色。与往常一样，我们继续求助于贝叶斯大师。

令看到的出租车是绿色的事件为 G，看到的出租车是蓝色的事件为 B，目击者指认出租车是绿色的事件为 E。我们需要知道的是条件概率 $P(G|E)$。如果肇事车辆事实上是绿色的，那么目击者指认绿色的概率为 80%。即 $P(E|G)=0.8$，$P(E|B)=0.2$，基本比率为 $P(G)=0.15$，$P(B)=0.85$。现在你知道如何应用贝叶斯法则：

$$P(G|E)=\frac{P(E|G)\times P(G)}{P(E|G)\times P(G)+P(E|B)\times P(B)}$$

$$=\frac{0.80\times 0.15}{0.80\times 0.15+0.20\times 0.85}\approx 0.41$$

肇事车辆为绿色的概率是 41%。所以即便有目击者证明，出租车仍然更有可能是蓝色的，只不过概率从最初的 85% 跌到 59%。忽视基本比率就会导致混淆相关的条件概率 $P(G|E)$ 和 $P(E|G)$。这也是为什么不懂概率知识的人或者没有事先接触过概率的人会犯错误。当然还是有人与 Kahneman 和 Tversky 唱反调，认为基本比率在此类事件中是无关的。考虑下面这种情况，你就知道 Kahneman 和 Tversky 的观点是对的。假设我们查到绿色出租车的公司在事故发生时因故将所有车辆都派往邻市。所以当时全市的出租车就都是蓝色的。虽然目击者作证出租

车是绿色的而且有 80% 的准确率，你还是能 100% 确认蓝色出租车公司应该支付赔偿。因此，基本比率不能被忽视。

当基本比率和目击者报告的观点不同时，常常就会发生此类问题。当基本比率恰恰相反时人们的证言会变得非常有趣。假设一种极端的情况，99% 的出租车是绿色，目击者指认绿色的概率是 80%，我想多数人内心超过 80% 的程度认为绿色出租车公司应当承担责任。你可能想运用贝叶斯规则来计算一下，那么你得到出租车为绿色的概率为 99.75%。值得注意的是，它并不在 80% 和 99% 之间，反而高于这个区间。绿色出租车有责的初始概率是 99%，仅仅基于基本比率，目击者报告支持了这一点，所以更新后的概率就高于 99%。

出租车的例子反映了一个普遍的问题。无论有什么证据，被告真正有罪的概率是多少呢？回想一下 1.7 节中讲的二手车经销商，假设你的车发生了令你害怕的某种发动机问题，你是否会将车辆退回并且控诉经销商不道德的商业行为？你多半会是出于无奈而这样做，不是基于证据采取这样的行为。发动机有问题的车被洪水泡过之后损坏的概率是 $0.8 \times 0.05/0.135 \approx 0.3$。因此，经销商更可能是无辜的。

就真实的案件而言，让我们重新回到萨利案。因为专家证人认为，在同一家庭中发生两起婴儿猝死的概率仅为 730 亿分之一，这似乎是唯一指控她的“证据”，但她被判犯有谋杀罪。这个数据的首要问题是它建立在两个事件独立性之上，这是完全不切实际的。我们通过计算发现概率应为 1/850000。让我们将其四舍五入为百万分之一，但这又有什么意义呢？这说明像萨利这样的家庭，两个婴儿都猝死的概率是百万分之一，概率并不高。但是任何同时发生的婴儿猝死都很罕见，不论原因如何，萨利一家发生了不同寻常的事。鉴于这件事已经发生了，需要知道婴儿自然猝死而萨利无罪的概率是多大。

让我们再次运用贝叶斯法则。假设两起都是婴儿猝死的事件为 C，两起都是谋杀的事件为 M。为简单起见，排除一起为谋杀和另一起为婴儿猝死的情况。由于不可能有其他的死亡情况，所以两起死亡只能被写作 C 或者 M。已知 $P(C) = 1/1000000$，相关概率即萨利无罪的条件概率是 $P(C \mid (C\text{ 或 }M))$，相反的条件概率 $P((C\text{ 或 }M) \mid C)$ 显然等于 1（若观测到 C，则“C 或 M”就是必然的）。贝叶斯法则描述的萨利无罪概率如下：

$$P(C\mid(C\text{或}M))=\frac{P((C\text{或}M)\mid C)\times P(C)}{P(C\text{或}M)}=\frac{P(C)}{P(C)+P(M)}$$

其中，分母运算还使用了第 1 章提到的加法法则。但因为我们不知道 $P(M)$ 是多少，现在还无法计算下去。$P(M)$ 是指像萨利这样的家庭中母亲谋杀两个婴儿的概率。无论如何，这个数值肯定是非常小的，毫无疑问肯定低于两起都是婴儿猝死的概率。大多数母亲都不会杀害她们的孩子，所以 $P(M)$ 非常接近于 0。为了便于讨论，我们可以先假设双重谋杀和双重猝死同样可能，即 $P(M)=1/1000000$。代入上述公式中，有

$$P(C\mid(C\text{或}M))=\frac{1/1000000}{1/1000000+1/1000000}=1/2$$

萨利无罪的可能性是 50%，这个结果听上去比较合理。因为针对此案发生的是极为罕见的事，两种解释具有同样的可能性。仅仅因为婴儿同时猝死的情形极为罕见就说萨利杀害了她的孩子们是错误的，这显然没有考虑到双重谋杀的情况也同样罕见。

如果 730 亿分之一可以作为证据指控萨利，那么 3.1 节中介绍的亚当斯连续中乐透大奖和她的 17 万亿分之一概率的结论又是什么？不可能发生吗？但它确实发生了。在萨利案中，不仅婴儿同时猝死不太可能，任何两起死亡都不太可能。一旦这件不太可能的事件发生了，我们就需要基于罕见事件的条件概率评估所有可能的解释。不能因为另一种解释似乎不可信就在一开始排除了它的可能性，不依此作为判案的依据。即使福尔摩斯也在庭上，他也肯定会反对专家证人和他的 730 亿分之一：

> 你不会听我的话的，他摇着头说。我曾多次对你说过，一旦排除所有的不可能，无论剩下的可能多么不可思议，它就是真相。
>
> ——阿瑟·柯南道尔爵士，《四签名》，1890

在萨利这样的家庭中连续两次杀害婴儿当然是非常罕见的，我确定发生的概率远低于同时发生婴儿猝死案。假设概率是千万分之一，萨利有罪的条件概率则是 1/11 或约 9%。顺便说一下，上述使用的“婴儿猝死”和“自然死亡”是同义。但这并不完全准确，婴儿猝死仅是自然死亡的情况之一，这也是对萨利有利的另一个事实。

在萨利案中，证据并非针对于她。然而在多数案件中，证据都是针对特定被

告的。目击者报告、指纹、脚印或 DNA 样本都可能与被告匹配。就现代法律经典案件而言，我们可以想想加利福尼亚州的公民诉柯林斯案。1964 年 6 月 18 日，胡安妮塔 · 布鲁克斯在洛杉矶的街头遇到抢劫。一名目击者声称看到扎马尾的金发女子从现场逃离，并坐上了一名留着山羊胡和小胡子的黑人男子驾驶的黄色汽车离开。警察随后根据此描述逮捕了珍妮特和麦尔考姆 · 柯林斯。在法庭上，布鲁克斯小姐和目击证人都不能辨认出任何一个被告是犯罪分子，而且也没有其他证据可以指控柯林斯。为了推动案件，控方传唤了一位本地的数学老师作证。这为数学老师利用概率知识来证明一对随机选取的夫妇拥有以上全部特征（棕色，山羊胡、黄色汽车等）的概率只有一千二百万分之一。他得到数据的来源是赋予六个个人特征不同的概率：

P(留山羊胡的男子) = 1/4

P(留小胡子的黑人男子) = 1/10

P(扎马尾的女子) = 1/10

P(金发女子) = 1/3

P(混合人种夫妻) = 1/1000

P(黄色汽车) = 1/10

之后相乘得到 1/12000000 的概率。控方凭此提出柯林斯无罪的概率仅为一千二百万分之一。被告因此被定罪。

1968 年，被告上诉至加利福尼亚最高法院，希望基于四点理由推翻判决，其中三点都和一千二百万分之一这个概率的计算有关：依据的个体特征概率并无事实根据；个体特征事件间的独立性假设不成立（比如小胡子和山羊胡之间的独立性）以及忽视目击者报告发生错误的可能性（包括错认胡子和染发的可能性等）。第四点最为关键：将观察到特征的概率与无罪的概率等同起来是荒谬的。即使前三个问题不存在，也只能说明一对随机选取的夫妇符合上述特征的概率为一千二百万分之一，而成千上万的夫妇都可能在当时出现在犯罪现场。你也知道，如果 n 足够大，即使 p 小到 1/12000000，也不足以排除某种可能性。本案中，基于已有证据证明另一对符合上述特征的夫妇有罪也并非完全不可能。实际上，如果我们确认另有一对符合特征的夫妇存在的话，柯林斯夫妇有罪的概率就会降到 50%，不足以定罪。而如果确认另有两对夫妇存在的话，有罪率又会进一步降到 1/3，以此类推。

让我们将柯林斯夫妇的例子放在一边，在大环境中重新考虑他们的处境。假设某些人（或者夫妇、团体、企业等）因为单一证据面临指控，已知该项证据符合随机选取个人的概率为 p，若证据与被告符合，有罪概率是多大?

这个问题显然又是一个贝叶斯法则的示例。用 G 和 I 分别代表有罪和无罪，E 代表证据。若被告有罪，则必然与证据相符；若无罪，仍然有可能与证据相符，概率为 p。那么条件概率 $P(E|G)=1$，$P(E|I)=p$。就证据而言，被告有罪的概率如下：

$$P(G|E)=\frac{P(E|G)\times P(G)}{P(E|G)\times P(G)+P(E|I)\times P(I)}$$

$$=\frac{P(G)}{P(G)+p\times P(I)}$$

没有初始概率，就没办法继续算下去。假设除了被告，有 n 个嫌犯被认为同样可能有罪。那么可能的嫌犯总共就有 $n+1$ 个，任何一人有罪的可能性是 $P(G)=1/(n+1)$，$P(1)=1-P(G)=n/(n+1)$。代入上式得出有罪概率：

$$P(G|E)=\frac{1}{1+n\times p}$$

这个问题常被描述为在岛上有 $n+1$ 个人，其中一人是凶手，而另一人恰巧与犯罪现场的 DNA 匹配。这个所谓的“岛屿问题”早已在律师和概率学家中引发争论（猜猜谁最可能回答正确）。

在柯林斯案中，p 等于 1/12000000，而 n 可大至百万。假设 n 是两百万，以上公式可得出有罪概率为 86%，在其他证据欠缺的情形下并不足以定罪。无论如何，14% 和 1200 万分之一的无罪率之间是天壤之别。在法律语境中，$P(E|I)$与$P(I|E)$的混淆被称做检察官谬误。有一些案件中出现的概率可能比柯林斯案的千百万之一小，但同样也能表现出谬误的荒唐。举一个例子，某项犯罪是由 AB 血型罪犯所为，已知美国人口中 AB 型出现概率为 4%。若被告为 AB 型，控方的谬误就会是基于该项证据主张被告有罪率达到 96%。这当然非常可笑，因为 4% 指的是近 1200 万美国人有该血型的概率，他们都有 96% 的可能性犯罪。

贝叶斯法则在测谎试验中很有效。首先指出测谎仪并不是检测谎言的。我们已经知道这个观点了。但因为我们认为它的功能如此，我们还是将其称之为测谎仪。测谎仪的准确性一直饱受争论，甚至有专门支持和反对的网站。我曾看过一个网站欣然宣称“别担心，测谎仪可以轻易被打败”。

不论测谎仪的真相是什么，它和其他类型证据在评估中都存在同样的问题：忽视基本比率和误报。假设测谎仪准确分辨真伪的概率为95%，你用来测试你诚实的朋友是否会说谎，出乎意料地得到肯定回答。你起初预计他撒谎的概率为千分之一。那么真实的撒谎率是多少呢？令朋友撒谎的事件为L，说出真相的事件为T，+代表指数为正，相关概率为$P(L \mid +)$，运用贝叶斯法则：

$$P(L \mid +)=\frac{P(+\mid L)\times P(L)}{P(+\mid L)\times P(L)+P(+\mid T)\times P(T)}$$
$$=\frac{0.95\times 0.001}{0.95\times 0.001+0.05\times 0.999}\approx 0.02$$

这位令人尊敬的朋友说谎的可能性还是很小的。正如我们之前所研究的许多示例，当你采用不完善的测试流程对罕见之事进行测试时，得到正值的概率会被放大。

最有趣的概率问题发生在DNA证据领域。1994年，前橄榄球运动员辛普森面临谋杀指控。你肯定听说过了。[㊀]在庭审中，专家证人作证称犯罪现场发现的血迹来自辛普森以外的人的概率为1.7亿分之一。这个数字是怎么得来的呢？当然不是源于仔细检查了囊括1.7亿人口样本的DNA数据库，而是与柯林斯案中那位数学老师的做法相似。在小规模人群中收集具有独立性的染色体上的基因作数据。以血型为例，根据“ABO分类法”，四种血型分别是A，B，AB和O型。你的血型取决于一条染色体上某个特定的基因。此外，血型还根据Rh因子呈阳性或阴性而分类，这取决于另一条染色体上的基因，和ABO血型无关。假设40%的美国人口是A型血，其中16%是Rh阴性。因为具有独立性，我们可以得知是40%中的16%，即6.4%的人口是A型Rh阴性血。

和“DNA指纹”相近，许多基因座就被用于研究基因排列组合的频率，通过将频率相乘计算出随机匹配的概率。这样就可通过相关的小额样本（但也不能太小，以至忽略了个体间的自然差异性）计算出概率了。在辛普森案中，1.7亿分之一的数据就是根据240名底特律非裔美国人样本计算出来的。如果概率计算

㊀ 该犯罪的发生地恰巧距离柯林斯案的犯罪现场仅数英里，而时间也恰好是30年后的同一天，即1994年6月18日，这样的概率又是多少呢？

所使用的 DNA 样本来源于米勒斯堡的阿米什人、俄亥俄州、拉斐特的卡津人或者路易斯安那州，那可能就不太有用了。1.7 亿分之一非常引人注目，但因为 DNA 证据已被警方污染，且检方承认在概率计算中发生了某些错误。总而言之，对于未受过训练的人来说 DNA 证据的概率论本质确实难以把握，一位陪审员在庭审后表示“我对 DNA 这种东西完全不能理解”，他又接着说道“我希望法庭上能有一位概率学家进行解释，帮助我在判断的过程中更好地理解和应用 DNA 证据”，要是这样该有多好！而他事实上说的是“对我来说这完全是浪费时间，它那么遥不可及，于我也没有任何意义”。

概率学家出庭的先例并非没有。在 1996 年英国里贾纳诉亚当斯强奸案中，牛津教授彼得·多纳利对陪审团的辅导内容就是贝叶斯法则及其在评估证据方面的应用。该案中，指控被告的唯一证据也是 DNA 的匹配度，概率低至 2 亿分之一。被告有许多有利的证据，包括女友做的不在场证明和强奸受害人的指认失败。多纳利先生向陪审团解释他们该怎样运用概率计算和贝叶斯法则算出最终的有罪概率（对于不同的陪审团成员，数值可能是不同的）。我不打算详细介绍案件细节，但最终亚当斯一审被判有罪，案件上诉后上诉法院维持了原判。彼得·多纳利 2005 年发表在《重要性》杂志上的文章对该案进行了详细介绍。

在和概率极低的 DNA 证据打交道时，最重要的是明确概率适用的是全部人口（或考虑中的特定人群）。因此，随机抽取的个体与 DNA 相匹配的概率可能是两亿分之一，但是你如果检测被告的亲属，就会发现匹配的概率更高。事实上，如果被告有同卵的双胞胎，他或她的 DNA 就是一样的㊀，这个就不会纳入那“两亿分之一”。兄弟姐妹、父母、堂兄弟姐妹、姑姨、叔伯在基因上比随机选取的人更接近，与被告 DNA 相匹配的概率也更高。在贾纳诉亚当斯强奸案中，被告同父异母或同母异父的兄弟的 DNA 因故未检测，这就构成了问题。

我想我们有目共睹的是：庭上的概率争论至关重要却也困难重重。亚当斯案上诉后，上诉法庭就贝叶斯法则的运用发表了以下声明：

㊀ 虽然同卵双胞胎有相同的 DNA，但 DNA 可以通过不同的方式表达，这也是为什么区分同卵双胞胎（经过某些实践）是可能的。一个可笑的结果是，如果要区分同卵双胞胎的话，采用 DNA 指纹比采用由墨水和纸张获取的传统指纹更难。

“我们认为将此类案件对概率证据的依赖视为造成混淆和错误判断的因素，这些混淆和错误判断可能发生在律师中，更可能发生在法官中，而在陪审团中则几乎是必然发生的。”

我反对这一看法，对贝叶斯法则的合理运用才是避免混淆和错误判断的秘诀。当然，这只是一位谦逊的概率学家的观点，如果他要参加庭审的话，一定会要求他的陪审团同事们完全由其他的概率学家组成。

4.5 贝叶斯法则与乌鸦悖论

在医学检查和法庭庭审领域，我们已将贝叶斯法则作为评估证据可信度的重要工具。它还有一个作用是衡量科学理论证据的可信度，这个不像在医学和法律方面的应用一样确凿并具有实践性，但依然很有趣。科学哲学家都很聪明，喜欢让我们这些大众感到困惑。比如德国哲学家卡尔·古斯塔夫·亨佩尔（1905—1997）和他的乌鸦悖论。

亨佩尔曾提出假说“所有乌鸦都是黑色的”，这个假设和动物学无关，只是举一个虚构但典型的科学假说的例子，而且可以进行实证研究。当然，这个假说永远不会被证实，但只要发现一只红色或白色或蓝色乌鸦时就可以被证伪。不过我们观察到的黑色乌鸦越多，就会越坚定假说的正确性。这很有道理，科学就是这样。只要迄今抛出的东西还是落在地上，我们就一直相信万有引力定律；只要迄今看到的乌鸦都是黑色的，我们就一直相信这个假说。能提高我们对假说可信度的观察称之为假说的佐证，因此每看到一只黑色乌鸦就是对假说的佐证。于是悖论来了，“所有乌鸦都是黑色的”和“所有不是黑色的都不是乌鸦”在逻辑上应该是等价的，从而能被相同的观察佐证。因此，观察到绿色的豌豆或骑在马上苍白的苏格兰人都能支持“所有乌鸦都是黑色的”假说。多么诡异！即使我们将范围缩小至鸟类，每观察到一只褐色的鹈鹕也能加强“所有不是黑色的鸟都不是乌鸦”这个等价的假说，还是很怪异。如果真的想证明“所有乌鸦都是黑色的”，那么你需要找的只是乌鸦而不是别的东西。但你不能否定逻辑问题，这就是我们常说的“亨佩尔乌鸦悖论”。

让我短暂地说点题外话，聊聊著名的逻辑实验“沃森选择任务”，这是以它的发明者心理学家彼得·沃森命名的。桌上有四张卡片，每张卡片一面标数字一面标字母。你需要验证的假说是如果卡片的一面是偶数则另一面必是元音字母。现在可见的一面分别是 3，8，E，K。你将翻开哪些卡片来确认这个假说是否正确呢？我提到这个实验是因为它和“亨佩尔乌鸦悖论”的逻辑是相似的，现在留给读者去讨论。先提示正确答案是只需要翻开 8 和 K 这两张牌，其他完全不用翻。

现在再回到“亨佩尔乌鸦悖论”，让我们提出概率解法来消除上面的怪异感。先不谈是否相信这个假说，我们先用概率算出我们对这个假说的信任度是多少。每当我们观察到一只黑色的乌鸦，假说成立的概率就会上升。而且假设我们开始完全不了解乌鸦和它们的颜色，“所有乌鸦都是黑色的”这个假说只是凭空而来的。

我们假装所有待检验的对象都在一个大瓮里，总量为 n，其中黑色的数量为 k，白色（标示为非黑色）的数量为 $n-k$。再设其中乌鸦的数量为 j，剩下的对象都是天鹅[⊖]，天鹅也是哲学家们非常喜欢的一种动物。如果我们对乌鸦是否是黑色一无所知，可以假设乌鸦 j 在对象 n 中随机分布，选择一只乌鸦是黑色的概率是 k/n。假说成立的概率可以看作取出不放回重复至 j 次（将乌鸦属性赋值到对象 j）且只取出黑色对象的概率。设 H 为“所有乌鸦都是黑色的”假说或者说取出 j 个黑色对象。现在开始一一取出对象，第一个是黑色的概率是 k/n，下一个也是黑色的条件概率是 $(k-1)/(n-1)$。像这样持续 j 次，得到假说成立的概率为

$$P(H)=\frac{k\times(k-1)\times\cdots\times(k-j+1)}{n\times(n-1)\times\cdots\times(n-j+1)}$$

也可以采用组合算法，设我们取出的对象是能观察到佐证的为事件 C，那么假说的条件概率是多少呢，或者说 $P(H\mid C)$ 是多少？根据贝叶斯法则得出

$$P(H\mid C)=\frac{P(C\mid H)\times P(H)}{P(C)}$$

我们已经从前一个公式知道了 $P(H)$ 的值。如果假说成立，那么每个观察都能佐证，所以 $P(C\mid H)=1$。现在求取出能佐证假说的对象概率 $P(C)$，这取决于我们观测的对象。设我们选择观察乌鸦，佐证的观察就是乌鸦是黑色的。对象 n

⊖ 注意：没有声明所有的天鹅都是白色的。我当然了解还有澳大利亚黑天鹅这个物种。

中有黑色对象 k 个，那么随机选取出黑色乌鸦的概率就是简单的 k/n。请注意除以k/n 等于乘以 n/k，将这些数值代入上述等式得出

$$P(H \mid \text{黑乌鸦}) = \frac{(k-1)\times\cdots\times(k-j+1)}{(n-1)\times\cdots\times(n-j+1)}$$

$P(H \mid \text{黑乌鸦})$ 大于 $P(H)$，意味着佐证观察确实能提高假说成立的概率。现在我们改为选择观察白色对象，佐证假说的观察是看到天鹅。对象 n 中有天鹅的数量为 $n-j$，所以随机选取出白色对象是天鹅的概率等于 $n-j/n$，将这些数值代入上述等式得出

$$P(H \mid \text{白天鹅}) = \frac{k\times(k-1)\times\cdots\times(k-j+1)}{(n-1)\times(n-2)\times\cdots\times(n-j)}$$

这个值同样大于 $P(H)$，因而每个上述佐证观察确实也能提高假说的可信度。但是两者的实质相同吗？比较一下这两个条件概率，如果用 $P(H \mid \text{黑乌鸦})$ 除以 $P(H \mid \text{白天鹅})$，约去相同因子，得出

$$\frac{P(H \mid \text{黑乌鸦})}{P(H \mid \text{白天鹅})} = \frac{n-j}{k}$$

我们现在做一个合理的假设，乌鸦比白色对象少得多，即 $j < n-k$，推出 $k < n-j$，得 $P(H \mid \text{白天鹅}) < P(H \mid \text{黑乌鸦})$。因此，观察到白天鹅虽然也能佐证假说，但观察到黑乌鸦的佐证力度更大。这其实是一个简单的直觉判断，既然乌鸦比白色的对象少，当然最好是观察乌鸦。反之，如果 $j > n-k$，最佳策略就是观察白色的对象了。举个例子，如果我们要佐证假说“所有的沃尔沃车主都不住在梵蒂冈”，当然是直接问人口少于一千的梵蒂冈人开什么车，而不是去问在伦敦和巴黎的沃尔沃车主是不是刚好在度假的梵蒂冈瑞士禁卫军。顺便一提，教皇方济各出于他一贯的谦逊和简朴，放弃了之前使用的梅赛德斯奔驰，现在的教宗座驾是一辆 1984 年的里程数已有 186000 英里的雷诺 4 座经济型轿车。

4.6 结语

在所有的数学发现中，贝叶斯法则大概是运用最多的法则之一。它从最开始的籍籍无名到现在的广泛应用，它作为一个统计方法的分支——贝叶斯统计的基础通常被运用在我们本章介绍的这些复杂的例子中。这种特殊的概率方法需要非

常复杂的计算，直到现代计算机的问世才使得这种计算变得简单。本章中我们主要介绍了贝叶斯法则在“概率侦探工作”中的应用，从如何在庭审中依据该规则做出判决到医学疾病诊断及其他类似的应用。有趣之处就在于后向概率的计算：我们知道结果但是却不知道计算的过程。设定一个特定的场景，我们已知了结果却不知道概率，我们的目标就是通过结果来计算概率。而这一目标只能由贝叶斯公式来实现。

第 5 章 超越概率：你在期待什么

1. 一个朋友告诉你投资的基金每年要么涨 50%，要么跌 40%，上涨和下跌的概率相同，如果你投资了 1000 美元，那么你预期两年之后这笔钱变成多少呢？

2. 为什么当你在公交站台等某路公交车时总感觉等待的时间特别长？

3. 长寿村真的能让人延年益寿么？

让我们用概率的知识来帮你给出答案。

5.1　伟大的期望（数字特征）

在前面几章中我有时会提到“一般说来”会发生什么事情，或者存在随机性的情况下你“预期”发生什么情况。比如，在 3.5 节中，泊松分布中的参数 λ 表示所有出现数字的平均数。我说过平均每 38 次轮盘上的所有数字就都会出现，你每掷 12 次骰子平均有 2 次会出现 6。本章中我们要详细地讨论这个平均数，同时我们还要跳出概率之外，介绍被概率学家们称为“期望值”的术语。期望值只用一个数字就将所有的试验都概括了。要计算这个值，你需要知道所有可能出现的情形以及每种情形对应的概率。然后用每一个出现的值乘以具体对应的概率，得到的数全部相加。让我们来举一个简单的例子吧。

掷骰子可能出现的情形就是 1～6，每一种情形出现的概率都是 1/6。用我刚才介绍的方法可知 3.5 是期望值，计算方法如下：

$$1\times1/6+2\times1/6+3\times1/6+4\times1/6+5\times1/6+6\times1/6=3.5$$

你也许也注意到了，“期望”一词会让人有些费解，因为不管你怎么掷骰子都不可能掷出 3.5。用“期望平均数”可能会更容易理解。比如，当你投 5 次骰子得到的数字分别是 2，3，1，5，3，那么平均数就是 $(2+3+1+5+3)/5=2.8$。你再投 5 次骰子得到的数字分别是 2，5，1，4，5，这 10 次的平均数就是 $31/10=3.1$。你不断地投骰子，然后计算平均数，最后这个平均数就不断向 3.5 靠拢。在下一章中我会对这个解释作出更加详尽、准确的阐述。你也可以假想一下掷 6 次骰子，每次都是不同的数字这样一种“完美试验”的情况。这种情况下得到的平均数就是 3.5，这也是投骰子的期望值。

在花旗骰游戏中，需要掷两颗骰子然后再将两者之和相加。那么和的期望值是多少呢？对于两个骰子数字之和来说其取得的值的范围为 2～12，但是得到每个数字的概率却是不一样的。比如要得到 2，你需要连续两次掷出 1，这时概率为 1/36。而如果需要得到 3，那么需要一颗掷出 1，另一颗掷出 2，反之亦可。此时概率为 2/36。两者之和是 4 可以有三种组合 1-3，2-2，3-1，所以概率为 3/36。接下来的数字也依次可以计算出对应的概率。数字 7 对应的概率最高，为 6/36。而从数字 7 之后的数字对应的概率又开始下降，一直到数字 12 对应的概率只有 1/36（如果对于上述计算结果不太确定的话，可以参考图 1-2）。现在我

们把所有的数字对应的概率相乘，再相加

$$2\times1/36+3\times3/36+\cdots+12\times1/36=7$$

得出掷两个骰子的期望值是 7。这次的期望值与掷一颗骰子的期望值 3.5 不同。但是这也同样不意味着你每一次玩花旗骰游戏你都会得到 7，这样的话可以轻易地在赌场发财致富了。7 只表示从长远来看你得到的数字的平均数是 7。

掷两颗骰子点数的期望值正好是掷一颗骰子点数期望值的两倍。这并不是什么巧合。因为期望值具有可加性。我们完全没有必要进行上面复杂的计算，只需要把两个骰子的期望值相加，即 $3.5+3.5=7$。这使得计算期望值非常的简便。如果你掷 100 个骰子，那么你不需要辛苦地计算要得到数字 298、583 要怎么样进行组合，你可以轻易地知道它们的期望值是 350（如果不嫌麻烦的话你大可以慢慢计算）。

期望值不仅仅有可加性，它们还具有另外一个相对来说更普遍的特征——线性性。这就意味着如果你把每一个结果都乘以一个定量，那么新的期望值就是原来的期望值乘以这个定量。比如掷骰子，然后把每次出现的数字乘以二。那么这时的期望值就是原来掷一次骰子期望值的两倍，即 $2\times3.5=7$。这时你会发现尽管两次试验不一样，但掷一次骰子再乘以二的期望值和掷两次骰子的期望值是一样的。前一种试验每次出现的数值都是六个偶数 2，4，…，12 之一；而后一种试验可能出现十一个不同的数字 2，3，4，…，12。

为了让读者们更加深刻地理解线性这个特征，现在我们通过用掷三颗骰子得到的数来画矩形。第一颗骰子的数值决定一边的长度，另外两颗骰子数值之和决定另一边的长度（原书中作者并没有说明单位。在此假设单位为 cm，以后的数据中会省略这一单位），那么这个矩形周长的期望值是多少？掷三个骰子一共能出现 216 种不同的情形。其中最小的矩形长为 2，宽为 1，所以周长为 6。因为出现这种矩形只有一种可能性，（1，1，1），概率只有 1/216。而最大的矩形长为 12，宽为 6，周长为 36。这一种情况的概率也为 1/216。在这两种情况之间存在着许多其他可能的情况，对应着不同的概率。比如符合周长是 8 的要求有三种情况：（1，1，2）、（1，2，1）、（2，1，1），因此其概率为 3/216（这三个矩形的面积分别是 1×3，1×3，2×2）。在计算这个例子的期望值时我们不需要把每一种可能性都列出来，再分别计算概率。因为矩形的周长等于两倍的长加上两倍的宽，而在这个例子中宽和长对应的期望值就是3.5和7。我们只需要运用期望值的线性特征就可以知道周长的期望值为$2\times3.5+2\times7=21$。这个例子就说明了利用线性这个特征可以简化计算。

读者也许注意到了上一个例子计算出来的周长期望值正好是最小矩形和最大矩形周长的中间数。对于1，2，…，6来说中间数是3.5；对于2，3，…,12来说中间数是7；对于100，101，…，600来说中间数是350。这些例子的共同点是所有的概率分布都是对称的。如果你掷一个骰子，那么就是从3.5这个中间数开始向两端发展，对应数字对应的概率也一样，即3和4的概率是一样的，2和5的概率是一样的，1和6的概率也一样。当然，这个例子比较极端，所有的数字对应的概率都是1/6。所以用两个骰子的例子更能说明问题。7这个中间数对应的概率是6/36。6和8对应的概率是5/36，一直计算直到最后两个数字2和12，它们对应的概率是1/36。在以上的例子中你完全可以通过计算每一种可能出现的情形的平均数来计算期望值。如1，2，…，6的平均数就是3.5而2，3，…，12的平均数就是7。但是这种方法并不适用于所有计算期望值的情形。比如掷两个骰子，记录下大的数字。那么此时对应的期望值是多少呢？

这个大的数字可能是1~6中的任何一个数字，但是每个数字对应的概率再也不是等可能了，概率的分布也不对称。我们大概可以感知到这个期望值应当比3.5大。要知道这种情况下的期望值我们首先需要计算出每个数字对应的概率。记录下的数字是1的时候只有一种情况，就是两颗骰子都掷出了1点，此时概率为1/36。当较大的数字是2时存在三种可能情况：1-2，2-1和2-2，概率为3/36。按照这样的方法计算，当较大值是6时对应有11种可能的情形，因此概率为11/36（为了计算方便，读者可以参照图1-2）。如果想要用数学公式来表示的话，令较大的数为k，则k对应的概率为$(2\times k-1)/36$，其中k的值为1~6的整数。那么四舍五入到小数点后第一位，期望值为

$$1\times1/36+2\times3/36+\cdots+6\times11/36\approx4.5$$

读者可以自己来证明较小数的期望值约等于2.5（无需计算也能看出来吗?）。

让我们再举一个非对称概率的例子，这个例子中包含了负数。你在玩轮盘，在数字29上押了1美元。那么你的期望收入是多少？一共有两种可能性：以

1/38的概率出现数字29，你赢35美元；以37/38的概率出现其他的数字，你输1美元。如果我们都同意把输了的钱当作是负数收入的话，那么一轮游戏之后你的收入可能是35也可能是-1。无论你的收入是正还是负，你一轮游戏的收入期望值为

$$35\times 1/38+(-1)\times 37/38=-2/38\approx -0.0526$$

即平均每次约期望损失5美分。这个值又是一个在现实中不能单独实现，必须从长期的角度上来解释的例子。从长远来看，每旋转38次轮盘每个数字都会出现一次。当你每一次都押1美元在数字29上，经过38次下注，你会输掉37美元赢35美元，最终输了2美元。

在轮盘游戏桌上你常常会看见有许多人一次会在几个不同的数字上下注，有时甚至会在所有的数字上下注。这种方法显然会增加每一次中奖的概率，但是从长远角度上说却不会让你有任何收入的增加。事实上，在每一个数字上你每下1美元的注平均就会损失5美分。假设你现在在10个不同的数字上分别下1美元的注，期望值的可加性告诉你：你平均会损失50美分。不管你采取什么样的下注策略，庄家总是能从每1美元中赚取5美分。这听起来似乎没有多少钱，但是对于庄家来说却能赚得盆满钵满。

作为练习，让我们来计算一个从名字看起来只靠运气的游戏“碰运气”（Chuck-A-Luck）游戏的期望值（译者注：“碰运气”游戏的玩法就是摇三个骰子然后猜猜会有多少个骰子翻到玩家先前选定的数字）。假设你下了1美元的注，当摇出一个6时，你赢1美元；当摇出两个6时，你赢2美元；当摇出三个6时，你赢3美元。当且仅当没有摇出6时，你输了下注的1美元。在1.4节中，我们介绍了你赢的概率是0.42，所以输掉这1美元的概率就是0.58。但是你也许赢的钱不止1美元，所以并不能立刻得出该游戏于你不利这个结论。每次摇到不同个数的6的概率是不同的，分别为：

$$P(\text{没有}6)=(5/6)^3=125/216\approx 0.58$$

$$P(1\text{个}6)=3\times 1/6\times (5/6)^2=75/216\approx 0.35$$

$$P(2\text{个}6)=3\times (1/6)^2\times 5/6=15/216\approx 0.07$$

$$P(3\text{个}6)=(1/6)^3=1/216\approx 0.005$$

因为每一颗骰子都是不同的，所以当摇到一个6和两个6时必须要乘以3（事实上，依据第1章的介绍，不同个数的6也符合二项式分布）。因为上面的四个概

率在计算的过程中都已经被四舍五入了，所以它们加起来的总和并不等于1。那么我们现在来计算期望值。你的收入与出现6的个数相等；但如果没有出现6，你得到的就是 -1。所以在“碰运气”游戏中收入的期望值是

$$(-1)\times125/216+1\times75/216+2\times15/216+3\times1/216\approx-0.08$$

这就意味着你每下1美元的注就要输掉8美分。从财务的角度看，这个游戏会比轮盘游戏让你输得更惨。当然你可以想象每216次所有的情况都出现一次的完美场景。三个骰子都摇出6的情形只会出现一次，这一次你会赢3美元。而摇出两个6从而赢得2美元的情形有15种，摇出一个6从而赢得1美元的情形有75次，剩下的125种情况都不会出现6。因此下的216美元的赌注会让你损失17美元。

现在假设你进行另一种形式的赌博：股票投资。一个朋友告诉你在接下来的几年中某一个共同基金每年要么上涨50%要么下跌40%，上涨和下跌的概率相等。如果你投资了1000美元，那么你预期两年之后这笔钱变成多少呢？

首先我们考虑第一年的情况。第一年之后你的投资等可能地变成1500美元或者600美元，平均所得为1050。所以增加50%和减少40%的平均数是增加5%，所以你可以预期每年都增加5%。两年之后你预期的投资财产就变成了 $1000\times1.05\times1.05=1102.50$ 美元。另一方面你投资的基金上涨与下跌都是等可能的，所以你可以预计这两年中一年上涨另一年下跌。不管是哪一年上涨，两年之后你的投资都会变成 $1000\times1.05\times0.60=900$ 美元。这样看起来似乎有些矛盾。你怎么能预期你的投资又升值又贬值呢？

这就在于你如何看待“预期”这个词。你的投资在两年之后的预期值是1102.50美元。这两年的投资状况共有四种可能的情况：上涨—上涨、上涨—下跌、下跌—上涨、下跌—下跌。这四种情况对应的两年之后的投资值分别是2250美元、900美元、900美元和360美元，平均值就是1102.50美元。但如果你计算的是预计“好年景”数量，这个数字是一。最可能出现的情况是一个好年景一个坏年景。在这种情况下最可能的值就是900美元，它被称为众数（mode）或众数值（modal value）。你可以任意选择一种你认为合适的方案来计算投资预期值。虽然两年之后你投资的预期值是增加的，但是实际中只有在两年都是好年景的情况下投资才会增值，概率仅为25%。如果你将这个投资计划与另外一个每年固定增长5%的计划相比，这两个计划大体上增值是差不多的且一年之后增

值幅度也是等可能的。但是固定增长5%的方案比共同基金投资方案在两年之后收益大的概率高达75%。如果要进行比较的话，单独每年进行对比两个方案不存在优劣之分，但是如果超过一年则固定增长的投资方案更加有利。这看起来非常矛盾。随着时间的流逝，你预期资本每年增加5%，但是每两年你的资本最可能的变化确实减少10%。20年之后，你最初投资的1000美元如果依据期望投资回报增长，就变成了2653美元；而如果按照最差的预期它会变成349美元。如果希望20年后的实际资本比现在多，那么这20年中至少有12年该基金必须是上涨的。这一概率大概约25%。

这个例子在现实中可能不会发生，但它说明了一个原则：减少远比增加带来的影响大。比如先增加50%再减少50%（或者先减少50%再增加50%），最后你的净损失为25%。而如果增加10%，减少10%，最后的净损失为1%。如果每年的损失和收益是相等的，那么你预期资本每年会保持不变；但是如果要保持资本不减少你就必须保证好年景比坏年景要多。当每年增长的量比损失的量要稍微大一些时，这一原则依然正确（例如上一段中举的例子）。

如果当要冒着风险投资时，仅仅考虑预期收入是不够的，你必须要权衡风险和收益。虽然中奖的概率很低，你依然会买一张乐透彩票期待中大奖。但是如果我让你下1000美元的注，押硬币的正面朝上，如果押中了我就给你1100美元。即使预期的收入有50美元，你可能也不会跟我玩这个游戏。从长远来看我肯定会输，但是只赌一次的话你也许不愿意冒这个损失1000美元的风险来赢100美元。当进行投资时，你也会面对类似的问题。你是该去投资那些高风险高收益的股票还是该投资低风险的共同基金和债权呢？你在决策时要充分考虑预期回报，但是这不应当是唯一要考虑的因素。

5.2 这个价格可能是公平的（概率与投资策略）

所有金融数学的基础都是有效市场假说。它有很多表现形式，但最后都可以归纳为一个假设“市场不可能被打败”，这是比较容易接受的高度简化版本。不可能有一家银行提供利率为5%的贷款，同时接受利率为10%的存款。这样你就可以借一大笔钱，再存进银行，至少是直到银行倒闭之前你可以过上幸福快乐的生活。也不可能存在一家银行贷款利率是 5%，而仅一路之隔的另一家银行存款利率却高达 10%，即使是镇上或者另一个镇、另一个州、另一个国家也不会有这样一家银行。就算难以想象地存在这样一家高存款利率银行，它也会迅速意识到错误并调整利率。

股票市场就更复杂了，交易员和分析员喜欢谈论"市值被低估的股票"，即股票的交易价格低于股票的实际市值（不论其实际意味着什么），至少暂时是低估的。在他们看来，你应该购买估值较低的股票，等它们一旦涨到应有的市值就立刻卖出。一支股票只值当前的交易价格，认为它被低估的假设正是一种预测，预测未来会有更多人争相购买从而推动股票价格上涨。显然，股票市值是持续变动的，有时候会大幅上涨，而有效市场假说并不会予以阻止。但市场很快会进行自我修正，你不可能一直跑赢大盘。一个相关的概念是套利，指利用不同市场或不同形式的同类或近似金融工具的价差变化获利的行为。因此，在有效市场假说中是不存在套利的。

有效市场假说还存有争议。普林斯顿大学教授伯顿·马尔基尔在他的著作《漫步华尔街》中就列举了很多批评和反对意见，并为有效市场假说一一辩护。另一方面，在一篇题目很具有煽动性的论文《荒唐的诺贝尔》中，莱斯大学教授詹姆斯·汤普森却展示了基于数据而非基于理论模型的投资策略是怎样持续跑赢大盘的。我不打算加入他们的争论，正如《肮脏的哈里》所言，人应该认识到自己的局限性。我们还是单纯回到期权价格的数学运算当中。

股票期权指取得在规定的到期日或到期日以前按规定价格即期权执行价格买入一定数量股票的权利（而非义务）的合约。若你购买了这份期权合约，卖方就有义务以协议价格向你卖出股票。准确地说，这其实是买入期权。相反，卖出期权则是授予你按规定价格卖出股票的权利，而期权的卖方则有义务从你手中买入上述股票。这里我们将只讨论买入期权。其中的原理是，如果股票市值在到期日前上涨，你有权利以低于行情的价格买入股票，从而立即获利。如果股票市值下跌，那么你就不行使期权，只损失期权合约的费用。期权主要有两种：欧式期权和美式期权，前者仅能在到期日当天交易，后者可在到期日前任何时间点交易。下面我们仅讨论欧式期权。

假设一支股票的当前价格是 100 美元，你正考虑购买并持有一年，之后如果盈利就卖出。出于大幅简化的需要，我们假设一年后股价只可能有两种结果：

150 美元或 50 美元。虽然完全不现实，但这个假设仅仅是为了简化运算和举例说明，稍后我们会说明如何将它推广至现实场景。在无套利市场，你的预期收益是 0，这让 150 美元和 50 美元看起来似乎具有同等可能。但是我们还要考虑会支付利息的无风险投资的存在，比如债券或储蓄。无风险投资的年利率如为 5%，那么股票市值的期望值就是 105 美元而非 100 美元。设股票市值涨至 150 美元的概率为 p，则跌至 50 美元的概率为 $1-p$，得

$$150\times p+50\times(1-p)=105$$

解出 $p=0.55$。因此，股票市值涨至 150 美元的概率有 55%，而跌至 50 美元的概率是 45%。根据以上概率，比起获利 5% 的无风险债券，你最好还是买入股票。除了立刻买入股票，你也可以购买期权执行价格为 125 美元的一年期买入期权。这种期权费用是多少？还是假设在无套利市场，考虑到无风险投资的收益，期权价格应该是你预期利润为 0 的数值。设期权价格为 C，如一年后股票涨至 150 美元（概率为 55%），你就行使期权以 125 美元的价格买入股票，获利 25 美元。反之，如股票下跌（概率为 45%），你就不行使期权，收益为 0。而期望收益是 $25\times0.55=13.75$ 美元。现在回想期权成本价 C，在到期日时可能已上升至 $1.05\times C$，因为你本可以将这些钱投入无风险投资。而总的预期收益在无套利市场为 0，得出

$$25\times0.55+(-1.05+C)=0$$

算出

$$C=\frac{25\times0.55}{1.05}=13.10$$

因此，期权的合理价值是 13.10 美元。如果有比这个价格更低的期权合约，你应该买下，而不是寻求预期收益更高的股票。对于期权执行价格 S，可能的收益是 $150-S$，得到

$$C=\frac{(150-S)\times0.55}{1.05}$$

这其实是 S 的递减函数，很合理，期权执行价格越高，可能的收益就越低，期权价格也就越便宜。注意，期权执行价格如果达到 150 美元，期权就是免费的了，同样合理。考虑到无风险投资的利率、一年后股票的可能市值、期权执行价格的变量，我们其实可以得出 C 的通式。但鉴于一年后的股票市值只有两种过于不现实，还是别费力了。

那么为什么要做不现实的假设呢？这只是时间尺度的问题。从 100 美元上涨至 150 美元是 50% 的增幅，同样 100 美元下跌至 50 美元也是 50% 的降幅。现在把一年拆成为期 6 个月的两段时间，一年后最终的增幅或降幅还是保持 50%。如果要保证两个 6 个月内的百分比变化，那么涨幅就必须是 22. 5%，跌幅是 29. 3%。因此，第一个 6 个月后，股票的市值应该是 122. 5 美元（上涨 22. 5%）或 70. 7 美元（下跌 29. 3%）。在前一种情况下，如果继续有 22. 5% 的增长，一年后的股票市值就能达到 150 美元（取整数），即一年涨幅 50%。在后一种情况下，价格两次连续下跌后，股票市值为 70. 7 美元的 70. 7% 即 50 美元（同样取整数）。注意，在为期 6 个月的两个阶段内仍有先涨后跌的可能，或者相反。这两种情况下股票一年后的市值都是 87 美元（$100 \times 1.225 \times 0.707 = 86.61$）。因此，一年后的股票市值有三种而非两种可能。经过谨慎确定概率，我们可以将通过购买股票本身或无风险债券所获得的预期收益定为 105 美元。尽管三种情况比两种情况可能好，但当然还是很不现实。假设你已经了解这个过程了，换掉 6 个月的阶段，想想股票持续变化的时间单位是月、周、天、分、秒、毫秒等你能想象到的时间单位（数学家擅长），一年后的期望值还是 105 美元。我们由此进入了随机微分方程这个前沿领域，它是著名的 B-S 期权定价公式所必备的数学基础。B-S期权定价公式是以经济学家费雪·布雷克和迈伦·斯科尔斯命名的，有时也会加上罗伯特·莫顿的名字。在布雷克去世 2 年后，斯科尔斯和莫顿于 1997 年因此被授予诺贝尔经济学奖。

5.3　二战期间的梅毒检测方法

下面这个例子就说明了认真考虑预期值会为你节约时间和金钱。第二次世界大战期间，数千万的美国应征者在入伍前都进行了梅毒检测，预计大概有几千人感染了这种病。化验血样是一个非常耗时和昂贵的过程。哈佛经济学家罗伯特·陶夫曼（Robert Dorfman）想出了一个非常聪明的主意。他建议把所有人分成不同群组，将每一组所有人的血都混合成一份血样。如果这一份血样化验出来是阴性的，那么这一整组的人就都是健康的。而如果这一份血样化验出来是阳性的，那么这一组中的人就要分开一一再做一次检查。这个方法的关键之处就在于通过化验一份血样就能宣告一整组的人是否是健康的。这种方法可以被用在大范围检测罕见疾病的案例中。让我们看看这种方法背后的数学原理吧。

令每组人的数量为 n，每个人患病的概率为 p。[㊀]根据概率第一法则，“没有人”的反面对应的是“有些人”。所以如果一组中有些人患病了，那么就要再重新针对每个人进行化验。假设每个人是否患病的事件是独立的，某个人没有患病的概率是 $1-p$，那么这一群人都没有患病的概率为 $(1-p)^n$。所以这一群人中有人患病的概率是 $1-(1-p)^n$，这也是混合血样被检测出阳性的概率。此时对这一组人还需要再进行 n 次化验。第一次检测之后，有 $(1-p)^n$ 的概率是不需要进一步化验的；而有 $1-(1-p)^n$ 的概率还需要再进行 n 次化验。所以这种混合的方法预计需要进行的测试次数为

$$1+n\times[1-(1-p)^n]$$

式中第一项 1 是因为一定会进行一次化验，而 $0\times(1-p)^n$ 这第二项理应加上，但由于它的值为 0，所以它被忽略了。把这个期望值与 n（如果每一个个体都进行单独的样本检测）进行比较。我们先代入一些数值计算。如 $n=20$ 时，$p=0.01$。那么 $1-p=0.99$，那么预期化验数量为

$$1+20\times(1-0.99^{20})\approx4.6$$

这个数显然比 20 次单独试验要小得多。因为使用混合方法需要进行 21 次化验而不是 20 次，在最极端的情况下，如果混合的血样呈阳性，混合方法所要进行的化验只比每个都检测的方法多了一次（在两种方法比较时不需要重新抽血，一开始每个人抽出来的血已经分成两份给两种方法了）。混合的血样呈阳性的概率为 $1-0.99^{20}\approx0.18$，所以当每组有 20 人时，大约 18% 的组需要再对每个组员血液进行单独的化验。这种混合方法有一个现实的顾虑。如果一组的人数太多，那么混合起来的血液样本可能过于稀释从而导致某些病人没有办法在整个组血液的化验中检测出来。然而在梅毒案例中，陶夫曼指出这些诊断检测都是非常敏感的，即使抗原的浓度很小也可以被检测出来。陶夫曼的原文于 1943 年发表在《数理统计年鉴》（Annals of Mathematical Statistics）上，原文叫做《如何在庞大人群中发觉次等人》（这个名字在政治立场上是不正确的）。除了

㊀ 流行病学家用患病率（Prevalence）这个术语来形容特定疾病或条件在人群中的比例。比如 1000 个人中 25 个人患病这一患病率转化成我们的数学语言就变成了 $p=0.025$。患病率的相关术语是发生率；发生率表示在特定的时间段中新的病例增加的比例。

血液化验之外，混合方法还有许多其他的用处，比如水检测、空气检测或土地质量的检测。

让我最后为那些理论爱好者做一些总结吧。首先，期望值通常都会用μ（希腊字母“mu”）来表示。如果每一个可能出现的值为x_1，x_2，…，对应的概率为p_1，p_2，…，那么期望值的公式为

$$\mu = x_1 \times p_1 + x_2 \times p_2 + \cdots$$

根据实际例子中的要求这个求和公式会一直续写下去。在掷骰子的例子中，这个公式会在 6 的时候停下来，$x_k = 6$，$p_k = 1/6$。而对于 1.9 节中介绍的二项式分布的例子，随着n次独立试验中成功的次数而改变，但每一次成功的概率都是p。可能出现的结果从 0，1，…，n，而对应的概率在 1.9 节中已经给出了。那么此时成功情况下期望值为

$$\mu = \sum_{k=0}^{n} k \times \mathrm{C}_n^k \times p^k \times (1-p)^{n-k}$$

因为没有具体赋值，这个公式还没有办法出结果。但是在实例中很容易猜出结果是什么。如果你扔 100 次硬币，多少次正面朝上呢？50 次。如果你掷 600 次骰子，那么能掷出多少次 6？100 次。这两个例子中，期望值都是试验次数和成功概率的乘积。整体说来是正确的。因此二项式分布中参数n和p的期望值是$n \times p$（像往常一样，期望值不一定能在实际中取到）。如果你熟悉牛顿二项式定理，你就能证明上面给出的关于μ的表达式实际上就等于$n \times p$。

5.4　美好的事情留给耐心等待的人

上一节中我们介绍了期望值公式，在有些情况下这个公式会一直不断叠加。这并不意味着我们要永远无止境地去计算，而只是为了说明如果可能的结果没有明显的限制那么我们会得到一个无穷的和。比如，你反复扔硬币想要计算出多少次之后才会正面朝上。从理论上说，这个数字可以是任何正整数。等扔到第 643 次的时候才会扔到正面朝上，这听起来似乎不可能，但是你没有办法排除它。所以出现的可能性是无穷的。我已经说过了概率学家们是不怕听到“无穷”这个词的。我们可以将计算期望值的公式改写成：

$$\mu = \sum_{k=1}^{\infty} x_k \times p_k$$

其中∞表示无穷，说明这个和永远无法穷尽。这是高等数学中一个复杂之处：你可以用一个有限的数字来表示无限数字之和。p_k 的值最后会变得非常非常的小。比如，扔到第643次的时候才会扔到正面朝上的事件概率为 $(1/2)^{643}$，这个数字的小数点之后跟着193个零。对于第 k 次才会正面朝上的事件概率为 $(1/2)^k$，所以期望值等于

$$\sum_{k=1}^{\infty} k \times (1/2)^k = 1\times(1/2) + 2\times(1/2)^2 + 3\times(1/2)^3 + \cdots$$

不管你信不信，这个看似复杂的表达式最终计算出来的值等于2。这个结果通过我们的直观想象也能得出。因为每扔一次硬币有一半的机会正面朝上，平均每扔两次就有一次正面朝上，所以你预期大概两次就会出现正面朝上的结果。把成功的概率从1/2改成1/6，一个看起来更复杂的求和公式的值等于6；因此你平均需要掷6次才掷出数字6。然后将成功的概率再改成1/38，你可以发现在轮盘游戏中每一个数字大约转38次会出现一次。一般说来如果某事件发生的概率为 p，你就需要等待 $1/p$ 次。学习概率让你明白数学和直觉在某些情况往往会重合。另外一个收获当然就是更多时候数学和直觉往往不一致，至少无法立刻一致，所以才会觉得某些结果非常惊人。经过之前的概率学习，你会发现概率就是拥有这样复杂又矛盾的魅力。

下面再介绍一种新的方法，它不需要通过这种无限求和的计算就能知道第一次出现正面朝上、掷出6和轮盘上出现某个数字的预期值。想一想我们在1.7节中介绍的计算球拍类运动中胜率的问题时提到的，在计算到某一处时又回到了原点，因此就会出现一个等式。在这里我们同样也可以运用到递归法。假设某事件发生的概率为 p，令 μ 表示等待次数的期望值。在第一次试验中该事件或者发生或者没有发生。如果事件发生了，那么等待次数为1。如果事件没有发生，那么你就又重新开始一轮预计 μ 次的等待，所以你要进行 $1+\mu$ 次试验。前一种情况发生的概率为 p，后一种情况发生的概率为 $1-p$，因此你可以得到如下等式：

$$\begin{aligned}\mu &= p\times 1 + (1-p)\times(1+\mu)\\ &= 1+\mu-p\times\mu\end{aligned}$$

这个等式可以进一步简化为 $0=1-p\times\mu$，最后得到 $\mu=1/p$。

让我们看等待事件发生问题的一种变型。在《宋飞正传》中有一集“洋娃

娃”。杰里在食品盒中发现了一个恐龙玩具，他非常的高兴（就在伊莱恩刚说完他还是一个孩子的时候）。我们假设在这种食品盒中能发现 10 种不同的塑料玩具。为了集齐这 10 种不同的玩具，杰里最可能要买多少盒呢？这个问题直接用期望值的定义很难解决。此时你需要计算出 k 个食品盒对应的可能值 k 的概率；但是由于这个问题没有上限，杰里可以买 376 盒或 12971 盒，所以这个问题非常的棘手。

我们要有一个巧妙的方法来解决。首先，杰里买了一盒并在其中发现了恐龙玩具。那么要得到另外一个不同的玩具，杰里还需要买的食品盒数的期望值是多少？得到另外一个不同玩具的概率是 9/10，所以预计要买 10/9 盒（上文中已经说明了概率为 p 时怎么计算期望值）。当他有了两个不同的玩具时，他开始等待剩下的八个玩具中的任何一个。此时概率为 8/10，期望值为 10/8。接下来数据变成了 10/7 盒、10/6 盒，一直到需要买 10/2 = 5 盒来得到倒数第二个玩具，最后一个玩具则预计需要买 10/1 = 10 盒才能得到。因为期望值具有可加性，所以杰里为了获得这 10 个不同的玩具预计要买

$$1+10/9+10/8+\cdots+10/2+10/1\approx 29$$

个盒子。为了得到最后一个不同的玩具需要买 10 盒（占总数的 1/3），这大概是所有父母的梦魇。上面这个表达式可以被改写成为另外一种更高级的数学表达式

$$10\times\left(1+\frac{1}{2}+\frac{1}{3}+\cdots+\frac{1}{9}+\frac{1}{10}\right)$$

其中括号里的 10 个数字组成调和级数。随着次数 n 的不断变大，H_n 越来越接近 n 的自然对数，即 $\log n$（有时也写成 $\ln n$），这是一个经典的数学表达式。数字 x 的自然对数需要 e 不断自乘得到。所以，如果 $e^y=X$，那么 y 就是 x 的自然对数：$y=\log x$。[⊖]随着 n 不断变大，$H_n-\log n$ 的值也不断趋近于欧拉常数，

⊖ 还有一种更为常见的对数，就是用 10 来代替数字 e。比如因为 10^2 是 100，所以 2 是以 10 为底 100 的对数。同理你可以用其他的数作为对数的底。如 $4^3=64$，所以 3 是以 4 为底 64 的对数。古巴比伦人非常喜欢以 60 作为底数，我们至今在计时时依然用 60 进制。在日常数学学习中我们通常会用 10 作为底数；计算机科学家则喜欢用 2 作为底数（2 进制）或用 16 作为底数（十六进制）。但是对于数学家们来说以 e 为底数才是最有价值的。

其值约等于0.58。[㊀]现在我们就可以为玩具的例子写出一个完整的公式了

$$食品盒的数量的期望值 \approx n \times (\log n + 0.58)$$

当$n=10$时，结果为28.8，接近我们之前计算出来的29。如果n非常的大，那么我们需要把常数0.58提取出来（参见脚注㊀）。这一类型的问题并非是杰里最先提出来的，它是一个典型的概率问题，通常叫做“优惠券收集问题”，并在不同的场景中出现。

另外一种相关的问题是“占有问题”。当杰里知道如果他买了29盒食物就可以集齐10种不同的玩具，他打算去食品店一次性买29盒。那么此时预计他能得到多少种不同的玩具呢？结果当然不是10种。当他运气特别差的时候，很可能29盒里都是恐龙玩具，此时的概率为$(1/10)^{29}$。因为有10种不同的玩具，连续29盒中可能都是其中的某一种玩具，所以将这一概率乘以10。预计能够得到的玩具种类的期望值肯定在1~10之间，但是想要直接计算出来非常困难。期望值的可加性再次出场帮助我们解决这一问题。

把所有的盒子都打开，先找找是否有恐龙玩具。如果这些盒子里有恐龙玩具，那么记作“1”，否则记作“0”（即使找到一个以上的恐龙玩具也记作“1”；你不用去数究竟有几个恐龙玩具）。接着找另外一种类型的玩具，比如SAAB 900（在《宋飞正传》中有好几集都提到了这个汽车模型）。不管找到几个，都记作“1”，否则记作“0”。其他类型的玩具也是如此。当你进行了10次，你就记下了10个数字（1或者0）。把这10个数字相加，得到的数字就是你拥有的不同类型的玩具（如果和为10，这表示10种不同的玩具都集齐了）。所以利用期望值的可加性，你可以将这10个数字相加得到最终的期望值。因为买来的食品盒中每种玩具的概率是一样的，所以这些单个的期望值也是相等的。那么最终的期望值究竟是多少呢？

要得到这个值我们只需要知道出现“1”和“0”的概率是多少。如果出现

㊀ 莱昂纳德·欧拉（Leonhard Euler），瑞士数学家，生于1707年卒于1783年，是最伟大的数学家之一。他的学术成就斐然，近乎在数学每一个分支均有造诣。他的作品合集有70卷，有许多著名的数学成果都是以他的名字命名。当你说欧拉定理时，你必须要说明用的是哪一条定理。文中提及的欧拉常数是一个无限不循环小数，其值等于0.5772156……至于欧拉常数是不是一个有理数（是否能改写成分数）至今依然是一个谜题。

1 的概率是 p，那么出现 0 的概率就是 $1-p$，此时期望值为

$$0\times(1-p)+1\times p=p$$

把 10 个这样的期望值相加，我们可以知道最终的期望值就是 $10\times p$。接下来计算 p 的值。当至少有一个恐龙玩具时我们都将其计为“1”。这时可以用到万能的概率第一法则，用 1 减去没有恐龙玩具的概率，因此

$$P(\text{至少有一个恐龙玩具})=1-(9/10)^{29}$$

期望值等于 $10\times[1-(9/10)^{29}]\approx 9.5$。所以杰里小朋友集齐 10 个玩具的概率非常高。

我们可以用一个公式来总结“优惠券收集问题”和“占有问题”。假设有 n 种不同类型的物品，你试着一一收集这些物品。那么预计要尝试

$$n\times\sum_{k=1}^{n}(1/k)\approx n\times(\log n+0.58)$$

次才能得到全部的 n 种物品。如果你尝试了 N 次，那么预期可以得到 $n\times\left[1-\left(\frac{n-1}{n}\right)^{N}\right]$种不同的物品。当 N 足够大时，这个数字与 n 非常接近。

“1”和“0”表示某种类型的礼物是否存在，所以它们被称为“指标”。用指标方法来计算期望值是一种非常有效的方法，读者们是否还记得我们在 3.5 节中介绍的配对例子。你随机写从 1 到 n 的数字，不论 n 多大，没有一对配对（没有一个数字是在对应的位置上）的概率都是 0.37。我们通过计算一对配对、两对配对……的概率，最后再来计算期望值。用指标法就可以将计算简化很多。将配对的数字记作“1”，不配对的数字记作“0”，将所有的“1”和“0”相加得到的数字就是配对数。我们只需要知道特定位置上的数字配对的概率，然后乘以 n 就能知道预期的配对数。这看起来非常简单。因为数字是随机分配的，那么在特定位置上配对的概率就是 $1/n$，因此预期的配对数是 $n\times 1/n=1$。同理，不论多少个人把他们的帽子落在派对上，预计总有一个人可以恰好拿回自己的帽子。

5.5　期待意料之外

在前几章中我们介绍了很多通过计算得到非常意外或违反直觉概率的例子。对于期望值来说也是如此。下面我们会介绍几个例子。第一个例子是随机几何学的例子。

你随手画一个正方形，边长由投骰子来决定，正方形的面积就是边长的平方。所以令边长为S，面积为A，依据等式$A=S^2$，可能的边长为1，2，3，…，6；面积为1，4，9，…，36。简单又容易吧，让我们来计算一下期望边长和面积。计算期望边长很简单，我们已经算出来了是3.5。那么期望面积就是$3.5^2=12.25$吧？我们还是不要轻易下结论，计算一下吧。边长的每个长度情况都是等概率的1/6，因此对应的面积也是等概率的1/6，那么预期面积为

$$1\times1/6+4\times1/6+\cdots+36\times1/6\approx15.2$$

并不等于12.25。显然我们不能想当然认为期望边长的平方就是期望面积。其实只要想想平均数就可以明白。比如边长1必须由边长6来弥补，从而得到平均数3.5。当你计算对应面积时，1和36的平均数是18.5，这显然不是3.5的平方。同理，2与5的平均数是3.5，但对应面积4和25的平均数是14.5。从整体来看，所有面积的平均数大约等于15.2，这个数字比期望边长的平方是要大一点的。因为面积是通过边长的平方来变化的，所以其增长的幅度比边长增长的幅度要大。所以当你说“平均正方形的边长为3.5，面积为15.2”时，听起来荒诞可笑，现实中你是永远没有办法画出这样一个平均正方形的。

我们再来玩一个简单的游戏吧。你和你的朋友掏出钱包，分别数一数钱包里的现金。游戏规则是：比谁钱包里的现金多？多的人要把钱全给另外一个人（如果你们钱包里现金的数量是一样的，那么就不用做任何事）。你同意玩这个游戏吗？你也许会想：我知道自己有多少钱。如果对手的钱比我少，那么我的钱都没了；如果他的钱更多，那么我得到的钱就比我现有的多。没有任何信息表明我们两人之间谁更富有，这看起来是个不错的游戏。现在我们已经学习了期望值的知识，不如用它来计算一下我们的期望收入吧。假设我有x美元，朋友有y美元；我可能失去x美元或者获得y美元，两者的概率都是1/2，当$y>x$时预期收入为

$$(-x)\times1/2+y\times1/2=(y-x)/2$$

结果总是正数。

看到这个公式后你觉得这个游戏对你太有利了，毫不犹豫地接受了它。当你看到对手那副自鸣得意的表情，你突然意识到他肯定也是这样想的，所以才跃跃欲试。为什么一个游戏对双方都有利呢？你非常的困惑。

这个悖论源于你没有考虑自己钱包中现金的数量（这就是1/2产生的依据），

简单地认定你赢和输的是等可能的1/2。这显然是不对的。当你钱包里没有一分钱时，除非对手也身无分文，你当然会赢。当你的现金很少时你赢的概率就会比较大；当你现金很多时，你输的概率也会比较大。记住，“或者”并不等于一半。

让我们把这个例子简化，假设你们各自的现金数是由扔硬币来决定的。当正面向上时你有 1 美元；当反面向上时你有 2 美元。如果你和对手扔出来的结果一样，那么就不产生输赢。如果你扔出正面朝上，他扔出反面朝上，那么你赢了 1 美元；如果你扔到了反面而他扔到了正面，你输给他 1 美元。这两种情况是等可能出现的，所以你的预期收入是 0，此时游戏才是公平的。

这个例子非常简单，让我们来举一个稍微复杂一点的例子吧。假设你和你的对手通过掷骰子来决定各自的现金数。此时你的预期收入是多少呢？首先忽略你们两个掷出同样大小的平局。其次，在这其中必然有一个固定的对称性。比如当两人掷出结果（3，5）（前一个数字是你掷出的大小）与（5，3）的概率是一样的。在前一个情况中，你赢得 2 美元；在后一种情况中，你会输掉两美元。每一次赢的钱都会被等可能出现的另一种情况输的钱所抵消，最后你的预期收入又变成了 0。这个游戏也是公平的。

回到最开始的那个例子，你和对手拥有的现金数量并不是由扔硬币或掷骰子决定的。在不同时候钱包里的现金数量有多少是随机的。因为你完全无法预料在什么时候会付出多少钱，在什么时候又会往钱包里放多少钱。为了方便计算概率，我们需要对可能出现的现金数量范围进行列举。经过列举之后你就会很容易地发现不论范围有多大，概率如何变，对于两个玩家来说他们的期望收入都是 0。

钱包悖论是比利时数学家莫里斯·克莱特契克（Maurice Kraitchik）在他 1942 年的著作《数学消遣》（*Mathematical Recreations*）一书中首次提出的，但原书中举的是领带的例子。钱包的例子我是在马丁·加德纳 1982 年出版的《啊哈！原来如此》（*Aha! Gotcha*）一书中看到的。这本书介绍了一系列这样的数学谜题，但加德纳对于钱包悖论显然没有把握住实质。他说：“我们[一]没有办法用任

[一] 你可能也注意到了数学家们都十分喜欢用“我们”这个词。马克·吐温把喜欢用这个词的主体范围扩大到了肚子里有绦虫的人。（译者注：马克·吐温曾经写道：只有总统、编辑和肚子里有绦虫的人才有资格使用社论口气的“我们”。）我个人觉得数学家们有这个喜好是因为他们都觉得数学是一个孤独的事业，所以非常想要把大家都纳入进来。

何简单的方法来解决这个悖论……就连克莱特契克都没有任何办法。”但他同样也指出之所以出现悖论是因为每个玩家都“错误地估计了自己赢或者输的概率”。正如我在前一段所说的，这就是解开这个悖论的关键所在。我在第 2 章介绍过，加德纳一生都致力于将数学知识传播给普通大众这个十分高尚且有意义的工作。看在他的伟大事业的份上，我们当然要忽略他在钱包悖论上的这点犹豫不决。

钱包悖论一开始会让人感到困惑，但是我们最终解决了它。下面介绍的这个悖论也同样让人困惑，但没有那么容易解决。在你面前有两个信封，其中一个信封里的钱是另一个信封里钱数的两倍。你随机选择一个信封，打开它，发现里面有 **100** 美元。现在你是决定留下这个信封还是换另外一个信封呢？乍看起来换一个信封并不能为你增加任何收益，但是你仔细想想因为你是随机选择的，所以另一个信封里的钱一半的可能是 50 美元，另一半的可能是 200 美元。因此，换一个信封你要么多得 100 美元要么损失 50 美元，你的预期收入是

$$(-50)\times 1/2+100\times 1/2=25$$

看起来换一个信封对你是有利的。

好吧，那你就换一个信封吧。有什么问题呢？刚才假设第一个信封里是 100 美元，现在我们用 A 来代替你在第一个信封里发现的钱；那么另一个信封里可能是 $A/2$ 或 $2\times A$，你预期的收入是

$$(-A)/2\times 1/2+2\times A\times 1/2=A/4$$

那么换一个信封对你是有利的，那为什么还要去选择第一个信封呢？你只不过随便拿起来然后立即就换到另外一个了！等等，这样的话另一个信封不就变成了第一个打开的信封，然后你不是又要换一个信封了吗？但是换过来的这个信封不就是你一开始随便拿起的信封吗？……

这个逻辑太混乱了。肯定哪里出错了，但是错在哪里呢？我们来做个试验，看看究竟发生了什么。我们把不同的钱放在两个信封里，然后选择一个信封，打开它，再换另外一个信封。发生什么了呢？从长远来看，你赢的次数与输的次数是一样的，你赢的钱与输的钱也是一样的。两个信封，两份钱，但是却有三个数字：$A/2$，A 和 $2\times A$。你在第一个信封里看到了 A 美元，却不知道另一个信封里究竟有 $A/2$ 还是 $2\times A$，似乎没有办法把这个问题转化为概率问题。就像之前提到的，“或者”并不意味着等概率。在这个问题中，“或者”表示的意思是要么“0～100”要么“100～0”，你只是不知道究竟是前者还是后者。

对这个问题更准确地描述是：你面前的两个信封里一个信封中有 A 美元，另外一个信封有 $2 \times A$ 美元。如果你随机选择一个信封，打开它之后然后就换了信封，你收入 A 美元和失去 A 美元的概率相等。世界终于又恢复平衡了，信封难题也没有什么好玩了。

5.6　种群生存模型与姓氏问题

第 2 章我们讨论了种群动态的数学模型。在细胞种群的举例中，细胞分裂为两个子细胞和死亡的可能性相同，因为灭绝的概率是 1，所以最终灭绝是不可避免的。现在稍微改变一下假设，细胞还是只可能分裂和死亡，但两者的概率不同，那么灭绝的概率是多少？首先，若死亡的可能性高于分裂，灭绝会来得更快。所以设存活并分裂的概率 $p > 1/2$，死亡的概率则为 $1 - p < 1/2$。现在灭绝的可能性肯定降低了。确实，如果 $p = 1$，就永远不会灭绝，第 n 代会有 2^n 个细胞。那么 $p < 1$ 呢？灭绝就是可以避免的吗？我们能算出灭绝的概率吗？

和之前的例子一样，设灭绝概率为 q，初代种群的规模是变量，如果它是 0，则灭绝已经发生；如果是 2，则从这两个个体分出的两个亚种群都灭绝的概率为 $q \times q = q^2$。灭绝概率符合以下二次方程式：

$$q = q^2 \times p + 1 \times (1 - p)$$

需解出 q。回忆前文 $p = 1/2$ 时 $q = 1$。为了更有意思，让我们验证 $q = 1$ 是否成立，方程式的右边变为

$$1^2 \times p + 1 \times (1 - p) = p + (1 - p) = 1$$

确实等于方程式的左边。就此我们可以得出结论灭绝是注定的吗？在回答前，还是先看看这个问题更普遍的版本。之前我提到弗朗西斯爵士担心英国贵族血统消失，并就此方程提炼出一个数学问题，即在一个成年男性群体中姓氏消亡的概率。可能听起来有点儿性别歧视，但这是有理由的，因为姓氏只在男性间延续，一旦没有男性继承人，姓氏就会消失。人类男性种群和细胞种群的区别在于，细胞子代只可能是 0 个或 2 个，而人类男性的男性子代数量可以是 0 到合理上限之间。关于 q 的方程和上述方程相似，但会更长和更高次。假设子代数量最大为 n，就是 n 次方程。如子代的可能数值为 0，1，…，n，对应的概率为 p_0，p_1，…，p_n（当然，相加总和为 1），得出如下方程：

$$q = p_0 + q \times p_1 + q^2 \times p_2 + \cdots + q^n \times p_n$$

需解出 q。思路和上题一样，假设初代种群有独立个体数量 k，$k=0$，1，…，n（回想前文 $q^0=1$）时，k 个亚种群均灭绝的概率为 q^k。我们再次将 $q=1$ 代入方程右边

$$1 \times p_1 + 1^2 \times p_2 + \cdots + 1^n \times p_n$$

得出

$$p_1 + p_2 + \cdots + p_n = 1$$

因此，$q=1$ 又解出了这个方程。那么所有种群都是仅因为随机变异灭绝的吗？请注意我们只是应用了基本模型，其中强调了繁殖概率，没有考虑随着种群扩大可能加剧的个体竞争、可能的气候变化、新个体的移居以及其他因素。高尔顿提出这个数学问题后的近150年里，所有上述因素和其他因素都在不断加入到这个模型中，从而让模型更加符合现实。不过，所有的种群动态还是由个体繁殖所推动的，所以问题依然存在：在简单模型中描绘的所有种群是否会真的走向灭绝？

亨利·威廉·沃森牧师认为答案是肯定的。弗朗西斯爵士在1873年的《教育时报》公开他的问题后并没有得到满意的解答，于是他求助于自己的朋友沃森。沃森不仅是英国国教的神职人员，也是知名的数学家和科学家，尤其擅长几何学、磁力学和气体动力学。好像这些还不够他忙的，他又涉足登山领域，是世界第一个登山俱乐部——伦敦阿尔卑斯山俱乐部的创始人之一。沃森运用了我们在前文中使用的方法着手解决这个问题，注意到 $q=1$ 作为解总能使方程成立，从而确认高尔顿问题的结论即灭绝是必然的。沃森在他发表于1874年的论文《关于家族消亡的概率》中说道：

“因此，所有姓氏在无限时间内是趋向于消亡的，而且这个结果可能已被广泛预计到了，因为一个姓氏一旦消失就不可能再恢复，而在历代中消失的风险会额外增加。”

但沃森错了，他忽略了一件事，虽然 $q=1$ 确实是答案之一，但未必是唯一的答案。再次回想最开始需要用二次方程解决的细胞例子，你可能还记得那个方程有两个解。比如 $p=0.6$ 时得到方程式

$$q = q^2 \times 0.6 + 1 \times 0.4$$

很容易验证本式有两个解 $q=1$ 和 $q=2/3$，所以灭绝的概率可能是1或者2/3。结果当然应该是2/3，意味着如果开始此类细胞的多种群繁殖，那么约有67%的细

胞会灭绝，剩下的 33% 则不会（理论上会永远生长）。当 $p=1/2$ 时，也就是死亡和分裂的可能性相同时，$q=1$ 是一个解，因此灭绝是必然的。这样是结论下得太过草率了吗？不是的，因为这种情况下除了 $q=1$ 没有其他的解，这也可以通过重写第 2 章的方程进行验算。不用往前翻书了，我还是直接列出来吧：

$$q=q^2\times 1/2+1\times 1/2$$

我们可以化为

$2\times q=q^2+1$，再写为 $q^2-2\times q+1=0$。最后发现得到左边的完全平方式 $(q-1)^2=0$。于是 $q=1$ 是唯一解。

在高尔顿提出、沃森参与研究的一般情况下，子代的最大可能数量等于关于 q 的待解方程的次数。一般 n 次方程式会有 n 个解。但如像这里系数是概率时，在区间［0，1］最多只可能有两个解。因为我们计算的是概率，所以只对这个区间的解感兴趣。$q=1$ 永远是一个解，但在 0 到 1 之间可能会有另一个解，那个解正是灭绝的概率。综上所述，灭绝概率是下列方程式在［0，1］区间最小的解：

$$q=p_0+q\times p_1+q^2\times p_2+\cdots+q^n\times p_n$$

在细胞种群的特例中，如分裂概率 $p>1/2$，死亡概率 $1-p<1/2$，根据上式解出灭绝概率等于 $(1-p)/p$。

得出以上一般结果的证据包括被称为“概率母函数”的应用，但超过了本书的范围。像沃森这种水准的数学家会忽视多个解的可能性看似令人费解，但我们在一个世纪后再放马后炮当然是比较容易。另一个极端的情形是考虑每个人都繁殖，也就是 $p_0=0$，那么灭绝就成为不可能，沃森的结论显然是荒谬的。很明显 $q=0$ 也是一个解，而且是正确的解。在第 2 章中我有提及法国数学家比安内梅也在研究灭绝概率问题。他不仅比高尔顿和沃森更早开始研究，还避免了沃森的错误，意识到并非所有种群都注定灭绝。但直到 20 世纪沃森的错误被纠正、更多理论得到长足发展，比安内梅的研究成果才被发现。

继高尔顿和沃森的研究贡献后，这个问题又沉睡了 50 年，直到 1930 年才解开。丹麦数学家约翰·F·斯特芬森（Johan F. Steffensen）发表论文阐述了现在众所周知的结论——当子代的预期数量小于等于 1 时，灭绝是必然的，除非计算出的概率尽量避免出现上述结果。如果没有灭绝的存在，种群会无限增长到不可收拾，尽管还会发生个体繁殖的随机变异引起的自然随机波动。让我们再仔细看看斯特芬森的结论。

在上述高尔顿问题的一般表达式中，个体可能有0，1，…，n个子代，对应的概率为p_0，p_1，…，p_n（称为子代分布），期望值为

$$\mu = 0 \times p_0 + 1 \times p_1 + \cdots + n \times p_n$$

因此，$\mu \leqslant 1$时，灭绝是必然的（概率为1）。$\mu < 1$的情况并不让人惊讶，因为每个个体的子代如果少于一个，那么一代代的规模就会逐渐缩小，灭绝最终不可避免。但$\mu = 1$的情况就没有这么显而易见了，如果平均每个个体都得到替换，种群应该趋向于保持稳定。但是，在平均水平上的自然随机波动终将仅仅因为偶然就导致灭绝。[⊖]永远保持稳定的种群规模是不可能的（正如反复掷硬币不可能永远不出反面）。$\mu > 1$情况下，灭绝概率如上式计算小于1。$\mu > 1$时还有什么可讨论的呢？先设有N个独立个体，可以是细胞或者英国贵族。每个独立个体平均有μ个子代，下一代的预期数量为$N \times \mu$个。因为$\mu > 1$，相对于上一代，种群趋向于不断扩大。再下一代又预期增长μ倍，个体数量为$N \times \mu \times \mu = N \times \mu^2$。以此类推，预计每一代都比前一代规模更大，到第$n$代的预期数量为

$$第\ n\ 代的预期数量 = N \times \mu^n$$

常态下个体及种群呈现指数增长（或几何式增长），修饰词“常态”在这里很关键，只有期望值是服从指数增长公式的，实际种群总是围绕期望值随机波动，所以仍然有可能灭绝。图5-1展现了在$p = 0.6$，$1 - p = 0.4$的情况下，由一个独立个体（始祖）开始细胞种群发展15代的模拟结果。因为死亡率是0.4，40%的种群在第一代就已灭绝，这意味着始祖分裂失败。即使始祖成功分裂，仍然有16%的机会在第二代灭绝（$0.4 \times 0.4 = 0.16$），所以第二代灭绝的概率等于9.6%（与我们第2章的运算相同，$0.6 \times 0.4 \times 0.4 = 0.096$）。因此几乎接近半数、高达49.6%种群会在两代内灭绝。假如这时灭绝没有发生，那么之后灭绝的概率迅速降低，正如我们之前所计算出的，最终有67%的种群灭绝。所以种群的发展要么是在早期灭绝要么就是彻底发展壮大。如果一个种群能存活过15代，那么灭绝的可能就微乎其微。事实上，15代之前种群灭绝的概率超过99%。在

⊖ 为了谨慎起见，需要排除一种情况，即当$p_1 = 1$时，每个个体总是有一个子代。尽管$\mu = 1$，但灭绝并不可能。

第 15 代细胞数量的最大值为 $2^{15}=32768$，但前提是每个细胞在每次都分裂，这对于任何一个种群来说都是难以达到的。

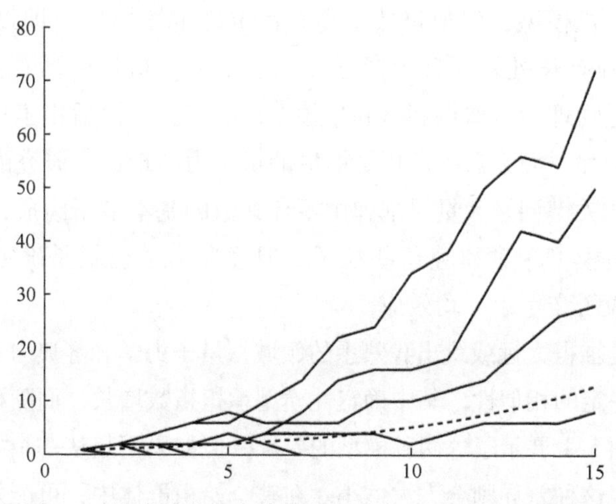

图 5-1　细胞从单一个体的分支过程。(虚线为期望值)

根据子代分布，我们可以构建出增长快速但却总是灭绝的种群样本。虽然看似怪异，但这是描绘常态下指数增长的结果，远不同于种群的实际情况。举例而言，假设种群从一个个体开始发展，而个体要么有 0.9 的概率死亡，要么有 0.1 的概率繁殖 100 个子代。每个个体的子代期望值为 100 ×0.1 =10，因此种群预期规模为 1，10，100，1000 等等。然而，90% 的情况下是始祖即繁殖失败，灭绝的概率至少为 0.9。不过最终灭绝概率事实上仅仅比 0.9 高一点儿，为 0.900003。综上，如果种群没有立刻灭绝，那么就有很大可能永远存活。第一代种群灭绝概率是 90%，但之后呈现指数分布，下一代将以 10 倍增长。让我们再将 100 换成 1000，0.9 和 0.1 的概率分别换成 0.99 和 0.01，种群在第一代灭绝的概率达到 99%，但下一代仍然是以相同的 10 倍增长。我们还可以根据将情况设计得更加极端，同时满足需要的指数增长倍数和灭绝概率。想要一个以 1000 倍增长、但第一代灭绝概率为 99.99% 的种群？没问题。100 万倍和 99.99999% 概率？小菜一碟。一般只要给定任何两个数值 m 和 q，通过设定个体或者死亡概率为 q 或者有 $m/(1-q)$ 个子代，就可以确保达到子代的期望值至少为 m，灭绝概率至少为 q。

虽然有很多种族的个体可以一次性诞生大量子代（比如鱼类和病毒，先在单一细胞内复制，之后从中大量释放迸发），上述例子主要还是为了说明期望值与实际值之间可能存在的巨大差异。广义上也说明了确定性模型和随机或概率模型之间的差异。在确定性模型中，只考虑常态行为而非随机变异。尽管低调的作者显然更青睐于随机模型，但他仍然很高兴肯定确定性模型（即以所谓“微分方程”为代表）确有长处，并且无疑已经在多个科学应用领域得到成功的证明。最好的例证就是物理学，像伽利略和牛顿发现的经典定律适用于日常对象，比如汽车、火车和炮弹，而无需考虑用更前沿的量子力学理论来研究的亚原子水平上的影响。这里的关键词是大量，炮弹由不计其数的基本粒子组成，虽然需要量子力学也就是随机模型单独研究这些粒子，但经典力学也就是确定性模型仍旧有效，因为大量粒子产生了平均效应。

幸而没有类推得太远或跳出我熟悉的领域，量子力学和经典力学之间的比较与种群模型存在一定的相似性，其中确定性模型承担指数增长，而随机模型考虑个体的繁殖方式。图 5-1 展示了这两种模型的差异，但如果不是从一个始祖而是从多个始祖开始繁衍，这种差异则会大大缩小。在整个始祖群体中，可能发生的个体极端行为的影响最终达到平均，实际的种群数量趋向于期望值。图 5-2 展示了图 5-1 的同类细胞，但这些细胞分别从 100 个始祖细胞和 1000 个始祖细胞开始繁衍，我们可以发现始祖细胞越多，曲线走向就越吻合。在第 6 章我们将研究概率理论中的一个基本结论——大数定律或者平均律，这将为上述图例和很多其他观测提供理论支持。

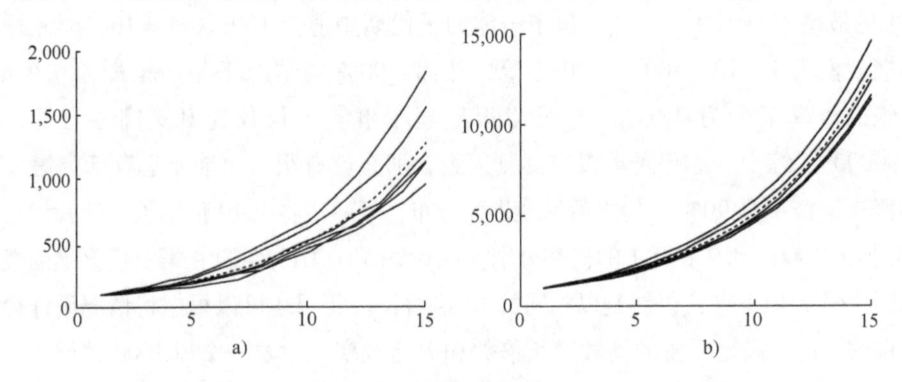

图 5-2　分别从 100 个始祖细胞和 1000 个始祖细胞开始繁衍的分支过程。虚线表示期望值。

分支过程理论的一个有趣应用在于解释中国的姓氏为什么愈来愈少。想一想，当你交到一个新的中国朋友，有很大概率会对他/她的姓氏感到熟悉。到处都姓王、李、张和马。事实上，中国前 100 个常用姓氏占总人口的 85%。作为比较，美国这一数字仅仅有 16%，考虑到美国的移民历史这个数字也许并不惊人。那么来看看我的祖国瑞典，前 100 个常用姓氏占总人口的比例不到 35%，虽然比美国多，但远远低于中国。瑞典最常见的姓氏是安德森（Andersson），紧跟着的是约翰森（Johansson），后续其他 18 个姓的尾缀都是森，我自己的姓也排在第 20 位。尾缀中的 ss 源于父姓，表示男孩子是某人的儿子。排名 21 到 23 的是林德斯特伦（Lindström）、林克韦斯特（Lindqvist）、林德格伦（Lindgren），这些名字的含义是“椴树溪”“椴树细枝”“椴树枝条”，斯堪的纳维亚人的题外话已经聊得太多了，就到这里吧。一些亚洲国家甚至比中国情况更极端，比如越南，阮姓人口占到了 38%，仅仅 14 个姓的人口就达到总人口的 90%。韩国的情况也差不多，半数以上姓金、李和朴。那么这些和分支理论有什么关系呢？

排除社会、文化和历史因素，仅从纯数学的角度解释中国姓氏相较于瑞典姓氏短缺的原因，简单而言就是两个字：时间。在中国，姓氏的使用已经有 2500 年，而瑞典只有 200 年。因此，中国有些姓氏经过了很长的时间走向消亡，导致多数人都集中在少数几个姓氏上。让我们举个例子，将前述细胞人格化，并赋予它们姓氏。假如一个细胞要么以 0.4 的概率死亡，要么以 0.6 的概率繁殖两个带有家族姓氏的细胞。子代的期望值是 1.2，所以每一代数量预期增长 20%。开始时有姓氏不同的个体 100 个，下一代预计 40% 的细胞死亡，也就是说 40 个姓氏已经灭绝。剩下 60% 的细胞分裂成有 60 个姓的 120 个细胞。再下一代细胞更多，姓氏更少。承前述计算，灭绝概率是 $0.4/0.6 \approx 0.67$，最后在一代代增长的种群中只有 33% 的原初姓氏得到保留。以此类推，中国人口现状接近上述繁殖的结果一端，而瑞典人口还在开始一端的某处。请见表 5-1，∞ 标志处可以视作象征古老又庞大的人口群。

表 5-1　人口增长中姓氏的消亡

代	人口数量	姓氏数量	前 10 大姓氏占人口比重（%）
0	100	100	10
1	120	60	17
2	144	50	20
3	173	45	22
4	249	40	25
10	619	35	29
∞	∞	33	30

我们已经通过一些举例了解指数增长和灭绝是怎样并行不悖的，虽然家族之树的很多分支可能灭绝，但其他分支会继续增长并占据整个种群。这一点在更大的范畴——生物进化中也同样可以观测到。细菌、蚊子和人口的种群都是呈指数增长，但正如古生物学家戴维·M·劳普（David M. Raup）在《灭绝：坏基因还是坏运气》一书中所表示，当今99.9%存在过的种族都已灭绝。虽然我们只是简要地对分支过程理论进行了研究，但确实证明他的结论言之有理。

5.7 大小非常重要（长度和年纪同样重要）

随机选择一个有孩子的家庭。通常说来男女的出生比例是一样的，所以一个家庭中有儿子和女儿的机会也一样。这就意味着一个男孩有姐妹的概率比有兄弟的概率高。在一个有四个孩子的家庭中，平均应当有两个儿子和两个女儿。在这个家庭中，对于每一个男孩来说他都有两个姐妹，但是只有一个兄弟。但是对于这个男孩来说，剩下的孩子出生的男女性别比是一半对一半，也就是说这个男孩应当拥有兄弟的数量与姐妹的数量是相等的。哪一种说法是正确的呢？

第二种说法是对的。对于男孩来说，他的姐妹并不会比兄弟多。这个问题乍一看又像是一个悖论。如果你随机选一个男孩为例，他平均拥有的兄弟的数量和姐妹的数量是一样的，但是当你再把这个男孩自己包括进来的时候，这个家庭不就有更多的儿子了吗？是的，但是在这个地方有一点歧义。因为以一个家庭为样本和以一个男孩为样本是不一样的。当你选择以一个男孩为例的时候，你其实已经排除了那些只有一个女儿的家庭，对应选择的家庭至少有一个儿子。而平均说来这样的家庭中的男孩会比女孩更多。一个有两个孩子的家庭，孩子可能的情形是GG，GB，BG和BB。如果随机选择一个有两个孩子的家庭，那么这个家庭没有儿子的概率是1/4，有一个儿子的概率是1/2，有两个儿子的概率是1/4。那么这个家庭预期的儿子的数量为

$$0\times 1/4+1\times 1/2+2\times 1/4=1$$

但是如果是以一个男孩为样本，那么在这个家庭孩子的可能组合为：BB※，B※B，B※G，GB※，所以儿子（包括这个作为样本的男孩）是一个还是两个的概率是相等的。此时的期望值为：$1\times 1/2+2\times 1/2=1.5$。当排除这个指定的男孩时，剩下的这个0.5（译者注：$1.5-1$）个儿子意味着他的兄弟姐妹是男或者

是女是等可能的。因此有一个儿子的家庭中剩下的那个孩子的性别是男或女的概率相等。但正如之前说过的“平均面积”一样，这里的“平均家庭”在没有明示如何选择样本的前提之下，也不是一个准确的概念。假设来自 1000 个家庭的孩子们都齐聚一堂，其中男孩和女孩的数量大致会相等。再假设另外一个场景，让 1000 个男孩把他们各自的兄弟姐妹都带到这个屋子里来。此时屋子里的男孩要比女孩多，但是对这些选中的男孩来说他们兄弟姐妹中男女的比例还是1:1，并非有更多的姐妹。但是他们各自的家庭中男孩会比女孩多。

如果你一开始没有想明白，不用担心，还有其他人跟你一样。1869 年，我们的老朋友弗朗西斯·高尔顿爵士在他的著作《遗传的天才》（*Hereditary Genius*）一书中提到，英国的法官们都是男性，他们来自的家庭平均有 5 个孩子。因此他错误地得出结论，这些法官们平均有 2.5 个姐妹和 1.5 个兄弟。时隔 35 年之后他意识到了自己的错误。他在 1904 年《自然》杂志上发表了《每一级亲属的平均数》纠正当年的错误（这篇文章的前一篇文章似乎更有趣，是动物学家菲利普·斯克莱特（Philip L. Sclater）写的《中非的巨林猪》）。

我们用男孩或是法官作为样本，而不用一个家庭作为样本，这就是典型的大小偏性样本。让我们继续深入研究有两个孩子的家庭吧。随机选择一个这样的家庭，那么这个家庭中男孩的数量可以是 0，1 或者 2，对应的概率分别是 1/4，1/2和 1/4。根据我们在 4.2 节中介绍的知识，此时 {0，1，2} 的概率分布为 {1/4，1/2，1/4}。现在我们以一个男孩为样本，这时的概率分布变成了 {0，1/2，1/2}。有趣之处就在于这些新的概率可以用数值乘以原来的概率分布得到：

$$0 = 0 \times 1/4,\ 1/2 = 1 \times 1/2,\ 1/2 = 2 \times 1/4$$

换而言之，这些概率的比例与数量大小的比例一样：0 个男孩的概率是之前概率的 0 倍；1 个男孩的概率是之前概率的 1 倍；2 个男孩的概率是之前概率的 2 倍。因此，新的概率分布被称为大小偏性分布。

再举一个掷骰子的例子。可能出现的情形集合为 {1，2，3，4，5，6}，每一种情形对应的概率都是 1/6。现在无需掷骰子，你可以随机选择骰子一面。随机选择一个小圆点，然后再选择这一个圆点所在的那一面。一个骰子一共有 $1 + 2 + \cdots + 6 = 21$ 个圆点。此时可能出现的情形集合依然是 {1，2，3，4，5，6}，选中的那个点所在的面朝上的概率分布变成了（1/21，2/21，…，6/21），而不是之前随机选择一面对应的概率分布（1/6，1/6，…，1/6）。我们根据两个孩子家庭的例子，将每一个结果和原来对应的概率分布相乘从而得到了（1×1/6，2×1/6，…，6×1/6），即（1/6，2/6，…，6/6）。这并不是标准的概率分布，因为所有概率相加之和并不等于1。但是将每个数字乘以6/21之后，我们就可以得到随机选择的圆点的概率分布。这时的概率也因为一个因素的比例改变了大小。所以K的大小偏性概率是原来的概率1/6乘以$6\times k/21$。

还有一些需要提醒读者们注意的。投骰子的期望值是21/6=3.5，大小偏差概率事实上就是原来的概率乘以可能出现情形的数量再除以期望值，即$1/6\times k/3.5$。我们来正式地推导一下这个公式。令原来k对应的概率为p_k，期望值为μ，大小偏差概率为$\widehat{p}_k$，则：当$k=1，2，\cdots，6$时$\widehat{p}_k=k\times p_k/\mu$。新的偏差概率分布只需要用原来的概率乘以$k/\mu$，这个公式适用于所有的概率分布。只不过是在我们举的例子中，恰好p_k都等于1/6，$\mu=3.5$。

假设你随机选择美国一个州，记录两项数据：①这个州美国参议员的数量，②该州美国众议员数量。因为美国每个州都有两个参议员，但是每个州众议员的数量则是由每个州的人口决定的，所以情形①之下每个州是一样的，但情形②却是一个大小偏性样本。如果你想要每个州概率相同，那么就不能选择以众议员为样本；如果你更偏向于人口大州，那么就选择众议员为样本。有时你可能会错误地选择了大小偏性样本，但另一些时候这些偏性样本又恰恰符合你的要求。很多现实中的例子都说明了这个问题。随机选择一个人进行民意调查，调查对象来自一个人口较多的家庭的概率更大，她更可能住在人口密集的城市，上的学校也比正常规模学校大，在一个大规模公司工作等等，这些因素都会影响到她的社会观点。当鱼类研究者钓了一条鱼（译者注：想知道这条鱼属于哪一种鱼群），鱼群的范围越大越容易归类。动物成群出现的时候就容易发现，例如，鸟群、成批的青蛙以及大量的水母群。当人们从空气中检测树林里的树木病害时，树干上长的大面积斑块更容易被发现；大肿瘤更容易在做扫描或X光检查时检查出来。这样的例子不胜数举，它们都说明了大小非常的重要。

有很多家庭都去参观美国黄石国家公园，公园里最著名的就是老忠实喷泉（**Old Faithful Geyser**），它每次喷水都非常准时，差不多每**90**分钟就会喷一次。我们随机选择一个家庭作为样本。当这个家庭到达时，预计还要等**45**分钟喷泉才会喷水。在等待的过程中，他们开始和一个常年记录等待喷泉喷发时间的人攀谈。这个人记录的等待时间比 45 分钟要长。他告诉这一家人，这意味着喷泉间歇的时间越来越长。但是从公园巡查员那里得到的数据却并没有支持这样的结论。那么是这个人的运气不好吗？还是有其他合理的解释？

当然有！关键在于“老忠实”名不副实，它并不是每次都是恰好间隔 90 分钟喷发的。这 90 分钟也只是一个平均数。事实上，间隔时间在 30 分钟和 2 小时之间浮动，但大部分情况下是在 60 分钟和 90 分钟之间浮动。如果这个喷泉是严格按照每 90 分钟一次的频率喷发，当你随机到达喷泉边时，你平均需要等待的时间的期望值就肯定是 45 分钟了。但是现在这个间隔时间是在浮动的，很可能你到达的时候是喷泉喷发间隔时间长的那一段，此时你需要等待的时间就超过 45 分钟了。为了简化这个问题，我们假设间隔的时间要么是一个小时要么是两个小时。所以当喷泉在正午时喷发了，之后就会在下午 2 点、3 点、5 点、6 点……喷发。此时间隔的平均时间是 90 分钟。如果你随机在某一个时刻到达，你在两小时间隔之间到的概率是在一小时间隔中到达的两倍，此时你的预期等待时间是一小时。而当你在一小时间隔之间到达时，你的预期等待时间是半个小时。所以在 2/3 的情况下，你平均需要等一个小时；而在剩下的 1/3 的情况下，你需要等待半个小时。$2/3 \times 1 + 1/3 \times 1/2 = 5/6$，所以你的等待是 5/6 个小时，即 50 分钟，比平均间隔时间 90 分钟的一半 45 分钟稍微长一些。图 5-3 形象地说明了这个计算过程。从图中可以看出，你在 2 小时的间隔中到达的机会更高，所以平均等待时间才会比 45 分钟要长。现实中的浮动带来的不可预测性比我们之前作出的假设要高得多，假设的例子让你知道了整个问题应当如何解决。

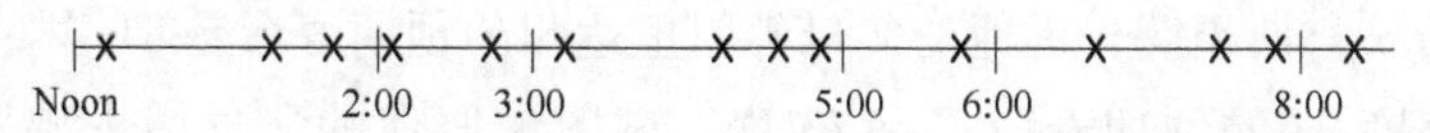

图 5-3　老忠实喷泉每次喷发间隔的时间在 1 小时到 2 小时之间

以上介绍的就是著名的概率问题——等待时间悖论的一个例子。等待时间悖论的另外一个例子就是你随机到达公交站需要等公交的时间。即使公交车平均每小时两趟，但是由于随机变化，你到达公交站的时候很可能就是长间隔的那段时间，所以你等待的时间会比严格按时运营需要等待的 15 分钟长。公交车的运营相对来说是比较有规律的，所以期间的间隔浮动并不大。我们在第 3 章介绍的那些稀少无法预测的事件才能真正诠释“悖论”一词。以地震为例，根据美国地质调查局的数据，全世界平均每年发生一次大地震（里氏震级八级或更高）。考虑到地震变化无常，我们同意将地震这个事件定性为“稀少且无法预测”。但这也意味着不管之前的地震什么时候发生，下一次大地震发生的等待时间期望值还是一年。所以如果外星人决定要秘密访问地球，它可以预期下一次发生大地震要等一年。另一方面，它到达地球的时间正好距离上一次地震一年。距上次地震一年，距下一次地震还是一年，但两次地震相隔的是一年而不是两年啊！这看起来是一个悖论，但是请读者们记住这些都只是期望值。我们的外星人朋友只是恰好到来的时间所处的间隔比平常的间隔要长。那些将平均期望值拉低的短间隔被完全忽略了。

等待时间悖论与大小偏性样本有许多共同点。为了简化老忠实喷泉的例子，我们将喷发间隔时间变成 1 小时或 2 小时。那么随机选择的间隔样本可以是两者中的任何一个，间隔时长的预期值变成了 90 分钟。当你随机走到喷泉边上时，这个间隔的时间是 2 小时间隔的概率是 1 小时间隔的两倍。所以集合｛30，60｝（分钟）的概率分布由（1/2，1/2）变成（1/3，2/3），大数值占的比率更高了。我们可以注意到新概率可以用原来的概率乘以间隔的长度得出。所以这个新的分布是大小偏性的，更准确地说是长度偏性的。这是一个简化的例子，但是不管真实的时间间隔是如何分布的，当你随机走到喷泉边时所处的这个间隔的概率比例是与时间长度相关的。

预期寿命的计算过程中也包含偏差概率。用数学语言来描述预期寿命是指新出生的个体预期的生命期限。在人口问题中，预期寿命是通过记录死者的寿命（以年为单位），然后再取平均值得到的。《宋飞正传》中有一集叫做“花洒”。乔治·科斯坦萨告诉他的父母佛罗里达州的预期寿命是 81 岁，而他们居住的纽约皇后区的预期寿命只有 73 岁，试图说服他的父母搬去佛罗里达州。弗兰克和埃斯特尔应该为了能多活 8 年而搬去佛罗里达州吗？他们并不需要。佛罗里达州人们的预期寿命那么高的一个原因（排除人们都喝橘汁这个原因）在于许多人从其他州搬来了这里，其中大部分人都是从纽约来的。因为搬来这里的人们都期望能活得更长，所以他们在年长之后才搬来佛罗里达州。所以他们“剥夺”了佛罗里达州人民在年轻时死去的权利，这也就提高了平均死亡年龄。这种情况对于净移民的城市、州或者国家来说非常典型，其中一个著名的例子就是以色列（这里也有很多橘子）。而那些净移民出境的州来说，预期寿命相对会比较低。为了有助于读者理解，考虑一个极端的情况。假设 A 小镇上所有的人要么在 40 岁的时候去世，要么在 80 岁的时候去世。人们如果活过了 40 岁这个门槛，在 65 岁退休之后就会搬去另外一个 B 小镇度过余生。那么 A 小镇的预期寿命就是 40 岁，而 B 小镇则是 80 岁。引进预期寿命中一个更为现实的可变因素和移民年纪后，你得到的结果可能没有这么戏剧性，但是效果相同。

5.8　放射性元素衰变（平均数、中位数和众数）

在前面的章节中，我们讨论了期望值（平均数）和众数的区别，以说明衡量“典型水平”有多种方式。最常用的方法是平均数、中位数和众数，有时候统称为“3M”。我们已经知道平均数指长期的平均值，众数指最可能的数值，中位数指其他数值高于或低于它的概率相同的中间数值。对于偏态分布（正如下列数据集显示）的概率而言平均数不是一个很好的衡量方法，而经济数据一般都是偏态分布的。让我们看一组虚构的公司员工工资数据，其中 21 位员工包括了执行总裁、中层管理、普通员工和门卫。下述年薪的单位是千美元，均取整数：

20，20，32，40，50，50，50，50，50，50

65，65，68，70，80，80，82，90，100，120，2400

最低工资是 2 万，最高工资是 240 万。将所有数值相加后除以 21 算出平均数是 120 万。中位数是中间的数值，即 6.5 万。众数是最可能的数值，即 5 万。显然这个例子中的平均数 120 万并不能代表整体的工资情况。因为这些数值呈高度偏态分布，一个数值大于其他所有数据，从而拉高了平均数，但并没有影响中位数和众数。为了让这个问题更加清楚，假设执行总裁的薪酬涨至 300 万，平均数也随之提高到 149 万，但中位数和众数仍保持不变。因为工资数据总是呈现偏态分布，所以比较常见的是汇报中位工资而非平均工资（众数因为多种原因较不常用）。其他类型的财务数据如房价也是这样的情况。

另一个平均数和中间数存在差异的例子是元素的半衰期。半衰期通俗的解释是直到半数原始物质消失的时间，而准确的定义是原子有半数发生衰变时所需要的时间。最广为人知的半衰期应用是碳 14 测年代——一种测定有机物年代的知名方法。碳 14 的半衰期是 5730 年，这意味着什么呢？我们用通俗的方法解释，这意味着一定数量的碳 14 原子经过 5730 年后其中的一半会发生衰变（衰变成氮或者其他元素）。再过 5730 年，剩下的一半也会发生衰变，这时候初始的原子只剩下原来的 25%，以此类推。当衰变到只剩下一点的时候，会变得有些棘手。如果只剩下两个碳 14 原子怎么办？其中的一个会在 5730 年后衰变吗？碳 14 原子衰变成一个氮原子，碳原子核中的中子必须通过释放电子而变成质子。而这 8 个中子怎么知道已经过了 5730 年，又如何决定由哪一个中子完成质变呢？

中子当然不知道这些，所以这里可以用概率模型更好地解释真实的情形。不要将原子想象成一团，而是将它们单独分开。一个独立的原子直到衰变前都保持不变，完全不知道什么时候开始衰变。这样，我们就可以设想每个原子的生命周期是非恒定的，且不同于其他原子（这个特征属性称为随机变量）。就一个独立的原子，我们不能给出准确的衰变时间，但可以得出在给定时间内（或者给定时间后）发生衰变的概率。我们可以找到时间 T，原子经过时间 T 衰变的概率是 50%。这个时间 T 就是独立生命周期的概率分布中的中位数。和我们工资数据中的中位数有一点儿不一样，但 T 肯定是在中位上的，因为高于和低于独立生命周期的可能性是相等的。

现在回到大量的碳 14 原子，每个原子超过 T 仍存在的概率是 50%，经过时间 T 后，我们期望一半的原子存留。换句话说，T 就是半衰期，它在概率上被定义为一个独立原子生命周期的中位数。那么生命周期的平均数（期望值）是什么呢？也就是在所有原子衰变后生命周期的平均值。算出来其实不等于 T，而是约等于 8270 年，远远大于 T。原因在于个体的生命周期小于 T 是有下限的，它不可能是负值。但没有上限，所以生命周期也是呈偏态分布，比较像之前的薪酬分布。

我们可以套用理论准确地描述原子寿命的概率。原子是自发进行衰变的，不受时间、磨损等相关因素的影响。这在概率理论中是众所周知的结果，这种情况被描述为指数分布，得出个体的生命周期概率大于给定时间 t，即

$$P(\text{生命周期} > t) = e^{-\lambda t}$$

我们应该记得数字 e 在第 3 章出现过，参数 λ 表示衰变的速率。λ 的数值越高，衰变越快。如选择时间 t 等于 T 即半衰期，那么上述概率就应该等于 1/2，得出

$$e^{-\lambda t} = 1/2$$

解出得以下表达式：

$$\lambda = \frac{\log 2}{T}$$

从前几章节回忆一下自然对数可知 log2 约等于 0.69，$T = 5730$，那么 $\lambda \approx 0.00012$。速率 λ 告诉我们可以期待每年发生多少次衰变事件（对于一个独立原子）。这也可以反过来告诉我们需要等多长时间会发生一次衰变事件。平均生命周期为

$$\mu = \frac{1}{\lambda} \approx 8270 \text{ 年}$$

因此，一个独立的碳 14 原子在 5730 年后存在的概率是 50%，衰变前可期待的平均生命周期约为 8270 年。

那么我们如何知道碳 14 的半衰期是 5730 年呢？显然我们没有那么长的时间来研究含有碳 14 的样本，而半衰期这个概念出现也才刚过一百年。那么我们到底又是怎么知道铀 238 的半衰期是 44.7 亿年呢？答案是有一个将概率与时间、衰变速率相关联的公式。举个例子，观测一种元素的样本在一年后衰变到初始重量的 99.9%，因此预计这种元素的独立原子在一年中幸存的概率为 0.999。将 $t = 1$ 代入生命周期大于 t 的概率公式中，并设该概率为 0.999。唯一需要我们算出的未知数是衰变速率 λ，再将其通过以下等式代入半衰期 T：

$$T = \frac{\log 2}{\lambda}$$

在此特例中，$e^{-\lambda \times 1} = 0.999$，可得 $\lambda = 0.001$，即半衰期

$$T = \frac{\log 2}{0.001} \approx 693 \text{ 年}$$

综上所述，我们得出结论半衰期为 693 年，而不必花费近似的时间长度来观测这个元素。因为放射性衰变究其本质是概率性的，半衰期都是基于数据估算的，所以具有一定的不确定性。比如碳 14 的半衰期据说是 5370 ± 40 年，这就是所谓的置信区间，我们稍后会在第 8 章中详加讨论。

之前我们考虑的是独立原子和它们的生命周期，即将原子的衰变视作“死亡”。我们同样可以运用概率理论说明任何有生命和无生命物质的生命周期。我们先简单讨论一下人类的平均寿命（回想一下前文乔治·科斯坦萨的情况）。原子和人类的基本区别是原子总是自发地衰变，而人类去世的原因多种多样，如疾

病、事故和衰老。还是以碳 14 为例，它的半衰期是 5730 年，假设开始有很多原子，5730 年后预期一半还在，另一半已经衰变。11460 年后 25% 的原子仍然在。而人类的情况完全不一样，例如在日本，女性的平均寿命是 89 岁，平均寿命即预期的生命周期，但不同于寿命的中值（半衰期）。对人类的寿命而言，两者趋向于接近。因此，今天出生的一半日本女孩预期可以活 89 年，但再过 89 年她们肯定已经不在了。

还记得放射性衰变是用速率 λ 描述的么？理解这个数值的另一个方式是将之用于衡量在特定年龄衰亡的风险。因为年龄不影响 λ，所以原子不论年龄几何，都面临相同的衰亡风险。原子的衰亡率是恒定的。人类的情况当然不同，一旦进入 1980 年代和 1990 年代，死亡风险迅速增加。因此我们可以想出一个死亡率的通用版本——死亡率函数 $\lambda(a)$，其中 a 代表当前年龄，通过绘制 a 的函数 $\lambda(a)$ 图表来描述随着年龄变化的死亡风险。对于原子而言，$\lambda(a)$ 是常数函数，之前提及的指数分布已将此作为一个定义特征了。对于人类和其他生物而言，死亡率是比较合适的术语，而故障率或风险率则比较常用于物体，如汽车、灯泡或者飞机。这些术语也可用于形容飓风、地震、交通意外等事件的频率。我们不是很准确地在说生命周期，但这里面的数学计算是一样的。第 3 章中我们已知指数分布和泊松分布同时发生，如事件间隔的时间服从指数分布，那么一定时间内发生的事件数量则服从泊松分布。在第 8 章，我们将看看泊松分布是怎样合理运用于飓风数据观测，这意味着飓风的发生方式（在飓风季里）和放射性元素衰变区别并不大。

指数分布有恒定的失效率（CFR），如随着年龄增长失效或死亡的可能性提高，则称为递增失效率（IFR），反之则称为递减失效率（DFR）。事实上，多数的失效率函数都涵盖了上述情况。以人类寿命为例，死亡风险在出生时和出生后的短时间内当然是较高的，之后又下降。因此我们是从 DFR 开始的。之后的几年死亡风险相对恒定，风险主要来源于意外和其他不可预期的事件，所以我们度过了一段 CFR 的时期。再之后，年龄开始起作用，直到生命终结都是 IFR 时期了。以上也同样适用于机械产品。首先肯定有一个磨合期，制造过程中的误差可能导致故障。这段时间结束后即进入相对的 CFR 时期，之后材料疲劳逐渐产生影响，导致故障率增加。如图 5-4 所示的这种故障率函数被称为“浴缸型风险函数”。

当比较各国生活水平时，死亡率函数是比单纯的平均寿命更有用的衡量工具。根据世界卫生组织的最新数据，日本的平均寿命最长，长达 84 年（涵盖男

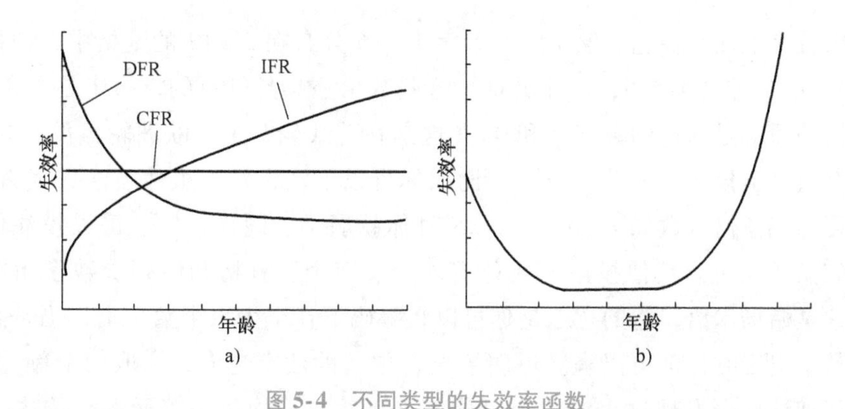

图 5-4　不同类型的失效率函数

a）递减、常数、和递增　b）浴缸型风险函数

女性别），而塞拉利昂平均寿命最短，只有 47 年。这说明什么呢？塞拉利昂没有老人吗？一个重要的原因是婴儿死亡率不同，即每 1000 个新生儿的死亡数量，或者用我们的术语说是新生儿的存活概率。这个死亡数量在日本是 2，在塞拉利昂是 75（取整数）。因此，塞拉利昂新生儿第一年的死亡率将近 8%，大大降低了其平均寿命。除了只比较平均寿命，我们可以比较更全面翔实的死亡率函数，从而注意到开始阶段与婴儿死亡率相关的差异。世界卫生组织同样公布了 60 岁的平均寿命数据，指当人达到 60 岁时可预期的寿命。日本的数据是 86，塞拉利昂的是 73。日本平均寿命在出生时和 60 岁时分别为 86 和 84，注意到这两者之间的差异多么得小，说明大多数日本人真正活到了年老。相反，60 岁的塞拉利昂人已经比平均寿命多活了 14 年，却仍然还有 13 年预期寿命。虽然看似矛盾，但死亡率函数及其与平均寿命的相关性可以解释。我们可以将年龄 a 时的死亡率函数 $\lambda(a)$ 值当作下一年存活的概率值，当 $a=0$ 时日本和塞拉利昂之间的概率悬殊，而当 $a=60$ 时这个差异已经显著缩小了。

5.9　偏差行为

让我们重新坐回轮盘赌桌上。[㊀]除了对单一数字下注外，还有很多方法可以

㊀ 我现在正用各种博彩的小提示引起你们的好奇心。读者们再耐心等等，到第 7 章时我们就可以完全沉浸在各种游戏、下注和博彩的世界中了。

对一组数字下注。在轮盘赌桌上，数字1～36分布在3×12的网格中，顶排是1-2-3，第二排是4-5-6，以此类推。这些数字一半是红色的，一半是黑色的。在网格的顶端是绿色的数字0和00（这是在美式轮盘上，欧洲轮盘没有00）。在一个数字上投注称为单一数字。比如你可以下注奇数，虽然投注方式奇特，但只要出现任何奇数如1，3，…，35时你就赢了。同样，你也可以投注偶数或者红黑任一色。其他投注方式还有两个、三个、方格和纵列等数字组合方式。这是赌场术语，它的意思是你可以将筹码下在至少一个数字上，当符合要求的数字出现时你都可以赢。毋庸置疑，你选的数字越多，赢取的金额越少。经过仔细计算会发现这个游戏不管你怎么下注，平均每一美元都会损失五美分。让我举个例子，假设你对奇数下注，一注的彩金是1美元，1～36中有18个奇数，你赢取1美元的概率是18/38，还有20/38的概率会输掉全部的赌注。你可以期待的收益如下：

$$1 \times 18/38 + (-1) \times 20/38 = -2/38 \approx -0.05$$

每1美元可预期的损失是5美分，和单一数字下注一样。奇数下注和单一数字比，赢的概率要高出许多，但彩金相比也少很多。换而言之，此时你的钱的变异性比单一数字下注大得多。期望值不能反映出这一事实，所以最好有一种方式来测试变异性，即测试实际价值偏离期望值的程度大小。有很多方法都可以实现，但概率学家和统计学家一致认同最好的方法是方差。方差的定义是实际值与期望值之差平方的期望值。[㊀]看上去非常的拗口。让我以轮盘赌的奇数下注为例解释一下。收入期望值是 -0.05（美元），两个可能的实际值是 -1 和1。两者之差分别是 $-1-(-0.5)=-0.95$ 和 $1-(-0.5)=1.05$，平方即 $(-0.95)^2=0.9025$ 和 $1.05^2=1.1025$。最后我们需要计算这些差平方的期望值。第一种情况下输的概率是20/38，第二种情况下赢的概率是18/38。两者平方的期望值的方差即为

$$0.9025 \times 20/38 + 1.1025 \times 18/38 \approx 1$$

这个数字本身可能不能说明什么，但当我们把它和单一数字比较时就会发现问题。可能的实际值是 -1 和35，同样利用上述的计算方法可得出方差约为33。在

㊀ 因为我们希望获得正值，所以去计算平方。另一种方法是计算实际值和期望值之间的绝对值（即去除符号的差异），不过平方被证明比绝对值具有更适合的数学特征，例如，在一些限制条件下，方差和期望值一样都具有可加性，而使用绝对值就不可能有这样的效果。

单一数字下注的方差远远大于在奇数上下注的方差，反映出单一数字中财富变动较大。从长期看，任何一种下注方式输得都差不多，只是输的方式是不同的。

方差有效地补充了期望值的不足。再举另一个例子，也是永恒的话题——天气。2006 年上半年，美国两座城市（阿克塔和底特律）分别因为不同的原因吸引了我。2006 年 1 月，我去了南加州的海岸城市阿克塔旅行。浏览过它的一些天气统计资料后，我计算出日平均气温是 59 华氏度。几个星期后，第四十届超级碗比赛在底特律举办，底特律的日均气温也保持在 59 华氏度。一年中随机选取一天去阿克塔和底特律，可期望的日气温同样是 59 华氏度。然而，增加了方差后就有了更多的含义，阿克塔和底特律的方差分别为 12 和 363（我很怀疑还能找到比阿克塔的温度方差更小的地方）。底特律的方差大得多，说明一年的温度变化较大。例如底特律一月的日均气度是 33（译者注：后文作者省略了温度的单位——华氏度），六月是 85，而阿克塔一月和六月的日均温度分别是 55 和 63。去底特律，你需要根据季节带上短袖或长衣裤；在阿克塔这些衣服就都没什么用处了（只要记得冬天带雨伞就行）。

我之前提到过对于方差值尚无明确定义，一个原因就是它是在平方值上进行计算的，这意味着计量单位也被平方了。方差是 33 平方美元或者 363 平方度，是什么意思？显然没有意义，但有一个简单的解决方法：计算方差的平方根。这被称为标准差，因保留了计量单位而更具意义。在轮盘赌桌的示例中，单一数字和奇数下注的标准差分别为 1 美元和 $\sqrt{33} \approx 5.7$ 美元。在天气示例中，阿克塔和底特律的标准差分别为 3.5 华氏度和 19 华氏度。

这样就感觉正常多了，但标准差仍然没有像期望值一样透彻明白地解释问题。有一些规则和结果可能有用，其中之一必须归功于伟大的俄国数学家切比雪夫（Pafnuty Lvovich Chebyshev）（1821—1894）。他在概率、分析、力学以及最重要的数论上做出过突出贡献，并因此而闻名。[⊖] 他的重要成果切比雪夫不等式阐述了在任何试验中，不论 k 为何值，如果期望值的标准差为 K，则概率必须至少为 1 −

⊖ 切比雪夫还保持着数学界一项非官方的纪录——最多姓氏拼写的方式。严格说来应该是姓氏音译的方式最多。因为在他的母语斯拉夫语中，他的姓氏只是 Чебцюёв 这一种。但在西方世界的语言中，他的名字有许多不同的音译方式，从最简单的西班牙语的版本 Cebysev 到最为复杂的德语版本 Tschebyschedff。

$1/k^2$。例如，在任何试验中当 $k=2$ 时，概率至少为0.75。换而言之切比雪夫不等式告诉我们，在重复试验中至少75%的结果会落在两个平均标准差之间。在阿克塔，我们可以期望至少273天的日均气温在52～66华氏度之间。而在底特律，则可以期望至少273天的日均气温在21～97华氏度之间。当 $k=3$ 时，可得 $1-1/k^2=8/9\approx0.89$，即至少89%的观测值会在期望值的三个标准差之间。

需要强调的是切比雪夫不等式中“至少”的含义。因为现实中的概率和百分比通常高得多。例如，轮盘赌中的奇数下注，所有的观测值都在两个标准差之间。记住，如果选择 $k=1$，那么切比雪夫告诉你的就是至少0%的观测值会在一个标准差中。这显然是对的，却毫无意义。此时切比雪夫不等式往往会显得粗糙，但这却是不可避免的，因为不论实验的内容是什么它永远保持真实性。这就有点像是说美国任何一个州都小于572000平方英里。我们还需要把阿拉斯加州也包括进来。当只考虑美国大陆的话那么就是真的，但只说262000平方英里会更恰当。当然如果限制到更小的新英格兰地区，就只需要更小的面积了。尽管存在上述缺陷，在下一节我们就会发现切比雪夫不等式大有用处。

说了这么多实际的例子那些理论主义者大概已经受尽折磨了，现在我就为方差下一个形式定义。假设试验的结果为 x_1，x_2，…，对应的概率为 p_1，p_2，…。这与我们之前给期望值下定义时作出的假设是一样的。令期望值为 μ，计算每个可能值和 μ 之间差的平方，再计算这些差的平方的期望值。将以上文字描述转化为数学公式，就得到了方差的形式定义，通常用 σ^2（希腊字母 σ 的平方）表示

$$\sigma^2=(x_1-\mu)^2\times p_1+(x_2-\mu)^2\times p_2+\cdots$$

如果可能发生的情形是有限的，那么总和最后会停止相加，否则将会永远继续。你可以用我们之前计算轮盘游戏时得出的结论来验证一下这个公式。让我们用掷骰子的例子来作为练习吧。掷出来的数字可能是1，2，…，6，每个数字出现的概率都是1/6，期望值是3.5，于是方差为

$$(1-3.5)^2\times1/6+(2-3.5)^2\times1/6+\cdots+(6-3.5)^2\times1/6\approx2.9$$

那么标准差就是1.7。现在有一颗骰子三个面是1另外三个面是6，通过计算来比较这两个骰子的标准差。此时骰子的可能值只有1或6，每个的概率是1/2，期望值是3.5，方差为

$$(1-3.5)^2\times1/2+(6-3.5)^2\times1/2=6.25$$

标准差即为2.5，这比普通的骰子标准差大。因为这个特别骰子的结果倾向于偏

离期望值 3.5。这个例子又表明期望值并不能说明全部，标准差对其构成了有效的补充。

回想一下标准差是方差的平方根，设为 σ，现在我们可以用公式写出切比雪夫不等式。但在这之前，让我引进概率上的另外一个重要概念。试验之前，结果都是未知的，令其为 X。这就表示 X 在试验之前未知，试验之后会得到一个数值。这个未知量的值由一些试验的随机性决定，它被称为随机变量。这是概率中一个非常重要的概念，它大大简化了示例中的记数。如果掷骰子，就不用写“掷到 5 的概率”和“掷到 6 的概率”，我们首先可以设掷出来骰子的结果为 X，然后直接写作 $P(X=5)$ 和 $P(X=6)$，这样更加准确也更加方便。切比雪夫不等式现在可以表示为

$$P(\mu - k\times\sigma \leqslant X \leqslant \mu + k\times\sigma) \geqslant 1 - 1/k^2$$

或者用绝对值标示

$$P(|X-\mu| \leqslant k\times\sigma) \geqslant 1 - 1/k^2$$

其中 k 可为任何值（不必是整数，可以是 1.5 或 4.26 或者其他的非负数）。确保最后两个公式是相等的，并且和我之前给出的切比雪夫不等式的文字表述相一致。

5.10　结语

我们在这一章介绍的期望值的概念可以被认为是随机试验中的理想平均值。期望值将试验总结成了一个数字，但是通过众多例子我们知道在解释这个数字的时候必须要小心谨慎。伴随着期望值的是标准差，它是用来衡量试验中值的变化的。标准差、μ 和 σ 这三个量可以快速地总结任何随机试验。我在这一章中也暗示过几次，可以通过长期平均数来解释期望值。在下一章中我们将全面地研究这种方法。

第 6 章

必然概率：两个迷人的数学结论

大数定律和中心极限定理是概率论的两大基石，它们相辅相成地解释了在长期行为中均值和相对频率的变化规律。也正是它们将这个纷繁复杂的世界变得更加简单有序。

6.1 木已成舟，反反复复

在第5章的开始我提到了随着次数的不断增加，反复投骰子得到的平均值会越来越趋近于3.5。当我在写下这段话时，我希望读者们认为它是合理的。如果你属于万事都要怀疑的类型，你可以自己慢慢尝试。在第1章中我解释了扔硬币时正面朝上的概率是0.5：在大量反复扔硬币的试验中你可以预测到其中大概一半的时候都是正面朝上。正面朝上的比例接近概率。至少在上述例子中似乎概率和期望值都可以通过平均长期行为来解释。我们很容易相信这些解释在其他例子中也是可行的。看到我们的理论能够如此完美地解释现实世界，倍感欣慰。现在我们学习了这么多概率的知识，这种直觉意义上的感性解释已经不够了。我们需要拿出数学上的铁证来证明期望值和平均数类似，比例与概率类似。幸运的是，这些都能通过我们学习的知识得到证明。

要证明这些我们必须先做出合理的假设。比如：不由概率学家们来扔硬币，魔术师佩尔西·戴康尼斯也不行。他可是具有每次让硬币正面朝上（有时甚至可以让硬币消失）的超能力[⊖]。但只要我们准确地描述了这些试验，并将每种可能出现的情况的概率计算出来，我们就处于概率、数学和逻辑的世界了。接下来我们要证明一个概率中最基本的理论：**大数定律，也被称为均值定律**。

在正式描述之前，我先来介绍大数定律在试验中发挥的作用。在图6-1中画出了在一系列投骰子的试验中连续平均数（计算机模拟的试验）。第一次掷出的是5，所以第一次的平均数就是5。第二次掷出了3，所以前两次的平均数就是$(5+3)/2=4$；第三次掷出了3，所以前三次的平均数是$(5+3+3)/3\approx4.3$；接下来又掷出了4和3，因此平均数变成了3.75和3.6，以此类推。我们很惊讶地发现很快平均数就向3.5靠近，一开始的浮动是非常正常的。第一次掷出的数字

⊖ 戴康尼斯是概率界的一个传奇。在14岁的时候，他辍学之后离家出走，和另一个魔术师行走江湖。在理解了许多魔术的技巧和赌场游戏之后，他开始对概率产生浓厚的兴趣。24岁的时候，他开始白天表演魔术，晚上在纽约城市大学上夜校。五年之后，他拿到了哈佛大学的博士学位。他现在是斯坦福大学的一名教授，也是概率统计领域最多产的一位学者。这里鼓励读者们：即使没有高中学历也是可以有很大成就的。

可以是1到6之间的任意一个数字，所以刚开始的时候是非常难以预测的，随后偏差就会迅速变小。比如100次之后平均数在3和4之间的概率就超过了99.5%。

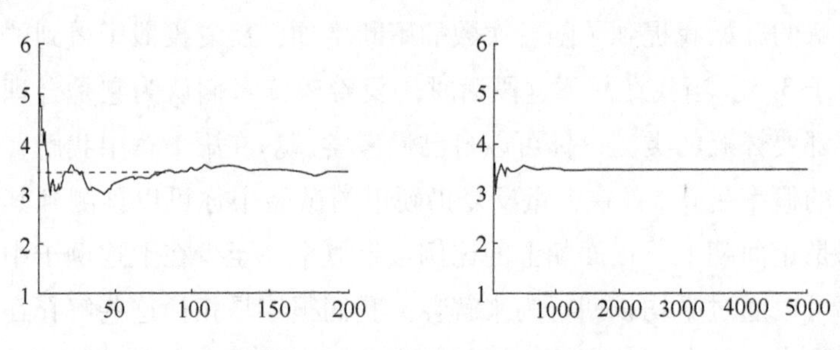

图6-1 掷骰子试验的连续平均数

（期望值3.5用虚线表示）

你可以注意到在图6-1左图中大概第180次左右有一个很小的平均值下降。大概在160次到180次之间掷出的数字有很多1和2，所以拉低了平均值，这纯属巧合。图6-1的右侧图是统计了5000次试验的结果。在这幅图中第180次左右的变动就很难看出来。像第160次到第180次之间连续20次的数字变动在5000次试验的整体结果中就没有明显地影响了。

上面这个例子表明了连续平均数是如何稳定在期望值附近的。而对应地，用扔硬币的例子来说明比例或相关频率是如何稳定在概率附近的。我们连续扔五次硬币，得到TTHTH的结果。前五次正面朝上的相对频率为0，0，1/3，1/4和2/5，用小数形式表示为0，0，0.33，0.25和0.4。[⊖]得到概率0.5并没有什么特殊之处。如果我们考虑掷骰子掷出6的相对频率，随着掷的次数不断增加它必然会接近1/6≈0.17。图6-2左图中画出了连续扔一百次硬币其中正面朝上的相对频率，而右图则画出了连续掷100次骰子数字6朝上的相对频率。从两幅图中可以看出在刚开始的时候相对频率有较大的起伏，但是很快就分别稳定在0.5和0.17附近。右图在稳定的过程中看起来稍微有点不同，关键在于掷骰子很难掷

⊖ 相对频率可以被看做是平均值。在扔硬币的例子中，用1代替H，用0代替T，所以TTHTH可以被转化成00101。这样相对频率就变成了0和1的连续平均数了，而期望值就变成了0.5（想一想我们在第5章介绍的指标）。

到 6（我们平均必须等待 6 次才能掷出 6）。这种不成功的尝试表现在图中的更长的“下坡斜面”上。在试验中很有可能连续 10 次或是 15 次都没有掷出 6，这种情况在第 20 ~ 30 次和第 40 ~ 55 次之间都发生了。而类似的多次扔硬币没有扔出正面的情况发生的概率就小很多。

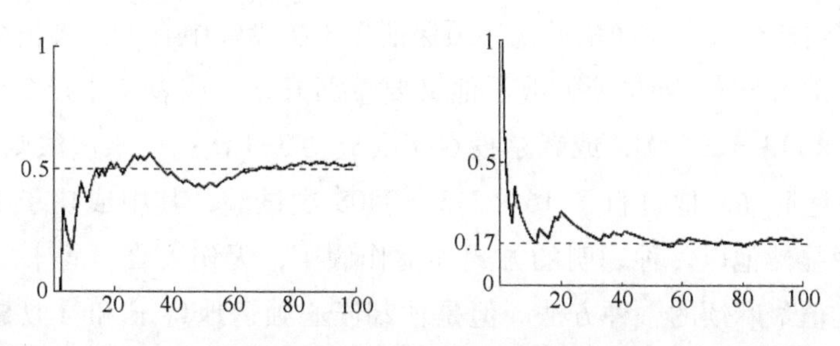

图 6-2　扔硬币和掷骰子的相对频率

（各自对应的成功概率 0.5 和 0.17 用虚线表示）

18 世纪法国博物学家、科学家蒲丰伯爵提出了一个也许并不实际但却充满想象力的关于大数定律的应用。[㊀] 假设地板是由平行的木条铺成的，每个木条都是一英寸宽，把一根一英寸长的针扔在地板上。通过计算可以知道这根针与两块木条之间的线相交的概率为 $2/\pi$。我在第 1 章时就介绍过 π 作为圆周率为人熟知，但在没有圆的情况下它也会时不时地出现。在这个例子中，π 却并不是突然出现的，因为至少在针与木条之间是会形成夹角的。如果你懂一些三角学的知识，你就知道在这种情况下 π 的出现非常自然（如果你用的单位是弧度而非角度）。

不论如何，投针法可以被用来计算 π 的近似值。如果你反复地投 n 次针，计算它与线相交的次数并记作 L。运用大数定律你可以知道相交的相关频率 $= L/n \approx 2/\pi$，从而可以得到 $\pi \approx 2 \times n/L$。这种方法也被称为“蒲丰投针”。不管你信不信，但确实有人真的做了投针试验。意大利数学家拉泽里尼（Lazzarini）在 1901 年时宣称经过 3408 次试验之后，它得到的数字与 π 小数点后六位数一样。这太让人惊讶了。连续投 3408 次针，然后得到小数点后的六位数一样的概率只有十

㊀ 他的全名是乔治斯·路易斯·勒克莱尔，蒲丰伯爵（Georges-Louis Leclerc，Count of Buffon）（1701—1788）。他在生物学和自然历史上做出了杰出的贡献，并深深地影响了达尔文和现代生态学。但对于概率学家们来说最熟悉的还是“蒲丰投针”问题。

万分之一。要使小数点后第二位数字跟 π 一样就已经非常不容易了，大概只有10%的机会。学界广泛认为拉泽里尼在撒谎。他的针的长度其实只有木板宽度的5/6，这样就使得相交的概率被5/6影响了，计算出来的 π 就变成了 $5/3 \times n/L$。分数355/133的值与 π 在小数点后六位数相同。因为 $5/3 \times 213/113 = 355/133$，所以如果要得到这个数字拉泽里尼就必须保证213次投针中有113次相交。而此时的概率大概是5.5%，如果他失败了他又要重新开始，或者希望投 $2 \times 213 = 426$ 次时相交 $2 \times 113 = 226$ 次，或者是投639次成功339次……乘法法则依然适用。你看，拉泽里尼宣称他进行了 $16 \times 213 = 3408$ 次试验，其中成功了 $16 \times 113 = 1808$ 次。很显然他以一种聪明的方式弄虚作假了，无伤大雅。蒲丰投针法也许是计算 π 的值最麻烦的一种方法。但是他却匠心独运地将 π 和看似毫不相关的随机试验联系起来了。

6.2 半斤八两？大数定律的误解

没有人可以不受大数定律的影响。这个定律一旦被打破，世界将会陷入不可想象的混乱之中。你想一想当你早上坐在厨房餐桌边喝咖啡看报纸时，读到了这样一个头条“大数定律违宪”。突然你倒进咖啡里的奶油决定自己应当凝结成一块沉在杯底而不是被均匀地搅匀。空气变得稀薄；所有的氧气分子都跑离了客厅。你的老板打电话解雇你；因为突然发生了数以千计的车祸，你工作的保险公司已经破产了。简阿姨打电话告诉你她买的强力球彩票中奖了，但是还有65万人也买了同样的号。如果平均行为不再有效，我们将会陷入无尽的麻烦之中。[㊀] 罗伯特·寇特兹（Robert Coates）在1947年时写了一篇名为《定律》的小故事发表在《纽约客》上。在这个故事中，议会立法要求每个人都变成一样的人，一切开始失控。这让我想起了瑞典幽默作家泰治·丹尼尔森（Tage Danielsson）

㊀ 但有时对平均数定律短暂的疏忽却是有利的。1950年3月的一个晚上，内布拉斯加州比阿特丽斯的一个教堂唱诗班准备在7点20分排练，但唱诗班的全部十五位成员均因为不相关的原因迟到了五分钟以上。而当晚7点25分时，这个空无一人的教堂被爆炸摧毁了。从这一事件发生的概率来看究竟是上帝的干预还是恶魔作祟，我不予置评。正如我们之前在书中常说的一样，稀有事件发生的时候常常会让人大吃一惊。稀有事件法则完全可以与平均数法则和平相处。

在 1946 年写的另外一个小故事。在这个故事中弗兰肯斯坦博士造出了一个典型的平均瑞典市民斯文・埃里克・平均先生，他身体的各项数据是所有人的平均值。平均先生有 1.25 个孩子，每周看 0.75 部电影，每三个月得半次感冒，他说的话都是由瑞典语中每个单词适用的频率决定的。平均先生决定要反抗这些操纵他生命的小数，各种混乱也爆发了。想一想如果平均的人决定晚上不看电视了，这个国家会发生些什么事。㊀

大数定律不同于自然界的物理定律之处在于：它并没有告诉你未来会发生什么，而只告诉你长期平均会发生什么。你向空中抛一枚硬币，万有引力定律会告诉你：硬币必然会落下来。而大数定律却无施展之地。但如果你重复向空中多次抛硬币，万有引力定律依然会告诉你：每次硬币都会落下来。但是这时大数定律能告诉你：这些硬币落下来的时候50%的机会正面朝上。有趣的是现代量子物理学定律具有概率特性，因此相较于经典物理学定律它们跟大数定律更相似。

大数定律也是赌场赚钱的秘诀所在。我们之前计算过轮盘游戏中庄家平均每 1 美元能够赚 5 美分。当只有一个玩家时会发生什么事情没有人可以预料到。但是有无数个玩家在赌博，大数定律就把这种不确定的情况变成了必然：赌徒们也许会赢几次，但是庄家才是最后的赢家。加拿大概率学家杰弗里・罗森塔尔在 2005 年发表了一本非常有趣的书《命中雷霆》（*Struck By Lightning*），书中介绍了他观察到的一些有意思的现象。关于政府是否应当支持博彩业的争论依然继续，但从来没有人提出过赌场可能会输钱这一论据。妇孺皆知赌场日进斗金，这与小卖部或礼品店的盈利完全不同，这是大数定律在起作用。威廉・梅西（William H. Macy）在电影《倒霉鬼》（*The Cooler*）中饰演了反面角色，赌场雇佣他站在赌桌旁，目的是威吓那些激动的赌徒。激动还是冷酷，威廉还是皮特，总之是大数定律称王。

另外一个依靠大数定律生存的行业是保险业。如果我要创办一家保险公司，我会把不同事故类型的概率和相关的成本都计算出来，然后定下能使预期收入最大化的方案。假设我让你交 1000 美金的车险，这时我就有一个预期收入了。但

㊀ 比利时博学家阿道夫・凯特勒（1796—1874）在《平均人》（*The Average Man*）中表达过相同的观点。凯特勒最重大的发现就是身体质量指数（BMI）。这一指数时至今日依然被广泛运用于计算特定体重对应的理想体重。

如果你作为我唯一的客户发生了车祸，我就必须赔偿。我需要许多客户来使大数定律发生作用，从而保证我稳定的利润。从这种意义上说保险公司和赌场是一样的，你在这里下注然后输了钱。实际上当你买人寿险时，保险公司会预计你什么时候去世，而你在下注押自己会在该时刻之前死去。

许多人也许不懂我们刚才讲的数学意义上的大数定律，但是对大数定律的其他运用会很熟悉。瑞士数学家詹姆斯·伯努利（James Bernoulli）（1654—1705）在他给数学家、哲学家戈特弗里德·莱布尼茨（Gottfried Wilhelm Leibniz）写的一封信中最先正式提出和证明大数定律。他指出“即使是最愚蠢的人凭着天生直觉也知道”这个定律是有效的。[⊖]让我们再一次回归到扔硬币的例子。大家都知道长期反复扔硬币出现正面和反面的次数趋近相等。最终所有的事情都会平衡。但是我们必须清楚地知道在哪一种意义上这句话是对的，在什么情况下这句话又不对。人们常常会误解大数定律。这个定律究竟说的是什么呢？我们来看一看吧。

有人会说扔的次数越多，硬币正反面出现的次数就越趋近相等。这句话不仅是错了，而且是大错特错！事实上，在1.9节中我们已经知道扔了$2\times n$次之后，扔出正反面次数相等的概率越来越小，这个概率等于$1/\sqrt{n\times\pi}$。这违背大数定律吗？不。因为你将绝对频率与相对频率混淆起来了。绝对频率指的是正面朝上的次数，而相对频率则是用正面朝上的次数除以总次数。大数定律只是说相对频率会无限趋近于0.5，而不是说绝对频率会接近一半的次数。

以扔100次为例，扔到50次正面朝上、50次反面朝上的概率只有8%。但在这种情况下相对频率依然非常接近0.5。正面朝上的次数在45~55次之间的概率大约为70%，相对频率在0.45~0.55之间。如果以扔1000次为例，那么正好500次正面朝上的概率只有2.5%，而正面朝上次数在495~505次之间的概率只有25%。而相对频率在0.45~0.55之间的概率则惊人地达到了99.8%。随着次数的增加，想让期望值固定在一定范围内会越来越难；但是同样情况下相对频率

⊖ 詹姆斯·伯努利在1713年写下了世界上第一本概率专著《猜想的艺术》(*Art of Conjecture*)。为了纪念他，任何存在两种可能性的试验（如扔硬币）被称为伯努利试验。雅各布一家有许多杰出的数学家，比如他的兄弟约翰，侄子丹尼尔和尼古拉斯。数学家贝尔在《数学精英》一书中写道：“伯努利家族中至少有120位后代在各个领域做出了杰出的贡献，没有一人籍籍无名！”

则会越来越简单。图 6-3 显示出在相对频率不断靠近 0. 5 时，绝对频率是如何大幅变动的。

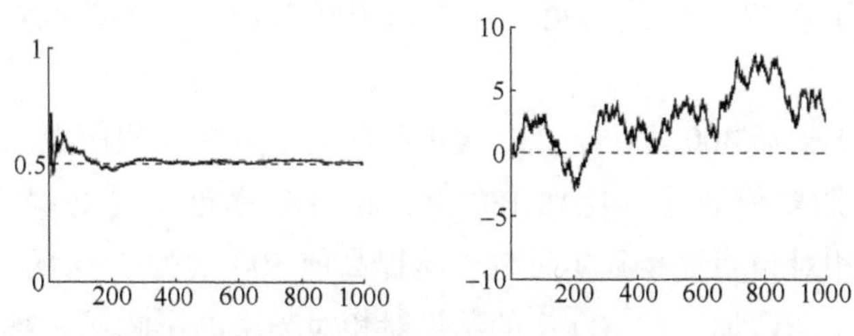

图 6-3　扔 1000 次硬币的相对频率和绝对频率

图 6-3 左图表示扔 1000 次硬币，正面朝上的相对频率的连续变化，右图表示正面朝上的实际次数与预期次数的对比。右图中数字大于 0 表示正面朝上次数多于反面朝上次数；小于 0 则表示反面朝上次数多于正面朝上次数。注意左图逐渐趋于稳定而右图则变动不断。右图在第 100 次左右的大幅度变动对左图有明显的影响。但是第 800 次左右更大幅度的变动却对左图数据影响很小。

另外一个常见的错误是“赌徒谬误”，它指的是一种错误的观念，即如果一个方向出现偏差，则为了弥补，很可能会出现另一个方向的偏差。当出现连续的正面朝上时认为接下来有很大的可能出现连续的反面朝上。所有人都知道硬币不记得它自己之前是正面还是反面朝上的，这就让所谓的补偿成为无稽之谈。但缺乏关于大数定律知识会让很多人相信存在无法解释的补偿，不然的话为什么正面朝上的比例稳定在 0. 5 呢？“是的，我当然知道硬币没有记忆，但是……”

但是大数定律不需要“但是……”。图 6-4 右图中画出了连续扔 500 次硬币的相对频率。一开始，反面朝上的次数非常多。通过左图可以看出，扔 100 次之

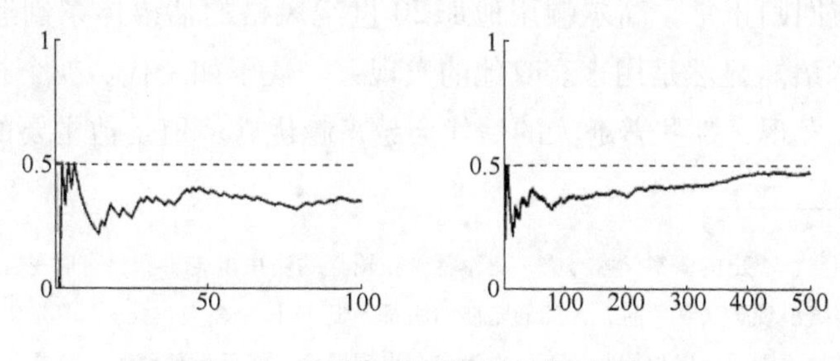

图 6-4　连续扔硬币得到的相对频率

后只有35次是正面朝上，偏离预期的50次还是有些远，此时的相对频率只是0.35。通过右图可以发现，在这之后相对频率逐渐向0.5靠近，扔500次之后我们就非常接近于0.47了。这难道意味着前100次正面朝上的次数由后面的400次弥补了吗？

错！事实上最后400次中有200次正面朝上，正是期望次数。即使得到正面朝上的次数比期望值要小，比如180次，相对频率也还是会提高，215/500 = 0.43。要使得相对频率提高其实只需要能提高前100次的35%的比例就可以了。随着扔的次数不断增加，前100次的结果对相对频率的影响越来越小。因此就无须刻意去对这100次的进行补偿，只要长期继续这种平均行为就可以抹去原来不正常结果带来的影响。**相对频率的稳定并不排除随机性，恰恰相反，其稳定性的原因在于随机性。**[㊀]

商报记者詹姆斯·斯图尔特曾经在《财智月刊》的“常识”专栏中写道：“如果硬币在前100次中有90次反面朝上，那么在接下来的100次中就会出现大量正面朝上的情况来复原”。这番话引起来线上的广泛讨论，他究竟是否也陷入了赌徒谬误呢？我猜他说“复原”是指在接下来的100次中正面朝上的情况会超过10次，而并不是指会超过50次。如果是这样的话，他就对了。我们预计接下来正面朝上的次数会增加，但并不要求它增加得比平均数还多。斯图尔特先生用这个例子来说明“趋均数回归”现象。我们已经有段时间没提弗朗西斯·高尔顿爵士了。当他在对父子的身高进行研究时发现了并创造了“回归”一词。他发现通常高个子男人的儿子的身高比平均身高要高，但这些儿子往往不如自己的父亲高。因为遗传，这些儿子们通常比常人身高要高，但如果这高个子男人的身高比他们家族的平均身高还高，那么他的儿子预计会比自己要矮。用高尔顿的话来说：高个子男人的儿子“仅仅只是高而已”。高个的特征在后代中会越来越不明显，身高在回归正常。高尔顿用他那20世纪风格的话语体系创造了“回归到中等”这一术语。显然是用来哀叹他的发现：一代不如一代。换个积极的角度来看他也许就会发现，那些普通人的后代会越来越优秀。但是他主要的兴趣在于上

㊀ 我的好朋友，杰出的概率学家杰夫·史泰福曾在轮盘的赌桌上告诉我，有时一知半解比无知更可怕。当连续出现7次红色时，无知的赌徒们眼都不眨一下（杰夫也是），但是由于他们听说过却不懂平均数法则，所以他们坚信下一次肯定会出现黑色，然后愚蠢地继续在黑色上加注。

层社会，否则的话现在的术语就是“趋均数进步”。

再举个例子简单地解释一下“趋均数回归”。假设现在你掷出了 6，那么下一次你预计掷出的比 6 小吗？是的。那会比平均数 3.5 还小吗？不。斯图尔特先生用“趋均数回归”说明在飓风卡特里娜和丽塔之后，高油价注定会下降。不论他是对是错，在他的类比中存在一个问题：混淆了极端情况和期望值的变化。（他在文章中也承认了这一点。）油价的期望值不像投骰子的期望值一样可以确定固定在 3.5，油价急剧上涨之后可以形成新的平均值。（对于人的身高来说也是适用的，但可能变化的时间更长。）第 8 章中我们将会仔细学习趋均数回归，看看高尔顿发现了什么。

现在回到可怕的飓风卡特里娜和丽塔吧。在 2005 年飓风季节结束之后，我在广播中听到有专家预测 2006 年的飓风会比 2005 年少。即使我毫无气象学知识我也可以做出同样的预测。平均每年会有 6 次飓风，但 2005 年有 15 次。第二年的数字几乎可以肯定会趋近平均，比 15 次要少。即使我们现在处于飓风活动频繁的周期中，飓风次数的平均值可能会提高，但是 15 次依然是一个极端的情况。如果你听到专家们预测明年飓风的次数，你就会注意到他们预测的数字就在现在的平均值与去年飓风的次数之间。美国国家海洋和大气局和科罗拉多州立大学气象学家菲利普·克洛茨巴赫（Philip Klotzbach）和威廉·格雷（William Gray）领导的飓风小组都预测 2006 年的飓风季会发生 9 次飓风。这个预测是基于大量的气象数据和指标做出的，但是最终高尔顿也会得到相同的结论。当你读到本书的时候，你已经知道 2006 年的真实情况了。

6.3　扔硬币与高速拥堵

连续扔硬币试验非常简单，但是在它背后却隐藏着许多惊喜和意外。为了说明这些惊喜和意外，我们来举一个例子。假设汤姆和哈利在扔硬币，如果正面朝上的话，哈利得一分；反面朝上则汤姆得一分。随着游戏的继续，他们各自的分数不断增加，看起来这是一个相当公平完美的游戏。有时哈利会领先，有时汤姆又会反超，偶尔他们分数一样。比如，如果游戏进行了十轮结果是 HTHTTHHTHH，则刚开始的时候哈利领先，五次之后汤姆反超，七次之后哈利重新领先，第十次结束时哈利领先两分。图 6-5 画出了这一过程。当线在 0 之上时（虚线表示0)，硬币正面朝上比反面朝上的次数更多，此时哈利领先。反之当线在0之下时，汤姆领先。对应 y 轴上是正数则汤姆领先，负数则哈利领先。恰好是0时，则为平局。在这个例子中，有4次平局，两次交换领先位置。

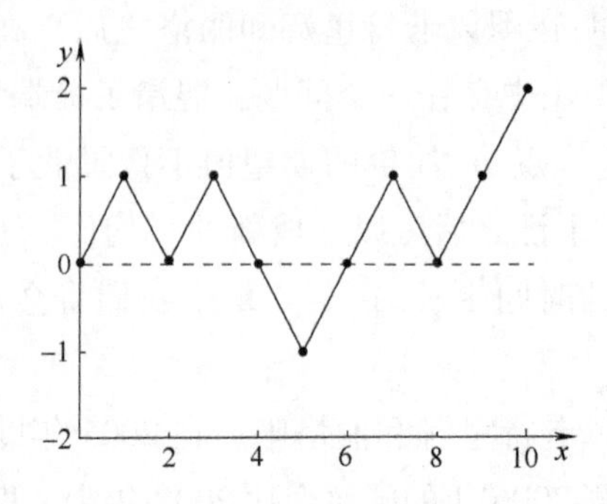

图 6-5　汤姆和哈利扔硬币游戏的前十次结果

现在汤姆和哈利要扔100轮硬币，在记录的过程中我们发现领先者一直在来回改变。因为这是一个公平的游戏，所以虽然领先者一直在变化，但似乎每个人都可以在一半的时间内占据领先地位。领先者交替变化了大概有20次或更多？

接下来我要立刻戳破你们这些幻想的气泡。最有可能发生的情况是某一个人一直领先！大概有15%的机会，交替领先的预期值只有3.5。如果真的交替了领先的位置，最可能交替的次数是1，然后次可能的是2，接着是3如此以往。领先位置交替10次以上的概率仅有4%。总体来说这是对的，不论他们玩多少局游戏，最可能的就是一个人在大部分时间里保持领先地位。而最不可能的情况就是每个人在一半的情况下领先！当然汤姆和哈利都有可能一直保持领先地位，所以他们领先是等可能的，但并不是在游戏过程中等可能地交替领先。即使是在我们之前观察的十轮游戏之中你也可以发现这个事实。你可以坐下来用纸和笔写出所有的 $2^{10}=1024$ 种可能，随机挑选几种可能你也会发现同样的情况。在很多情况下这条线完全在0的上方或下方，很少有与0线相交的。

那如果他们进行1000轮游戏，领先地位交替次数会变成十倍吗？不会。期望值是12。当进行10000轮游戏时，期望值变成了39。期望值增加的比例与游戏比例并不同步。如果游戏的次数变成了十倍，期望值大概只会变成三倍。随着游戏的不断推进，领先位置似乎越来越不可能改变。在这样一个公平的游戏中，这种现象让人觉得吃惊。不，你不应该感到惊讶。还记得我们之前提过的在2×

n 次之后，平均越来越不可能了，概率只有 $1/\sqrt{\pi \times n}$。因此在 100 轮游戏之后，平局的概率只有 8%（$n=50$）；1000 轮游戏之后（$n=500$），平局的概率只有 2.5%；而 10000 轮游戏之后（$n=5000$），平局的概率为 0.8%。这也说明了领先位置的交替会越来越难，因为只有先平局之后才能完成反超。实际上，平局之后下一轮游戏之前落后的选手就有一半的机会可以反超了。

我们并不期待在长期的游戏中会有很多平局，换而言之我们预计结果会偏离 0 线。当出现了一次平局，两轮之后又是平局的概率为 50%。结果的轨迹可能会在 0 线附近，经过几次平局之后，交替一下领先地位，但最终还是会偏离 0 线。这种聚集现象我们在第 3 章中已经介绍过了。平局会集中在一段时间出现，所以它们并不是罕见而只是很不规律。一旦轨迹偏离了 0 线，每一轮游戏之后它就会随机变化一次，没有任何无形之力将其拉回 0 线。所以一旦它偏离远了就要过很长的时间才会回到 0 线附近。

图 6-6 是计算机模拟的 1000 轮游戏的轨迹图。其中有三幅图都是真的，一幅图是假的。几乎不可能模拟出左上的图表示的情形。如果一定要得到这种情况我只能每次模拟几轮游戏，一旦它要偏离 0 线我就重新开始游戏。这也是为什么

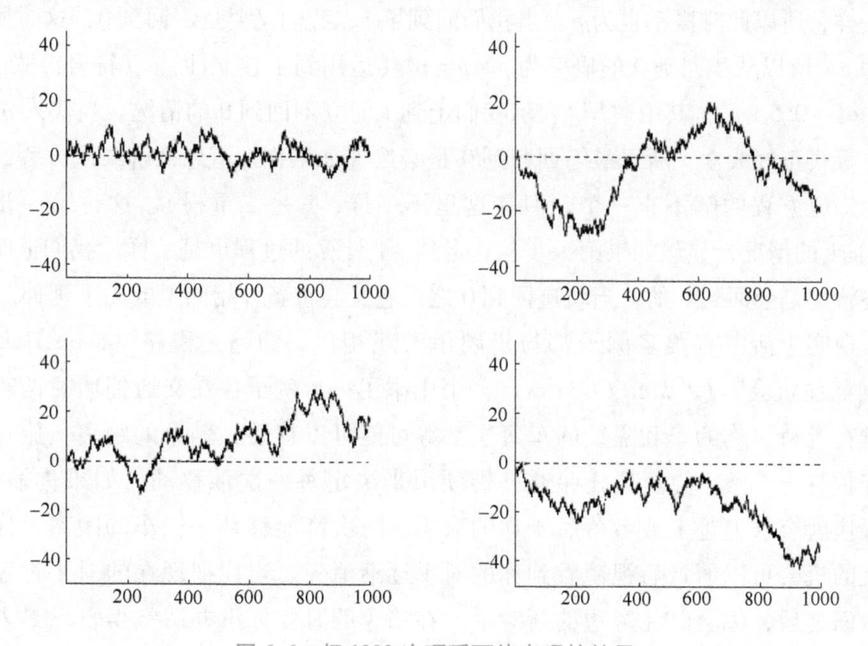

图 6-6　扔 1000 次硬币可能出现的结果

它是四幅图中最不可能出现的情况，因为此时我并不是随机来玩游戏的。剩下的三幅图是计算机模拟的结果，它们都没有出现极端的情况。实际上还有几个计算机模拟出来相对极端的结果被我排除了。我们可以注意到在这三幅真实的图中轨迹偏离了0线，领先位置变化很少，而且平局集中在一块发生。

如果大部分人都把图6-6中左上图当成是正确的图，我一点也不觉得吃惊。相反，如果他们知道这幅图是假的，我才会大吃一惊。不论是从量子物理学或者遗传学的角度还是从每天都会经历的平凡的风险和机会角度看，人们日常的生活因为随机性而变得丰富多彩。但我们还是无法随时刺破随机性的面纱。

那么是不是当轨迹偏离了0线之后就再也不会回归了呢？不，递归使用全概率法则，很容易就可以证明。这与我们在第1章中解决球拍类运动问题的解法一致，与2.6节中解决细胞分支灭绝问题也类似。让我们从0出发，用步行的方式沿着这条轨迹走。第一步可能是1或-1。假设我们向上走，到达了1。问题来了：我们最终又回到0的概率是多少？假设这个问题的概率为p。第二步的时候我们有0.5的概率回到0，也有0.5的概率走到了2。现在到了问题的关键之处了。我们要从2回到0需要先回到1，因为从2回到1的概率与从1回到0的概率一样，所以此时概率也为p。当我们回到了1，我们又要从1回到0，这时概率仍为p。所以从2回到0的概率为$p \times p = p^2$（运用到了独立性）。p符合等式$p = 0.5 \times 1 + 0.5 \times p^2$，其中“1”表示我们走到1时立刻回到0的情况。当代入$p=1$时，等式正好成立，所以最终回归到0是必然（如果你知道怎么解二次方程，你就会知道方程的解不止一个，但在这里不一样，1是二重根）。这是第一步从0走向1的情况，显然如果第一步从0走到-1计算的过程也是一样。我们证明了最终轨迹是会回到0的，当轨迹回到0之后它又会重新开始向上或向下延伸。

现实生活中有很多例子都与扔硬币游戏相似。约翰·黑格（John Haigh）在《抓住机会》（*Taking Chances*）一书中举了一个例子：在交通拥堵时两辆车并排在等待。你的车和隔壁的车每次都等可能可以移动一辆车的距离。旅行者的守护神——圣·克里斯托弗通过扔硬币来决定每一次谁移动。如果你输了，你很快就会被追赶上或者落后于你的对手。每次都能移动一辆车的距离，你有很大的机会可以通过后视镜看到你的对手逐渐消失。当你把现在的对手远远甩在后面之后，你会盯住旁边的新对手。在堵车的时候你没办法觉得自己是人生赢家。

如果两个旗鼓相当的球队反复比赛，我们可以预期比赛的结果与扔硬币结果图相似。显然体育比赛会受到许多因素的影响，你无法全部都预计到。把这些无法估量的因素放在一边，让我们来看看两项由来已久的著名赛事：美国陆海军橄榄球赛和牛津剑桥赛艇对抗赛。

美国陆海军橄榄球赛起源于 1890 年（期间 10 年没有举行赛事），2005 年赛事结束之后海军队以 50-49 的成绩稍微领先，其中有 7 场是平局。英国两所名校牛津大学和剑桥大学之间的赛艇对抗赛从 1829 年开始每年举行一次，两次世界大战期间曾经暂停过比赛。2005 年比赛结束之后剑桥大学以 78-72 的成绩领先。在 1877 年的比赛中，两支队伍不分胜负。图 6-7 是这两项赛事的结果轨迹图，可以发现它们与扔硬币结果轨迹图是多么相似（没有包括平局和取消的赛事，所以年份与成绩不是完全符合）。陆军领先的时间比海军更长，一度连续 48 年领先。在赛艇对抗赛中，两支队伍领先的时间差不多，但是我们可以发现领先位置交换得很少。在我写书的这一年——2005 年，剑桥大学已经领先 70 年了。

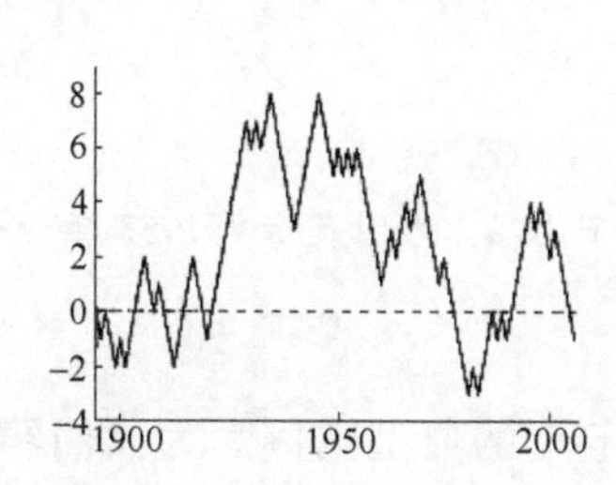

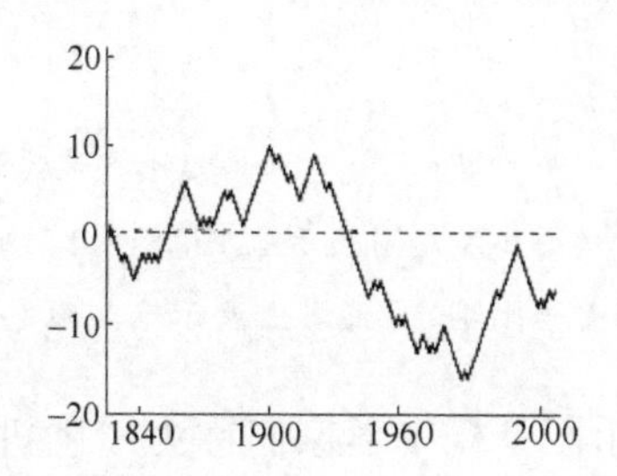

图 6-7　两项赛事的结果轨迹

图 6-7 左图是从 1890 年开始的美国陆海军橄榄球赛结果轨迹图，右图是从 1829 年开始的牛津剑桥赛艇对抗赛结果轨迹图。0 线之上表示陆军和牛津大学领先。平局或取消比赛年份的赛事没有包括进来。

还有另外一项没有那么出名却也同样激烈的竞争：瑞典芬兰年度田径对抗赛。瑞典人把这个赛事称为“芬兰之战”，芬兰人则将其称为“芬兰—瑞典国际赛”。这项赛事包括了奥林匹克所有的田径项目，每个国家派出三个代表参加每个项目（在中长跑比赛中常常会有人以肘顶人犯规，1992 年的比赛中六名运动员在1500m赛跑中全部都被取消资格）。1925年开始了男子赛事，中途因为第二次世界大战而停止了一次比赛，而女子的比赛则从1953年开始。图6-8显示了男子与女子比赛结果。它们同样地与硬币游戏模式相似。到2005年为止瑞典男子比赛以25:40的结果大比分落后，但女子比赛却以27:23的成绩领先。在我运动热情最为高涨的20世纪70年代，不论男女赛，瑞典没有赢一场，时运不济。但是知道了随机路径行为之后，我非常确信瑞典男子队最终会领先的（我的芬兰朋友们却无法接受这个不可避免的事实）。

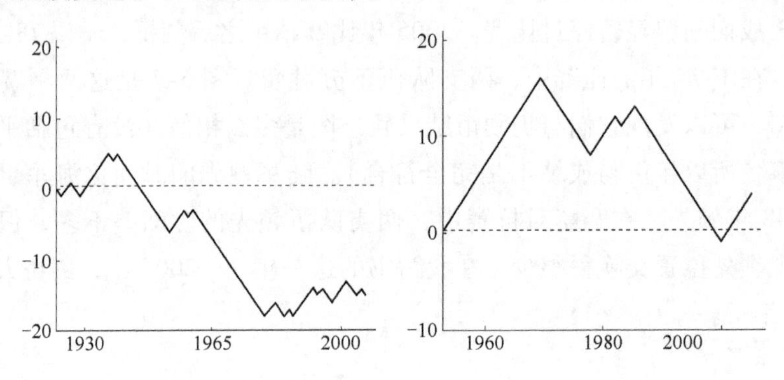

图6-8 瑞典芬兰田径对抗赛

图6-8左图表示从1925年开始的男子比赛；右图表示从1953年开始的女子比赛。0线之上表示瑞典领先。

扔硬币图是概率学家们称为“随机游走”的典型图例。为人们津津乐道的例子就是醉汉步履蹒跚，每次向左走和向右走的概率一样。另外一个例子就是暴风雪中迷路的人（此时最好保持清醒）走路的步伐。由于扔硬币游戏是公平游戏，每一步向上还是向下的概率是一样的，我们又把这种行为称为对称游走。对那些不对称的随机游走，如在轮盘上连续押奇数，则你每一轮赢的概率是18/38≈0.47，比0.5稍小。所以如果你把你的赢的情况用图表示出来，随机游走其实也是对称的，只不过每次下行的概率比上行稍微大一些。在较短的周期内，你很难分辨出它与重复扔硬币游戏的不同之处。但是长期看来，轮盘图必然会处于0线之下负数的那一侧。不同于硬币的例子，此时有一个作用力持续让轨迹往下行。大数定律告诉我们，这个作用力可能会遇到一些阻碍，但是长期来说还是会成功的。在你最终走向注定输的轨迹之前有19次机会不赚不赔。

6.4　大数定律的由来

这一节我们主要介绍数学公式和大数定律的证明。即使你很不喜欢理论和公式，我还是建议你不要轻易跳过这一节。这一节相较于之前的章节可能会有一些难度，但是它会向你展示高等概率理论的世界是多么的有趣。当然，如果你实在不感兴趣你也可以跳过这一节直接进入 6.5 节。

在介绍新知识之前，让我们来回忆一下第 5 章中介绍的随机变量。随机变量是指从随机试验中得到具体的数值结果。比如，当你掷骰子时你可以用随机变量 X 表示结果，结果的数值从 1 到 6 中取。假设你掷了十次骰子，你会得到十个数值。在进行试验之前你可以用随机变量 X_1，X_2，…，X_{10} 来表示。从某种意义上来说这些变量是一样的，因为它们是同一个试验的结果，所以得到相同数字的概率也是相等的。我们称它们是恒等分布的。但是从另一方面来说它们都是不一样的，因为每一次试验出现的数字可能是从 1 到 6 中的任何一个数字，与其他试验并不相关。我们称它们是独立的（第 1 章中介绍的独立事件）。

因为结果的独立性和恒等分布，我们可以用随机变量来描述很多类型的重复试验观察到的结果。我们还是先用投骰子作为例子。现在我们要用的是关于平均数的定律。前 n 次随机变量的平均数用 $\overline{X}$ 表示，公式为

$$\overline{X}=\frac{X_1+X_2+\cdots+X_n}{n}$$

大数定律告诉我们随着 n 不断变大，$\overline{X}$ 趋近于 3.5，换而言之，只要 n 足够大 $\overline{X}$ 就会无限接近 3.5。但是这看起来还是有些问题。比如我们在什么时候可以确定平均数在 3.4 ~ 3.6 之间呢？1000 次之后吗？还是 10000 次？但是我们怎么能保证不会掷出大量的 5 和 6，从而导致平均数高于 3.6 呢？好吧，我们不能保证。我们无法保证从现在开始平均数一定会在 3.4 ~ 3.6 之间，但是我们可以保证随着 n 的不断变大，这个结论越来越可能。比如，当 n 等于多少时，才能至少保证 $\overline{X}$ 在 3.4 ~ 3.6 之间的概率不低于 99%？用数学公式来表示的话，我们现在要计算出 n 的值使其满足 $P(3.4\leqslant\overline{X}\leqslant3.6)\geqslant0.99$ 或者是满足 $P(|\overline{X}-3.5|\leqslant0.1)\geqslant0.99$，

我们很难解出这个不等式。那么先来了解一下$\overline{X}$吧。它的期望值和方差是多少呢？因为$\overline{X}$是通过随机变量 X_1，X_2，…，X_N 来计算的，所以它本身也是一个随机变量。那么$\overline{X}$就有期望值和方差。我们注意到$\overline{X}$的值可以通过 X_1，X_2，…，X_N 之和除以 n 计算出来。运用第 5 章介绍的期望值和方差的性质，可以知道 $X_1+X_2+\cdots+X_N$ 的期望值等于 $3.5+3.5+\cdots+3.5=n\times3.5$。接着又因为$\overline{X}$的值可以通过 X_1，X_2，…，X_N 之和除以 n 计算出来，依据期望值的线性特征可以计算出$\overline{X}=n\times3.5/n=3.5$。所以掷 n 次的平均期望值与一次的期望值是一样，只要你想一想就会觉得不足为奇。经过上一章的学习我们算出掷一次骰子的方差是 2.9，由于方差的可加性，$X_1+X_2+\cdots+X_N$ 之和的方差等于 $n\times2.9$。㊀最后在计算$\overline{X}$的方差时要记住方差并不是线性的，而是以平方数增加。在这个例子中，由于$\overline{X}$是用和除以 n 得到的，所以$\overline{X}$的方差就需要用方差之和除以 n^2，即 $2.9/n$。总结一下，n 次游戏之后平均数的期望值是 3.5，方差是 $2.9/n$。我们注意到随着 n 的增大，$\overline{X}$的方差迅速减小。这说明了随着次数的增加$\overline{X}$的随机性越来越小，不断接近 3.5。

目前为止没有任何问题，但是我们想要进一步解释。这里我们要对切比雪夫说声抱歉，因为在第 5 章中我们并没有认真介绍切比雪夫不等式，而现在它要真正发挥作用了。切比雪夫告诉我们随机变量在期望值μ 的 k 次标准差之间的概率至少为 $1-1/k^2$。在现在这个例子中，随机变量为$\overline{X}$，其期望值为 3.5，方差为 $2.9/n$。所以标准差为 $\sqrt{2.9/n}\approx1.7/\sqrt{n}$。将这些数据代入切比雪夫不等式可得

$$P(|\overline{X}-3.5|\leqslant k\times1.7/\sqrt{n})\geqslant1-1/k^2$$

这与我们之前得出的不等式 $P(|\overline{X}-3.5|\leqslant0.1)\geqslant0.99$ 非常相似。现在 n 是我们所求的未知数。对比这两个不等式右边的部分可知我们要将 k 设定为

㊀ 在 5.5 节的脚注中提到过方差的可加性。当时提到的“限制”就是指方差的独立性。如果它们不独立，那么方差就不具有可加性。假设 X 是掷骰子可能出现的结果，我们将它翻倍变成 $2\times X$，这个翻倍之后的结果也有方差，是原来方差的四倍即 $4\times2.9=11.6$。因为 $2\times X$ 可以改写成 $X+X$，此时方差并不等于 $2.9+2.9=5.8$，所以在这个例子中方差是没有可加性的。（显然 X 是不独立的。）

10(1 - 1/100 = 0.99)。不等号左边的部分则告诉我们必须要令 $k \times 1.7/\sqrt{n}$的值等于0.1。因为 $k = 10$，所以 $17/\sqrt{n} = 0.1$，则$\sqrt{n} = 170$，从而得出 $n = 170^2 = 28900$。四舍五入将 n 看成29000。你需要至少掷29000次骰子才可以保证平均数在3.4~3.6之间的概率为99%。需要进行的次数太多了，我们就不实际操作来求证了。举这个例子是为了说明：不论在哪一个区间范围内，取多少程度的确定概率，我们都可以计算出 n 的值。这个例子中区间是以3.5为中心，距离0.1，概率为99%的确定，其他任何数据也是可以计算出来的。比如，我们可以计算保证平均数在3.45~3.55之间达到99.9%的可能性时，我们必需至少掷1160000次。

让我们回归到一般的情况中。现在我们有独立的、正态分布的一组随机变量 X_1，X_2，…。每个变量的期望值都是μ，方差都是σ^2。所以平均数$\overline{X}$也有相同的期望值μ，方差σ^2，标准差$\sigma/\sqrt{n}$。我们可以再一次计算得出要保证平均数$\overline{X}$在$\mu - 0.1$和$\mu + 0.1$区间之内的概率至少为99%，n 必须至少为$10000 \times \sigma^2$。这个结论对于所有的 μ 和 σ^2 都适用。读者们需要注意 n 的大小受到 σ^2 的影响。但σ^2 变大时，我们需要增加更多的变量来抑制$\overline{X}$的可变性。

接下来是最后一个问题。在数学证明过程中，我们不会随便赋值。我们通常都会用任意固定常数来表示与期望值的距离和确定的程度，并用变量来命名。现在令与 μ 的距离为 ε（希腊字母“epsilon”），令确定的程度为 $1 - \delta$（希腊字母“delta”）。在数学中当数字非常小时我们习惯于用 ε 和 δ 表示具体的数字。现在我们对小距离和大概率（δ 很小）非常感兴趣。因此我们想要计算当平均值$\overline{X}$在$\mu - \varepsilon$ 和 $\mu + \varepsilon$ 区间之内的概率至少为 $1 - \delta$ 时的概率。（我们无时无刻不在做数学题：概率通常在0~1之间，不用百分数表示。但是如果你坚持要用百分数来表示的话，你可以用 $100 \times (1 - \delta)\%$。）我们可以得到下面的不等式：

$$P(|\overline{X} - \mu| \leqslant \varepsilon) \geqslant 1 - \delta$$

又因为切比雪夫不等式在平均值$\overline{X}$上的运用告诉我们

$$P(|\overline{X} - \mu| \leqslant k \times \sigma/\sqrt{n}) \geqslant 1 - 1/k^2$$

同样通过对比这两个不等式不等号的右边部分，我们可以知道 $k = 1/\sqrt{\delta}$（δ 从一开始就是一个固定的值）。通过不等号左边部分的对比和 k 的值可以得到

$\varepsilon=\sigma/\sqrt{n\times\delta}$。解这个等式，得到$n\geqslant\sigma^2/(\delta\times\varepsilon^2)$（这里出现“$\geqslant$”是因为$n$必须是一个整数）。具体到投骰子的例子中，$\sigma=1.7$，$\varepsilon=0.1$，$\delta=0.01$（读者可以自己计算一下）。

到目前为止我们知道了不论ε和δ的值有多小，只要n足够大就可以确保平均数在$\mu-\varepsilon$和$\mu+\varepsilon$区间之内的概率至少为$1-\delta$。你想要确保平均数在$\mu-0.5$和$\mu+0.5$区间之内的概率为95%？没问题，很简单。这意味着$\varepsilon=0.5$，$\delta=0.05$，因为$1/(0.05\times0.5^2)=80$，你只需要保证n至少为$80\times\sigma^2$就可以了。那么99%的概率呢？也没问题，只不过n要至少为$400\times\sigma^2$。概率至少为$100\times(1-\delta)\%$呢？只要保证次数不低于$4\times\sigma^2/\delta$。

你也许听过序列的“收敛性”这个概念。当随着n的不断变大，序列x_1，x_2，…的值不断向x靠近，x_n会无限趋近于x。对于任何的ε来说，当n足够大时，绝对值$|x_n-x|$肯定会小于ε。当我们说“随着n逐渐趋于无穷，x_n会无限趋近于x”，此时记作“$n\to\infty$，则$x_n\to x$”。（数字x被称为序列的极限。）例如，序列$\{1/n,\ n=1,\ 2,\ \cdots\}$（这个序列为1，1/2，1/3，…）向0收敛。无论ε有多小，当n比$1/\varepsilon$大时，$1/n$都会小于ε（都是序列中后来的数）。在3.5节中我提到了序列$(1-1/n)^n$会不断向e^{-1}收敛。这个例子也可以通过ε和δ来证明，这里就不详细解释了。现在用连续平均数作为序列来考虑一下吧。这个序列会不断接近μ，但却不同于序列$1/n$接近0的方式，也不同于序列$(1-1/n)^n$接近e^{-1}的方式。虽然我们无法确定平均数与μ的距离是否为ε，但是平均数定律告诉我们：当选择的n足够大时这种情况发生的概率非常高。我们依然可以说$\overline{X}$向μ收敛，但是必须要加上“依概率”这个限定词。因此，当你反复投掷骰子的时候，连续平均数依概率向3.5收敛；如果是反复进行扔硬币试验，则正面朝上连续相对频率的序列依概率向0.5收敛。我们现在面对的是随机现象，总是可以得到好的结果。[⊖]

⊖ 事实的情况会更好一些，概率学家们有时还将这种情况称为“几乎必然收敛”。这就意味着一定会有一个n使得$\overline{X}$能够满足ε和μ的要求；只不过我们无法提前知道n是多少。“几乎”一词说明依然存在一些极端的情况不收敛，比如掷骰子每次结果都是6，那么这组序列就不会向3.5收敛。但是这些情况几乎永远不会发生（发生的概率为0）。虽然本书无法详述，但收敛的不同类型一直是概率理论中永恒的迷人话题。

在 6.1 节的脚注中我说过相对频率可以用平均数来解释，概率可以解释为期望值。这也就意味着我们之前证明过的某一事件的连续相对频率也可以说每次发生的概率 p 依概率向 p 收敛。相对频率的稳定仅仅是大数定律的一种特殊形式。最早证明出这一点的是雅各布·伯努利。由于在 18 世纪早期他还不知道切比雪夫不等式，所以他的证明过程比我们的证明的过程要复杂得多。俄国数学家们在 20 世纪时证明了大数定律的许多通用的形式，最著名的是安德雷·柯尔莫哥洛夫，他是现代概率学理论之父。

6.5　钟形曲线与烤面包的故事

你可能以前就见过用一条钟形的曲线来描绘各种各样的数据，如树干的宽、每袋坚果的重量、股票市场的浮动、光的强度、天文测量中的错误以及智商。这条曲线叫做“正态分布”或“高斯分布”。这两个名字听起来都有些勉强。那些没有正态分布的数据一点也不反常，而数学王子（没有人被称为数学国王）卡尔·弗里德里希·高斯（1777—1855）也没有发现钟形曲线。在他出生前半个世纪，法国数学家棣莫弗（1667—1754）在 1718 年出版了《机遇论》（*The Doctrine of Chances*），首次描绘了钟形曲线。我们的朋友弗朗西斯·高尔顿爵士最早提出用“正态分布”来给钟形曲线命名，这也是如今我们这些概率学家和统计学家最常用的术语。但工程师和科学家们似乎更喜欢用“高斯分布”。那么，名字中蕴含了什么呢？从现在开始我们将称其为正态分布，钟形曲线被称为其他名字依然不会改变形状。如图 6-9所示，它是一条非常完美、平滑的曲线。

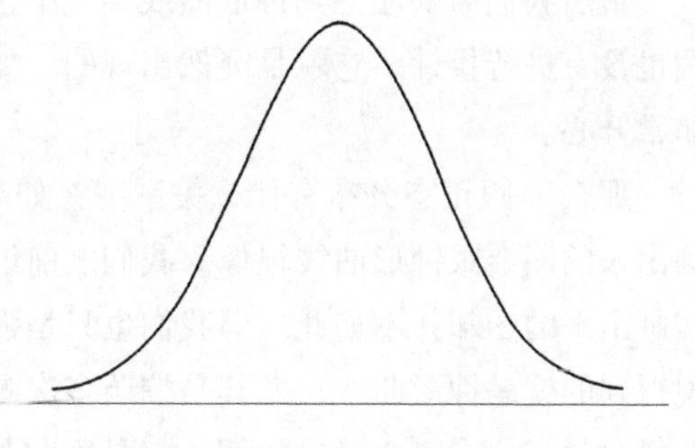
图 6-9　正态分布的钟形曲线

虽然高斯没有发现钟形曲线，但是他注意到了测量的误差，比如天文测量中的误差依据钟形曲线分布，从而广泛的使用了钟形曲线。在统一使用欧元之前，德国十马克的纸币上有高斯的头像和一条钟形曲线图，甚至还有描述这条曲线的

数学等式。等式本身没有钟形曲线那么吸引人

$$f(x)=\frac{1}{\sigma\sqrt{2\pi}}e^{-(x-\mu)^2/2\sigma^2}$$

在我们跳过这个等式之前还有一些值得注意的地方。等式中的μ表示的期望值位于曲线的中央。σ表示标准差。正态分布中在第一、二、三标准差μ的概率分别为68%，95%和99.7%。要利用曲线计算概率我们必须考虑曲线之下的面积。μ是对称曲线的中间点，所以曲线超过μ部分的面积占总面积的50%。$\mu-\delta$和$\mu+\delta$区间的面积占整个区域的68%。因此，在区间$\mu\pm3\delta$以外的范围非常的小，在区间$\mu\pm6\delta$之外的面积只有十亿分之二。所以如果你已经创造出一个符合正态分布，而你需要观察区间$\mu\pm6\delta$之外的事件，你会知道这个事件几乎不可能发生，或者你创造的过程有问题，你最好重新检查一次。这种方法就是统计质量控制，在近几十年它被广泛地运用在各个领域，挽救了许多公司的重大损失。“Six Sigma”是摩托罗拉公司的注册商标，它逐渐发展进化成为监管、控制、改善产品和生产工艺的一种方法。现在有Six Sigma社团、学院和会议，你甚至还能得到一个Six Sigma黑带（这与绿腰带可不同）。不管Six Sigma如何发展壮大，它最开始起源于对正态分布的思考。

最后我们需要注意到钟形曲线等式中包含了数字π。同样，这里并没有出现圆也没有进行投针。它就是突然出现的。如果阿基米德看到了这个公式，他一定非常开心。

那么π跟正态分布有什么关系呢？如果你不断重复测量，并将结果画成图，画出来的图会跟钟形曲线很像。我们之前说过钟形曲线非常的完美、平滑，但现实画出来的图却并不如此。但我们也只是强调它与钟形曲线非常类似，而并不是说得到的就是钟形曲线，尤其是按照多次测量之后得到的结果画出的曲线与钟形曲线非常相似。一个经典的例子就是阿尔伯特·亚伯拉罕·迈克尔逊在1879年对光速（单位是1000km/s）进行了100次测量，如图6-10所示。也可以用芝加哥熊队2006年赛季名单上67名成员的身高作为例子，如图6-11所示。当我们需要与钟形曲线进行对比时，必须将测量的结果分类。越靠近曲线的中心包含的测量结果越多。上面举的两个例子从某种意义上来说是不一样的，光速是一个常量，它之所以符合正态分布是因为测量的误差。而球员们的身高本身就是有差异的，所以正态分布正好描述了这些身高差。

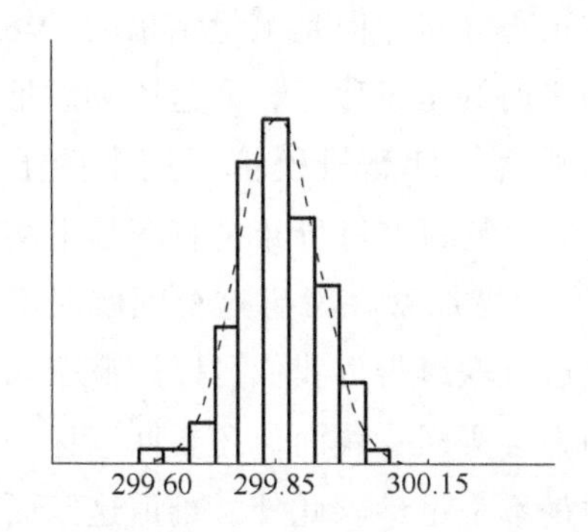

图 6-10　光速测量结果

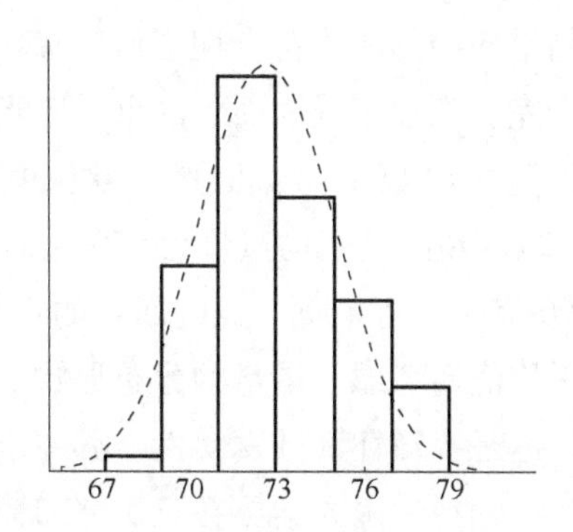

图 6-11　球员身高分布

图 6-10 所示为以 1000km/s 为单位，对光速的 100 次测量结果（按速度分成了十个等级）。图 6-11 所示为以英寸为单位芝加哥熊队 67 个成员的身高分布（按身高分成了六个等级）。

关于智商是否符合正态分布一直是一个争论不休的问题。智商测试是以 100 为期望值，15 为标准差来设计的。一半的人智商会高于 100，一半的人会低于 100；68% 的人智商在 85 ~ 115 之间，95% 的人智商在 70 ~ 130 之间。只有 2.5% 的人智商高于 130（70 ~ 130 区间有 95% 的人，剩下的 5% 被 70 以下的区间和 130 以上的区间平分了）。还记得玛丽莲·沃斯·莎凡特吗？她保持着最高的智商纪录 228，偏离了期望值 8.5 个标准差！要超过玛丽莲的纪录的概率实在是太小了，所以她大概余生都不用担心纪录会被别人打破。因为智商测试的分数是遵循正态分布曲线的，所以“按曲线来打分”也是依据正态分布进行的。但作为一个老师，我不认为应当像奴隶一样恪守这条曲线。我还深深地记得高中时一个同学被告知因为其他两名同学得到了最高分，所以他不能再得到最高分了。这是多么的无知愚蠢。但幸好我的同学没有遭受到心理创伤，他现在是一位杰出的神经系统科学家，也非常擅长数学。

法国数学家亨利·庞加莱（1854—1912）还有一桩轶事。庞加莱总是从一家面包店买烤面包，每一块面包按道理都重一千克。庞加莱称了每一块面包的重量，并用图描绘出来。最终得到的图类似于正态分布，其期望值为 950 克。他向警察抱怨要求面包店停止缺斤少两的行为。接下来的一年里，庞加莱称出来的面包重量终于达到了一千克了，但是他依然宣称面包店在欺骗客户。因为如果按照期望值为一千克，庞加莱称出来的数据就不符合正态分布了。也就是说他测量出来的结果描绘的曲线符合期望值为950克的正态分布，但是测量结果的平均值却为一千克。庞加莱认为面包的重量应当遵循之前的正态分布，面包店刻意把重一点的面包卖给数学家，依然在欺骗其他的顾客。计算机模拟了这个例子（见图6-12）。左图是平均重量为950克的一百个面包的重量分布，右图是平均重量为1000克，一百个重一点的面包的重量分布。庞加莱在考虑这个问题时不仅用到了平均值还考虑了重量的分布形状。虽然这桩轶事告诉我们可以用概率来检测谎言，但是我却怀疑其真实性。哪一个法国人会买回一块面包还要回家称一称重量呢？我觉得法国人会更在意奶酪和葡萄酒是不是足量。此外，难道这家面包店店主和当地的警察之前不认识吗？

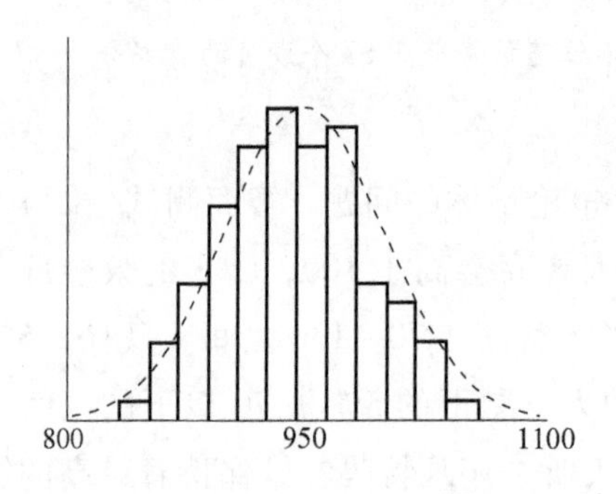

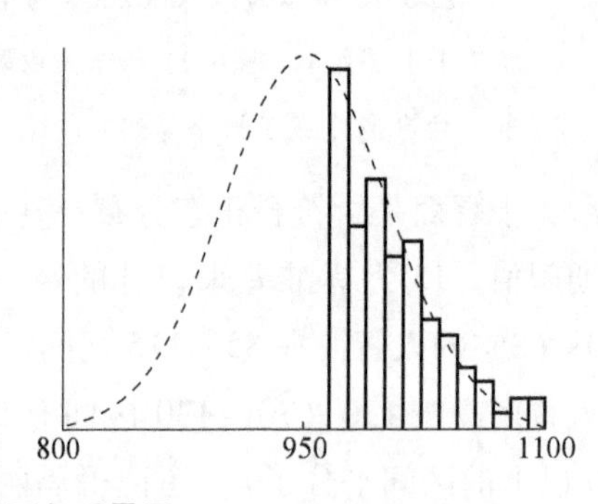

图6-12　庞加莱的面包重量图

为什么庞加莱的面包重量图符合正态分布呢？我之前提到的坚果的数量有什么用呢？为什么钟形曲线如此频繁地出现呢？问题的答案在于一个著名的概率理论。下一节我们将仔细介绍这一理论。

6.6　多伦多梅花形是如何改变我的人生的

这一节的题目带来了两个问题：①什么是梅花形？②多伦多的一个事物为什么可以改变人的一生？让我来快速回到第二个问题。我认为多伦多是一个迷人的城市，它有很棒的葡萄牙餐厅、完善的公共交通和美丽的枫叶。显然第一个问题更有意思。梅花形是在一块板上用钉子钉出的一种工具，它们形成了一个大三角形：最顶端一枚钉子，在它下面两枚钉子，再往下是三枚钉子，如此类推。把一块玻璃板覆盖在这些钉子之上后，把它竖直地放置，形成一个奇妙的装置。梅花形，按照字面上的意思是指五个圆点排列在一块，中间一个圆点，其他四点分布在四个角落。我们的梅花形小工具实际上是由多个小梅花形组成的。它还有其他的名字比如“磨豆机”和“高尔顿钉板”。弗朗西斯最先设计出这个小工具是为了说明正态分布。但是如何说明呢？

从顶端的钉子开始让一个小铁球自由地向下落，它会随机向左或向右滚动。当它碰到下一枚钉子之后又会面临同样向左还是向右的等可能选择。一直到它最后到达底部它才会停止滚动，然后落入对应的一排容器之中。最左边和最右边的容器最难落入，因为它们都要求小铁球从一开始就向同一个方向滚动，所以就只有一种完成方式。铁球最容易落入中间的容器，因为有很多不同的路径可以滚动至此。随着你不断地在顶端放小铁球，你就会发现它们自己会依据钟形曲线滚向最终的容器。中间的容器铁球最多，逐渐向两端减少，最左边和最右边的容器中铁球最少。

梅花形的例子诠释了概率中一个重要的理论——“中心极限定理”。**假设你将大量随机变量相加，不论原来的随机变量是多少，它们的和会趋向于正态分布**。这个定理在日常生活中的运用是指，当你要测量一个由许多独立的小事物组成的物体的值，不论这些小事物本身怎么样[⊖]，测量值总是会符合正态分布。庞加莱的面包里显然会包括面粉、盐、酵母等东西，这也解释了他测量的结果为什么会符合正态分布。坚果的数量也是如此。重量之和就是用每一颗坚果的重量相加，即使这里可能混合了小榛子或大巴西果，称出来的结果依然会符合正态分布。中心极限定理解释了为什么正态分布如此广泛地存在。只要一个大数量能够被许多小事物分解，钟形曲线就会出现。对于梅花形来说，最终球的位置就是每一步向左还是向右叠加的结果。

那么我在多伦多经历了什么足以改变我的生活呢？这倒不是一个多精彩刺激的故事。我在大学时曾经请了一年的假期，和一个朋友周游世界。我们去过许多非常具有异域情调的地方，比如萨摩亚、斐济和汤加等，然后就在多伦多停留了

⊖ 这些小事物必须是可加的。在很多情况下，对这些事件需要使用乘法法则。比如股票的价格会随着价值成比例改变。如果你熟悉对数的话，你会知道一个乘积的对数等于对数之和，所以股票市场数据的对数相比于数据本身更符合正态分布。如果你随便点击一个金融网页，你会发现股票、基金、股指的图要么是线性的要么是以对数为基础的。

几天。在那里的一座科学博物馆的展览中，我第一次看到了梅花形。一条钟形曲线呈现在玻璃板后面，我听到一位父亲在向他的儿子解释其中的原理。在回瑞典的途中我下定决心要从计算机科学转学概率。

中心极限定理的证明过程非常的复杂，需要用的方法远远超出了本书的难度范围。这样一个复杂艰深的理论居然可以用来解释这么多生活中常见的现象，比如庞加莱的面包和高尔顿的梅花形。中心极限定理也让我们可以更加深入地研究之前介绍过的扔硬币游戏。因为这个游戏是对称的，所以如果汤姆和哈利玩了1000 轮游戏，预期的成绩是他们打成平局，在 0 线上相交。但是这个结果很罕见。我们知道发生的概率非常小，其标准差大约为 33。依据中心极限定理，我们知道位置接近正态分布。此外，我之前提过在距离期望值一个标准差范围内的观察结果有 68%。对于硬币游戏来说这就表示有 32% 的概率，游戏的三分之一。最终游戏会以一个玩家至少领先 33 分而结束。n 轮之后的标准差为$\sqrt{n}$。所以如果玩了 10000 轮，那么汤姆或哈利其中一人有 1/3 的机会最终至少赢得一百美元。

中心极限定理还对大数定律在平均数$\overline{X}$上进行了进一步补充。大数定律告诉我们$\overline{X}$无限趋近于μ，而中心极限定理告诉我们$\overline{X}$和μ之间的差符合正态分布，其中期望值为 0，标准差为 $\sigma/\sqrt{n}$。因为相对频率是一种特殊的平均数形式，所以在计算与$\overline{X}$相关的概率时可以运用到中心极限定理。在计算蒲丰投针问题的概率时我用的就是中心极限定理。

6.7 结语

大数定律和中心极限定理是概率论的两大基石。你也许会说大数定律没有什么稀奇之处，如果它出错了才是真正的奇怪。但是它的确是概率理论与现实世界完美契合的一个明证。我们可以将期望值和概率解释成为长期平均行为和相对频率（这也是为什么称之为“定律”而不是定理）。相比之下中心极限定理就像魔术一样闪耀。但我们研究那些被许多独立小事物拆分的事物时，不管我们喜不喜欢（我们当然喜欢），钟形曲线总是会和复杂的数学等式适时出现。大数定律和中心极限定理相辅相成，共同协作解释了在长期行为中均值和相对频率会发生什么。它们将这个混乱复杂的世界变得简单而富有秩序。

第 7 章

博彩中的概率：为什么唐纳德·特朗普比你富有

为什么庄家总是赢？

从概率的角度探寻博彩业以及保险业的生存之道。本章介绍了多种游戏，当然游戏和博彩中的问题早已打破了界限，在实际中有着广泛的应用，不妨跟随作者来学习几招吧，至少也要输的明白！

7.1 庄家的优势在哪里

只要想一想人们发明了多少种赌博的方式，你就该知道本章必定应当是本书最长的一章。博彩界权威大师约翰克兰在其1986年出版的《博彩完全手册》中总结了所有的赌场游戏，包括纸牌、赛狗、跑马、赌博机等各式各样的玩法，甚至还有他自己发明的小游戏。这本书中包含了很多计算胜率的内容，但却不是一本介绍概率的书籍。此书长达900多页。要是想了解比这本书更深入详尽的概率和赌博问题，那么可以参照之前提过的约翰·黑格的《机会的数学原理：明知其输而博赢的概率分析》一书。此书不仅包括了所有传统的赌场游戏，还包括了棋盘游戏如大富翁、十五子棋，还有电视节目如“智者为王”、“谁要成为百万富翁”等。

在我们这本书中我只会提及一些常见的赌场游戏。这样的话本章就不会太长：根据大数定律，赌场必赢，玩家必输。就是这样。

首先，即使有大数定律，人们依然去赌。他们赌得还不少。仅仅在美国，赌博就已经是个亿万产业，是各个州、印第安部落、慈善组织、喷气机大王唐纳德·特朗普收入的重要来源。蒙特卡罗有赌场，英国则有皇家阿斯科特赛马会，中国澳门赌场众多，欧洲人还会赌球，阿拉斯加的居民每个月、每天、每小时、甚至每分钟都有人在猜测塔纳纳河冰何时会破裂，这种情况太常见了。还有网上赌博……

其次，赌博非常单纯地展示了随机性，这一点吸引了很多概率论者。相对于天气或者证券市场这种复杂情况而言，在乐透和轮盘赌中概率计算更为简单和精确。赌博史其实也是一部概率发展史。在第1章中，我就介绍了伽利略是如何帮助佛罗伦萨贵族解决骰子赌博难题的。同时，也是另一位贵族赌徒首次开始系统性地研究概率，他就是法国人托万·贡博（Antoine Gombaud），人称赌徒德米尔（Chevalier De Mere）。

德米尔知道如果他赌在四次摇骰子的情况下至少出现一次6点，那么他赢的概率比赌场大。在第1章中我们已经计算过这种情况的概率了，鉴于现在已经是第7章了，我们再来复习一遍吧。因为至少一次6点和完全不出现6点正好相反，根据概率第一法则，我们得出：

$$P(\text{至少一次 6 点}) = 1 - P(\text{无 6 点}) = 1 - (5/6)^4 \approx 0.52$$

那么德米尔就有 52% 的可能性获胜。另一个备受欢迎的游戏是抛掷两颗骰子来得出一对 6 点。如果你下注押在至少出现一次对六的情况下，那么你是要抛掷几次对自己才更有利呢？一个古老的赌博准则称，由于掷两颗骰子出现的组合是掷一颗骰子可能出现的结果的六倍，那么要抛掷 24 次才能得到一个有利的可能性。但是，德米尔对这些结论感到困惑，于是寻求朋友布莱士·帕斯卡(1623—1662）的帮助。布莱士·帕斯卡是位有名的数学家、科学家。他发明了机械计算器，提出了帕斯卡三角形，压强单位 Pa 就是以他的名字命名的。接着帕斯卡又给另一位法国数学家费马写信，这位数学家发现了世界上很多重要数学定理。“费马最后定理”曾经是无法证明的难题，现在已经得到证明，总共花了 200 多页的篇幅。不管怎样，帕斯卡写给费马的这封信由此展开的交流沟通也成为概率论的起源。对我们而言，只要掌握了概率第一法则解决德米尔的问题并不难：一次抛掷得到双六的概率是 1/36，那么在 24 次抛掷中至少得到一次双六的概率是

$$P(\text{至少出现一次双六的情形}) = 1 - (35/36)^{24} \approx 0.49$$

那么这场赌局，德米尔获胜的概率不大。

在通信中，德米尔说自己产生这个疑惑是因为在赌场上屡战屡败，而帕斯卡在信中却说是德米尔的聪明才智让他发现了这个问题。究竟这个困惑的起源是什么我们不得而知。帕斯卡一直在信中称赞德米尔虽然不是一位“几何学家”，但是“很有能力”，这点是相当有缺憾的。有些人称百分之四十九的成功概率中这么小的不利因素是德米尔无法通过实际操作发现的。这一点我不同意，这有两个原因，一是从实用角度出发，二是从数学角度出发。从实用角度出发来说，德米尔每下 100 个金币的注，庄家赢得 51 个，他自己收回 49 个。因此，庄家在每 100 个金币中获益 2 个，即 2% 的收益。在蒙特卡罗的赌场，轮盘只有 1.35% 的收益（你可以在红黑色上下注，也可以在奇偶数上下注），这绝不是什么公益行为。我们之后还会提到双骰子的赌局中还会出现庄家 1.4% 的盈利。我不清楚德米尔那个年代赌局的规模有多大。但很显然，这是特权阶级独有的娱乐方式，庄家 2% 的收益持续来看也不少，而德米尔和其他的赌徒也有钱可以继续玩下去。

而从数学角度来分析这个问题，解释便更有说服力。如果你有一笔小小的启动资金并且打算玩到要么赚一倍要么输完，通过计算可以知道输完的概率。这取

决于你每一次游戏获胜的概率，即单局获胜概率。那么假设，你先拿出 5 个金币，抛掷两枚骰子，出现至少一次六的概率是 49%，那么可以得出输完的概率是 54%。如果德米尔真的相信那条古老的赌博规则，那么获胜的概率就该为 52%，输完的概率只有 41%。如果德米尔一次又一次地玩下去，那么他就会知道 54% 和 41% 的差别了。如果赌钱是 10 个金币，那么对应的概率就是 59% 和 33%，这样的差别更为显著了。如果本金是 100 个金币的话，那么赢率就是 52%，这当然可以保证赌者在输光前绝对能赚到翻一番。这种情况的概率是 99.97%，就是说 3000 个赌局中只有一个赌徒会先破产。与其相反，如果赢率是 49%，那么 97% 的可能是先破产。在这里我想指出，这种情况即使只出现一次，也足够让人产生疑虑。在下文中我会详细解释这样的算法。当然德米尔是赌博了无数次才能证实这一点。根据计算，如果赌局是 100 个金币一盘的话，直到他输光或是赢一倍，那要花 2500 个金币。既然，赌局进行得很快，他也有时间，也不用向谁交代，那么为什么不赌呢?

很有趣的一点是，即使庄家在每一局游戏中的优势是这么小，但也会使他们在长期中收益巨大。这一点对想经营赌场的人来说非常重要。赌局必须偏向于庄家但是幅度也不能太大，否则没有人会来玩的。即使优势很小，长期下来也会是一笔不错的收益。在德米尔的时代里，赌徒们受到古老的赌博规则的影响，认为双骰子游戏是对庄家不利的。即使是现在我们都知道赌场是只盈不亏的，但是因为每场赌局的损失都很小，我们还是会认为自己有很大几率可以赢，甚至会将数学常识抛之脑后认为可以从庄家那里大捞一笔，这种想法大错特错。

德米尔同时也抛出了另外一个难题给帕斯卡：点数难题。假设汤姆和哈利玩扔硬币的游戏，扔到正面时哈利得一分而反面时汤姆得一分。假设他们每人下注 50 美元，第一个得到六分的人赢得游戏。9 次之后，哈利以 5∶4 暂时领先。局势很紧张。硬币再一次被抛起……但不幸落入水沟里。他们没有其他的硬币了，决定怎样来分钱。汤姆认为游戏没有结束，每人应该拿回 50 块。哈利却认为自己在之前的比赛中领先，他该得到所有的钱。汤姆立刻反对，哈利只是以五比四领先，他们最多只能以五比四来分，这样的话哈利得 56 美元，汤姆得 44 美元。

帕斯卡和费马都不赞同这些解决办法。在他们的信件中，他们想到了一种巧妙的解决办法：**赌注按照游戏继续时双方各自获胜的概率进行分配**。只有两次都抛到正面，汤姆才能获胜，这样他赢的概率是 1/4，哈利获胜的概率是 3/4，即哈利获胜的概率是汤姆的三倍，他应得的钱就是汤姆的三倍。这样，哈利应得 75 美元，汤姆应得 25 美元。这样的分法非常合理。如果从 5:4 的比分开始玩，那么每四轮游戏中平均汤姆获胜一次，哈利获胜三次，这样哈利最后赢的就是汤姆的三倍。这个聪明的法国人想到这办法是唯一一种符合期望值概念的分配方法，这也是第一例复杂概率推理。任何一个法国贵族赌徒都可以尝试去计算各种赌注的赔率，但是这种点数问题却需要聪明的头脑想出一些真正创新性思维。用帕斯卡的话来说：

> 能达成共识让我欣喜若狂。这个真理不管在图卢兹还是巴黎都是成立的。
>
> ——帕斯卡于 1654 年 7 月写给费马的信

作为旁注不得不感叹数学发展了这么长的时间才与概率游戏结合起来。那些杰出的古希腊数学家们也非常喜欢玩骰子，却从未试过把数学融入这些游戏中。也许这些人觉得骰子这种世俗随机的事物无法与纯粹的数学家们联系起来。也许他们认为数学只能处理一些绝对的、静止的事物。但是不管出于何种原因，概率理论直到文艺复兴时期才出现。十分有趣的是，这样一群闲来无事玩玩骰子打发时间的贵族开启的概率理论先河，在今天看来却有如此实用的意义。

7.2　轮盘：优雅地散财

有人认为是帕斯卡发明了轮盘，也有人称一个法国和尚为了冲破庙宇的专权统治而发明轮盘（如果真是这样，那么他一定没有意识到轮盘的数字总和为 666）。也有人声称轮盘起源于中国一个古老游戏，但这种说法没有什么充分的支持证据。可以确定的是 19 世纪时，轮盘在欧洲和美国流传，此时法式轮盘和美式轮盘已经有很大的不同了。两种轮盘都有数字 0 和 1 ~ 36，但是美国轮盘有双 0，就是“00”，这样增加了庄家赢的概率（据我所知，美式轮盘早于法式轮盘，不知何时欧洲轮盘去掉了双 0）。可以准确算出，在美式轮盘中，庄家赢的概率为 5%（更准确地说是 5.26%），而欧洲轮盘的庄家赢的概率是 2.7%。欧洲轮盘和美式轮盘下注规则一样，但是由于少了“00”的情况，玩家们赢的概率要稍微好一些。举个例子，如果你在奇数上押 1 美元，那么你有 18/37 的概率会赢，19/37 的概率会输，则预期收益为

$$1\times18/37+(-1)\times19/37=-1/37\approx-0.027$$

庄家收益率就是2.7%。庄家预期百分比被称为赌场优势。在押偶数的情况下，赌场优势也是你输的概率与你赢的概率之差。这样子，假设赢的概率为 p，输的概率为 $q=1-p$。因为这些游戏对你来说是不利的，所以 $p<q$，而你的预期收益就是

$$1\times p+(-1)\times q=p-q$$

因此赌场优势就是 $q-p$。例如当你有48%的获胜概率时，你每下注100美元，就会输52美元，赢48美元。这意味着，你总共获得 \$48 + \$48 = \$96，然后每100美元庄家赚取4美元即4%，这也是输的概率52%和赢的概率48%之差。

某些赌场，特别是蒙特卡罗赌场，有一些特殊的规则。当0出现的时候，同额赌注会被暂时冻结，给玩家第二次机会。这样就把庄家优势降到了1.35%。当然你要知道一些基本的规则，当荷官说“请下注”时你才能下注，当他说“买定离手”时你就必须停止。玩欧式轮盘是用法语作为赌场语言的。要是这样太有挑战性了，大西洋城转轮是个不错的替代品，在同额赌注的时候，只收取一般的赌注，这样赌场优势变成了2.6%。在欧式轮盘中下注用的是美元、英镑还是瑞士法郎？不一定的，你在美国也可以玩欧式轮盘的。汤姆·埃斯利（Tom Ainslee）在其1987年出版的《如何玩转赌场》（*How to Gamble in a Casino*）一书中写道，即使美式轮盘前面人满为患，欧式轮盘常常没有什么玩家，这些人在美式轮盘上输个精光却仍无法自拔。

我在之前的章节中提到轮盘下注中有很多种方式，但是不管怎样下注，每投入1美元就会损失5美分。现在我们来看看各种下注方法是如何计算支出的吧。最基础的下注方法是押单一号码。获胜的概率是1/38，在5.5节中我们计算出这种下注方法的预期收入是−2/38。假设你现在押的是两个数字，即在桌面两个临近数字之间下注。这些数字中任何一个出现，你就获胜了，这样的获胜概率是2/38。这是多少呢？用 a 来表示支出金额，列出预期收入的式子，令其等于−2/38，再来计算 a 的值。这样得出一个等式

$$a\times 2/38+(-1)\times 36/38=-2/38$$

左右两边同时乘以38，再把36移到等式右边，这样就可以得到

$$2\times a=34$$

所以你每下1美元的注需要支出17美元，也就是17:1。也有很多其他下注方式。三个号码组合投注于横行的三个号码上，矩形下注选择四个数字，还有已经介绍

过的奇数偶数下注和黑红下注。虽然还有很多种方式，但相同的是，你把钱押在一堆数字上，只要有一个中，你就赢了。我们用 a 来代表支出，提出一个基本公式。如果投注在 n 个不同数字上，那么赢的 a 的可能性就是 $n/38$，输一美元的概率是 $(38-n)/38$。基于预期收入是 $-2/38$ 得到如下等式：

$$a \times n/38 + (-1) \times (38-n)/38 = -2/38$$

推出 $a=36/n-1$，因此 n 个数字下注的支出 $=(36/n-1):1$。
在三个数字组合的情况下，$n=3$，依照公式计算，支出是 11∶1，当 $n=4$ 的时候，花费是 8∶1，当 $n=12$ 的时候，支出是 2∶1。这样你就明白为什么一个轮盘只有 36 个下注点，而不是 35 或者 37 个了。当庄家收益是稳定不变的，因为 36 可以被 2，3，4，6，9，12，18 整除，任何的下注方式的支出计算都非常简单。

事情往往都有例外。在一个“五个数字线”的赌局中，你选择五个数字 00，0，1，2 和 3。此时 $n=5$，所以花费应该是 $36/5-1=6.2$，也就是 6.2∶1。但是赌场绝不会五五平分，只会接受 6∶1。这样获胜概率是 5/38，五个数字线的预期收益就是

$$6 \times 5/38 + (-1) \times 33/38 = -3/38 \approx -0.08$$

此时 1 美元的投入就有 8 美分的可能亏损，而不是 5 美分。换句话说，轮盘中确实有一个不错的下注策略：不要玩“五个数字线”！牢记这一条，你的亏损就可以降低 30%，这个好意见可是我友情无偿提供的哦。

不是所有的人都像你那么善良的。一门心思想要靠轮盘致富的人比比皆是。也许是些无良商贩想要向你兜售一些东西，有时或是真的恰有其事。有个叫“黑色系统”的方法一度被称为是轮盘神器。具体是这样的：在中间一栏下注一美元，在黑色下注两美元。中间栏的赔率是 2∶1，黑色的赔率是 1∶1。中间一栏中有八个黑色数字，如果抽到其中任何一个，你就能赢 4 美元（押中黑色数字 2 美元，押中中间栏又得 2 美元）。如果抽中剩下的其他十个黑色数字中任意一个，你就赢得 1 美元（押中黑色数字赢得 2 美元，不是中间栏的数字输 1 美元）。出现的 38 个数字中有 18 个数字出现都能让你获胜。出现平局的也有四种情况：如果抽中中间行四个红色数字任一个，因为不是黑色输掉 2 美元，因为是中间栏的数字又赢了 2 美元。总而言之，有 18 种情况你能获胜，4 种情况是平局，只有剩下的 16 种情况时下庄家才能得胜。我知道这个卖点特别有诱惑力，尤其是那些数学不好的赌徒面对那些舌

灿莲花的商家时很容易就被蛊惑了。但是我们却很快就能发现其中的猫腻：在你输的16局中，每局都会损失3美元，这就带来了5%的赔率。这些我们从之前学习过的期望值知识就可以知道，但是依然有人会愿意去买。从学术角度看来这是完全的谬论，但从他们所谓的经验出发，这套方法可是很有用的呢。

最著名的轮盘策略叫做鞅（译者注：也称为马丁格尔战略）。[⊖]这个策略貌似有用，所以很难反驳。它要求你对着某一种赌注一直下注，并且加倍下注直到获胜。开始下注一美元。如果赢了，继续，抛开赢钱，继续玩下去。如果输了，下一盘下注增加到两美元。再输的话，筹码增加到4，到8，以此类推，每次筹码翻一倍。现在，红色数字或是0和00都不会总是出现，黑色数字最终会出现，最后，你的赢钱会比损失多一元。比如，三次红色出现之后才出现黑色，这样你损失 $1+2+4=7$ 美元，那么在第四轮下注8美元来赢得8美元。试试其他的值，这种方法也同样适用。呃，真的吗？

不一定。这有两个问题，一是实际问题，二是根本性问题。实际问题就是赌场在赌额方面是有限制的。这个战略中一直不停地投入两倍，几轮之后，你就超过了赌场的限额。如果限制是最少10美元，最高500美元，那么连输六轮之后，你就没法在第七轮压上640美元了。连输六局的概率是 $(20/38)^6\approx0.02$。这个数字虽小却不容忽视，在发生这种情况时你已经输掉了630美元了。

根本性问题就是不停地投入双倍，这样的投入积累太快带来了非常严重的后果：即使没有限额的限制，要实行这个战略你必须十分富有！这似乎很荒谬，但是很明显即使赌局公平公正，但是预期损失还是巨大。为了方便计算预期值，我们首先假设赌局公平吧，来算算在你赢钱之前会损失多少。如果旗开得胜，那么你就没有任何损失，这样的概率是1/2。如果第二轮的时候，你第一次输掉1美元，这样的概率是 $1/2\times1/2=1/4$。在第三轮中，假设你输了 $1+2=3$ 美元，此时的概率是1/8，以此类推。如果在获胜之前失败 k 次，那么你总共损失 2^k-1，

⊖ 在高等概率理论中，鞅（它的起源是马术用语）的基本原理就是一直坚持不变。我们在第6章提到的对称随机游走就是一个典型的例子。因为它们向上走或向下走的概率是相同的，所以平均说来它们还是会待在原地（换句话说，变化的期望值等于0）。轮盘并不是一个严格对称随机游走的例子，但是这其中的过程非常类似，所以就被称为超鞅（有利的那一方是赌场而不是你）。但鞅这个称呼还是传开了。

这样的概率是 $1/2^{k+1}$。如果 k 没有限制的话，那么就可以得到预期损失为

$$预期损失 = \sum_{k=1}^{\infty}(2^k - 1) \times 1/2^{k+1}$$

要证明这个和是无穷的一点也不难，这意味着不断增加筹码，总数越来越大没有界限。和 2^k 这个巨大的数字比起来“-1”显得很小，和 $1/2^{k+1}$ 相乘之后，这样我们得到 1/2。那么，1/2 就会被不断地叠加，总和也变成了无穷大，[⊖]这似乎有点违反常理。当你赢的那一局最终到来时，你绝不会输无数的钱。但是我们之前就了解到期望值不是现实中的发生值。这种无尽的预期损失的实际后果就是不管你多富有，短时间内马丁格尔战略可能会奏效，但最终的惨败会让你一无所有。这个战略不止限于轮盘，可以用在任何游戏中，不管概率是多少，但是除非游戏一开始你就占上风，否则不会有效。要是真有游戏你占上风，那么还需要策略做什么呢？

7.3　花旗骰：究竟有多冒险？

骰子是轮盘的聒噪的小伙伴。当买定离手之后，轮盘一圈的人都安静下来，只听得到球慢慢旋转的声音，弹落在球袋，玩家们几家欢喜几家愁。花旗骰可完全不同，整个过程中充满了尖叫声和呼喊声，游戏节奏非常快。关于花旗骰的起源有很多种版本的传说，似乎源于一个更加古老的游戏“hazard”（这是一个阿拉伯语中的单词 az-zahr，骰子的意思），这个游戏在法国和英格兰非常盛行。那么它是怎样传到美国然后又变形发展的呢？这也有很多种版本。也许因为我现在住在路易斯安那的缘故，我选择相信阿卡迪亚人的故事。“骰子”是法国后裔用语中“螃蟹”的意思，也就是最低级转法的昵称。

花旗骰就是掷两颗骰子然后计算它们的总和。这个游戏有很多种下注方式，和轮盘不同的是它的赌场优势不是固定的，在 1.4%～16.7% 的区间中浮动（也有所谓的完全公平的机会投注，但在下注之前必须先押下其他的注）。让我们来

⊖ 我们在第 6 章中提到的著名的伯努利家族中的尼古拉斯和丹尼尔兄弟就曾经讨论过这个游戏预期值的无穷性问题。它也被称为“圣彼得堡悖论”。为了解决这个问题丹尼尔·伯努利引进了“效用”的概念，这一概念随后也称为了经济学的核心思想。

关注一下最流行的赌注方式——过关线投注。这是同额赌注，就是赢的和赌注一样多。要是转到点数的总和是 7 或者 11，那么你就赢了。如果总和是 2，3，或者 12（花旗骰号码），你就输了。其他点数为基准，点数转到重复时，你就赢了，要是转到 7，你就输了。那么赢的概率是多少？

现在你明白了如何计算两颗骰子的概率了吧。让我们先注意下初掷。在 36 中可能的组合中，六种情况（1-6，2-5，…，6-1）能得出点数 7，两种情况（5-6 和 6-5）可以得出点数 11，这样在初掷中就有 8/36 即 22% 的胜率。只有四种组合方式（1-1，1-2，2-1，6-6）在第一轮中会输，失败的概率只有 4/36 即 11%。剩下的 67% 对应的是这两种情况都不会发生的概率，此时输赢就取决于你的点数。比如说，第一轮摇出了一个 3 和一个 5，那么就得到点数 8。接下来一直转下去，直到出现点数 8 或者点数 7 为止。那么点数 8 先出现的概率是多少呢？得到点数 7 有 6 种组合，得到点数 8 有 5 种组合。在这 11 种出现点数 7 或者 8 的情况中有 5 种情况是你会赢，而有 6 种情况是你会输。因此，如果点数是 8，那么胜率是 5/11，或者说是 45%。和点数 6 一样，点数 8 算是个好数字，接下来的是点数 5 或者 9，最不好的数字是 4 或者 10。要是你实在不幸摇到 4。那么你必须在 7 出现之前再摇到 4 的话，那么只有三种组合（1-3，2-2，3-1），可是摇到点数 7 的组合有 6 种，那么赢的概率就是 3/9，也就是大约 33%。要是是 5 或者 9 的话，那么赢的概率是 40%。

要不是赌场中还在一直玩花旗骰游戏的话，我们很难一下子就知道这种游戏对我们是不利的。只有 22% 的赌局中你可以直接获胜，这是直接输掉的概率的两倍。在剩下 67% 的情况中，你最差也有 33% 的概率获胜。其实你一般能做得比这好，因为好点数出现的概率远远大于差数字。在计算胜率的过程中我们可以利用全概率法则来计算四种不同获胜情况的概率。表 7-1 将这四种情况的概率都列出来了。这些概率都以分数形式出现，这样你就可以直观地看出自己计算的结果是否正确。

表 7-1　花旗骰中初掷的情况及其对应的概率

初　掷	7 或 11	6 或 8	5 或 9	4 或 10	2，3，或 12
出现概率	8/36	10/36	8/36	6/36	4/36
P(胜)	1	5/11	4/10	3/9	0

最终，把每种情况出现概率和胜率相乘，可以得出

$$8/36+10/36\times5/11+8/36\times4/10+6/36\times3/9\approx0.493$$

整体来说，获胜的概率大约是49.3%。哇，几乎接近50%了！也许哪里有错，这游戏真的是公平的？不是这样的，确切地说，仔细计算之后不难发现胜率是244/495，也就是0.492929…即使花旗骰游戏对玩家也是不利的。如果每局下注1美元，玩1000局，那么平均赢493次可以赚到986美元，赌场优势就只有1.4%。但是，由于这个游戏进行的速度非常快，比起你在玩轮盘（赌场优势为5%）的朋友，你可能输得也更快。

比起过关线投注更复杂的是完全相反的没有过关线投注。要是第一次就摇出来点数7或者点数11的话你就输了，若是点数2或者点数3的话就赢了，要是游戏继续，是7就赢了。最主要的是，你在买庄家赢，这听起来好得太不真实了。这确实是这样的。注意以上的数字少了12，这就是关键。虽然在过关线注中，点数12是庄家赢，但是在不过关线注中，你没赢。第一局中总数12是平局，你钱没多没少。这个警告也许听起来不重要，但是正是这里违反了大数定律。在这种情况下，庄家优势不再是1.4%，而是1.37%。谁告诉过你人生是公平的？骰子这种游戏很好地告诉了我们，人们还是可以发明这样一种游戏，让庄家仅有很小的优势，但是依据大数定律又足以让赌场每天都赚钱。

我提到过不是所有骰子游戏的注都一样无利。最差的是7。理由很简单：你只是把注下到了出现7，和第一轮出现7的情况上。花费是四比一，因为得到7的概率是6/36，也就是1/6，预期收益是：$4\times1/6+(-1)\times5/6=-1/62-0.167$，这样庄家优势就是16.7%！玩这个的唯一理由就是要是7长时间没出现，但是总是会出现的。不对，等一下，这听起来不对。你必须等到7出现非常频繁的时候。

7.4　21点：靠记忆挣钱

关于21点的起源，众说纷纭，它跟轮盘、花旗骰一样没有确切起源。它在赌场中出现的时间比这两者稍晚一些，大概是在19世纪早期的时候。但在很久之前一种名为“21点”的私人纸牌游戏早已广为流传。它的基本规则非常简单。

发牌者一张接一张地给你发牌，你需要将每张牌的数值相加计算总和。其中J、Q、K都是被当成10（之后所提到的10指的都是包含以上的J、Q、K），A为1或者11。发牌者会在最后给自己发牌，而你的目标就只是打败他。但是如果你的总点数超过21点就会爆点，输掉你的赌注。这意味着在拿到每张牌之后你必须决定是继续拿牌还是停止。因此，21点和其他赌场游戏有个根本性区别：你的选择会影响比赛的胜率。当你决定停止的时候，庄家开始拿牌直到总点数达到17之后他就停止拿牌。你们的点数进行对比，高者获胜（包括台面上你的钱）。如果点数一样，那么是个平局，赌注不变。如果庄家点数爆掉了，那么你就获胜。有一种例外的情况：你前两张牌分别是A和10，那么你就拿到了“黑杰克”，立马可以拿到赌注的1.5倍。而如果庄家也拿到了“黑杰克”，他立马得到你所下的赌注。如果你们都拿到“黑杰克”，那么就是平局了。还有一些特别的规则，比如当你在拿到前两张牌之后认为牌局对自己有利，你可以选择“双倍下注”；又比如当你认为时机恰当时可以选择“分牌”，将两张牌分为两副单独的牌。

这游戏看起来很公平，谁点数最高谁就赢，如果点数相同就没输没赢。事实上它看起来也许对你有利，因为你能自主选择战略而庄家却没有选择权利。此外你还赢的会比庄家多，因为只要你愿意你还可以选择使用“双倍下注”和“分牌”的策略。那么这个游戏的陷阱在哪呢？不公平的地方在点数爆时，你会立马失去了所有的赌注；而此时庄家根本不需要拿牌。庄家利用这个不公平的地方得到了补偿。但21点依然是所有赌场游戏中相对来说最公平的游戏了。如果你像和达斯汀·霍夫曼在电影《雨人》中饰演的雨人一样可以记住牌，那么你就能扭转整个局势。事实上，你不需要有那么准确的记忆，有一些记牌器可以通过高点增加低点减少中间点数不变来帮助你记录整体分数，你只需要根据整体分数调整策略和赌注大小。当然，这需要大量的练习才能做到，而这一优势依然非常的小，最多只有2%。想一想雨人和他兄弟查理的遭遇；赌场可不喜欢玩牌高手。他们也不会让威廉·梅西这样的人站在赌桌旁边，情形不对时就会把你撵出去。

在21点中涉及的概率计算比轮盘和花旗骰的概率计算要复杂很多。随着赌局的进行，牌堆中的牌对应的比例也在不断变化。比如游戏发的牌是一副牌，已经出现过三个A，那么你就知道剩下的牌堆中只有一个A。为了避免由此带来的玩家优势，21 点游戏通常以至少六副牌为一轮。在六副牌发完之后会仔细洗过牌再开始新的游戏。为了方便计算我们假设牌堆中各种花色类型的牌比例保持不变，即从 2 到 A 每张牌都是等可能出现的。10 到 K 的牌被记为 10，那么有 4/13 或者 31% 的概率得到一个 10，1/13 或者 7.7% 的概率得到其他任何数字，1 ~ 9 和 11（你可以选择把 A 记为 1 或者 11，你可以自己选择）。你赢的概率当然也取决于你的玩法。设想一下你和庄家一样的战略：点数为 16 及以下时继续拿牌，17 及以上停牌。那么，可能出现的结果是 17、18、19、20、21、“黑杰克”和爆点。21 是意味着结果是 21 但并不是“黑杰克”的形式，比如说 7-8-6 的组合。每一个点数对应的概率见表 7-2。它们被四舍五入到最近的整数值，出现 17 点的概率比 18 稍大，出现“黑杰克”的概率略低于 5%。

表 7-2　遵循庄家策略可能出现的结果及对应的概率

结　　果	17	18	19	20	21	黑杰克	爆点
概　　率	15%	15%	14%	18%	5%	5%	28%

如果你和庄家都遵循庄家策略，你下注 10 美元之后会发生什么事情呢？我们先不管“分牌”、“双倍下注”等这些特殊的规则，只保留“黑杰克”。此时你就有一个优势和一个劣势。你的优势在于当你得到了“黑杰克”而庄家没有时，你可以得到 15 美元。你拿到“黑杰克”的概率是 5%，庄家没有拿到的概率为 95%，因此你通过“黑杰克”赢 15 美元的概率是 0.05 × 0.95 = 0.048，即 4.8%。每 20 次游戏你这样赢的概率不足一次。你的劣势就在于当你爆点时，庄家不用玩也能赢的概率，此时概率为 28%，即每四次游戏就会出现不止一次。如果你既没有爆点也没有拿到“黑杰克”，那么你的输赢取决于你的结果。比如说，如果你有 17 点，除非庄家爆点，你才可能赢。而庄家爆点的概率是 28%。如果庄家没爆，你也不一定输：如果庄家也是 17 点，那么这样就是平局，这样的概率是 15%。如果庄家拿到 18 ~ 21 之间的数字或者是“黑杰克”，那么你就输了，这样的概率是 57%。如果你的点数是 18，而庄家爆点或者点数是 17，那么你就赢了，这样的概率是 43%，平局的概率是 15%，输的概率是 42%。你可能的输赢模式以及概率见表 7-3 所示。

表 7-3　不同结果对应的输赢的概率

结　果	17	18	19	20	21	黑杰克	爆点
P(赢)	28%	43%	58%	72%	90%	95%	0
P(输)	57%	42%	28%	10%	5%	0	100%
P(平)	15%	15%	14%	18%	5%	5%	0

值得注意的是图中的数字是基于你得到的点数对应的条件概率。如果需要计算出每一轮对应的输赢概率需要运用全概率法则，将每个条件下的概率和对应的概率相乘得到的结果相加，得到最终的全概率。比计算输赢更有趣的是你的预期收入。因为你的实际收益可以是 -10 美元、10 美元、或者 15 美元，我们需要算出这些值对应的概率，然后再计算出期望值。输掉 10 美元的概率可以通过以上两个表进行运算，即

$$0.15\times0.57+0.15\times0.42+0.14\times0.28+0.18\times0.10$$
$$+0.05\times0.05+0.28\times1\approx0.49$$

其中值等于 0 的项没有列出。输掉的概率是 49%，这说明输的可能性比不输的可能性小，但是平局中你是不会赢钱的。事实上，平局的概率大约是 10%，所以你输的概率还是比赢的大。到现在可知，赢得 15 美元的概率稍稍低于百分之五，同样的计算方法可以计算得出，赢得十美元的概率大约是 36%。为了看起来更方便，我将这些数字四舍五入取整，而计算期望赢率的时候，我使用了小数位来保证期望值 -0.53 的精确性，即每下注 10 美元会有 53 美分的预计损失，5.3% 的庄家优势。这和轮盘差不多，但是要记住这有一个前提，那就是使用庄家的策略，而且这也是你能做到最好的情况。现在再来仔细看看手头上的信息以及怎样使用。

赌局开始时，庄家会发给你（还有所有其他的玩家）两张正面朝上的牌，庄家自己的两张牌一张正面朝上和一张朝下。你第一个要面对的问题为是否继续拿牌。你面临的第一个决定是基于你两张牌和庄家那张正面朝上的牌做出的。如果你的两张牌的点数最多只有 11 点，你毫不犹豫地要牌；只要不可能爆点，那就继续要牌。当你的点数在 12 点之上，问题就来了。假设现在点数为 16，如果继续要牌，当下一张牌在 6 和 K 之间时点数就爆了。此时爆点的概率是 8/13，大约是 62%（A 记为 1，而不是 11）。要冒这个险吗？这要看庄家的牌。要是庄家是牌是 6。这对庄家来说可不是什么好牌。因为很多情况下他的点数都会爆

掉。所以当你在 16 点的时候选择停止时，你赢的概率是 42%。如果你决定继续要牌，考虑到爆点的情况你赢的概率就不足 38%，而假设你继续要的牌没有让你爆点，依然还是有很多种输的情形。结论就是，当你的点数为 16，而庄家点数是 6 时，则停止要牌。

按照上述的考虑方式，在经过大量的计算和计算机模拟之后发现对于我们这些不是“雨人”的普通人来说有一个最佳的“基本策略”。简而言之，如果庄家的牌是 2 ~6 之间的点数，只要你有爆掉的可能性就立马停止要牌（即 12 点以上就不继续要牌），要是庄家的点数在 7 及其以上，你应继续要牌，直到点数在 17 及以上（除非你的点数是 12，庄家只有 2 或者 3 点，在这种情况下你必须继续要牌）。对庄家来说，拿到的第一张牌的点数在 6 甚至更低是不利的，而如果是 7 及以上则是有利的。你必须根据具体的情况来调整冒险的策略。相对于庄家策略，这个策略有一个显著的作用就是降低了爆点的概率，爆点的概率从 28% 下降到 17%。对于外行人来说，在 12 点时就停止要牌似乎比较奇怪，但在庄家拿到不好的牌时这样做是完全正确的。要知道 12 并不比 13、14、15 甚至 16 差，因为庄家必须一直跟牌直到 17，这样的话，他如果不能战胜 16，则也没办法战胜 12。

但有时这个最基本策略也会让你倍感压力。假设庄家的牌是 7，你刚刚通过 2-5-2-3-4 的牌面拿到了 16 点，此时是否再要一张牌变得非常关键。你需要有钢铁般的意志才能冷静下来继续再要一张牌。你赢的概率并不大，但是如果你输了至少说明你是遵循了最佳策略。不管你邻座的玩家是在 15 点时停止要牌并怎样吹嘘，你还是能打败他，笑到最后的。哎，你还是无法赢过庄家：基本策略之下庄家优势低于 0.5%，但这始终也还是优势。

这个基本战略也告诉了我们什么时候该双倍加注，即在拿到自己的头两张牌之后加倍下注。比如，你前两张牌加到了 11，此时你处于非常有利的地位。你有 31% 的机会得到 21，这样庄家最多只能平局，你得到其他不错的点数比如说 19 或者 20 的机会也很大。特别是，当庄家拿到不太好的牌，比如说 6，你赢的机会很大。那么这时你就该双倍加注。加注后，你只能得到一张牌，你最不想拿到 A，这种情况在赌局中非常少见。最好的状况是你 11 对庄家 6，这种情况下你的预期收入是 36%。这个基本战略告诉我们，除非庄家拿到了 A，当你有 11 的时候一定要加注，其他数字根据庄家数字做决定。基本策略告诉我们最不利的双倍加注的情况是你拿到A和2（也叫做“软13”，它可以被视为3点或13点），而庄家拿到5。这样你的预期收入只有0.003%即每1000美元赢3分。不是很多，但至少还是有收益的，在赌场中获得收益的情况能有多少呢？

最后，基本策略为何时分牌也做出了指导。如果你开始两张牌是一对，你有权加另外一个注然后把牌分开来。然后你就依次玩这两组牌。当这两张牌是两个8时你必须选择分牌。首先，16不是一个好数字，而单个的点数8作为开始还是很不错的。如果你拿到的是两个6，单个6可不是一个好数字，此时只有当庄家拿到了坏牌时你才可以选择分牌。拿到两个A时也应该选择分牌，但如果拿到两个10就不要分牌了。这些都很容易明白，但是很多分牌的情形却不是那么显而易见的。比如说，当你拿到了两张4，而庄家拿到的是5或者6时你才要选择分牌，否则就不要分牌。要是一直赌下去，连德米尔也没法计算清楚了。

还有一些更为复杂的规则和特例，各种赌场的规则也不尽相同。但21点是“相对公平”的赌场游戏，然后根据这个基本策略，你在赢的时候会觉得自己非常聪明，在输的时候只会觉得非常不幸罢了。

7.5 探寻最优的策略

我遇到了因为预期收入是负数而不愿意在轮盘上花一分钱的概率学家。我觉得这还是有点可笑。不是因为他们不赌博，这完全是个人的选择，我自己也不经常赌博（我的住处离赌场很近，开车只需要几分钟，但是我从来没有去过）。我明白会有些人认为赌博是一种最为愚蠢的花钱方式，这种想法很正常。我觉得可笑的是他们的理由——期望值为负数。毕竟，我们都很明白的，不是吗？人们买彩票玩转盘，娱乐消遣，不是为了以此谋生而只是为了抓住赢的机会。如果我们一直依靠着期望值而活，那我们大可不必买保险了，因为这就是预期损失。我时不时玩上一把，是因为这其中展现了其他活动给予不了的东西，我能有机会看着随机性和大数定律在现实中的运用。好吧，我承认赢的确比输更让我开心。在这部分，我们先设想，大数定律没有打消我们进赌场的念头。当我们身处赌场之中，我们要充分运用自己的聪明才智来玩几把。如果你还是觉得道德上过不去，一些网上的游戏可以让你不花一分钱过一把赌瘾。下面让我们来大显身手吧。

试想以下场景。你急需花 200 美元买夜间去洛杉矶的航班机票，但是你现在只有 100 美元。而你的旅馆旁有家赌场，于是你打算拿着这 100 美元去冒险，希望能翻一番。你知道胜率对你来说是不利的，但是买不了机票的话，这 100 美元也对你毫无用处。那么你该如何下注呢？你应该孤注一掷，把 100 美元下注到同额赔率的游戏上，这样你就有 18/38，大约 0.47 的概率能让你立刻得到两倍的钱，直接去机场搭乘飞机。如果你小心谨慎，也许你就只想下注一半的钱，即使输了还能继续玩下去。如果你连下两次 50 美元，那么在全输光之前有多少概率能赢到 200 美元呢？两轮之后成功的概率是 $0.47^2 \approx 0.22$，两轮之后全输光的概率是 $0.53^2 \approx 0.28$，剩下还有大约 0.5 的概率（实际是低于 0.5）是一输一赢之后回到了最初的情况。哈哈，这种情形你知道应当用递归方法来计算未知的概率了吧。这种看似更为小心的办法成功的概率大约是 0.45。全部押上赢的概率是 47%，而每次押 50 美元赢的概率只有 45%。而如果你每次押的注越小，情况就会越糟糕。有句话叫放手一搏：全押上之后就祈祷好运吧。这背后的想法是，既然赌局本来就于你不利，那么不利的次数越少对你越有利。庄家是靠长期运营来赢利，所以你玩的次数越多，你的情况就越糟糕。（就像 1974 年乔治·福尔曼在扎伊尔将重量级拳击冠军的头衔输给穆罕默德·阿里；他不断重击阿里的手臂和肩膀最终自己精疲力竭，最终在第八轮时轻易就被击倒）。在这种不利的环境下最糟糕的办法就是胆小如鼠，就是每次都下最小额的注。如果采取这种策略，今夜你是无法坐上飞往洛杉矶的航班的。

上述情形也是一种随机游走的状况，跟第 6 章中提到汤姆和哈利的抛硬币游戏类似。你有 100 美元的本金，每次重复下同等金额的赌注，直到全部输光或者翻一番（假设每次的赌注都是等额的以便最终可以整整得到 200 美元，因为多余的钱对你来说没什么意义）。我们先从整体上来看这个问题。假设初始资本为 a 美元，目标为 b 美元，达到目标后就停手。当然在之前全输光的话肯定无法达到目标。你在没有全输光或者达到 b 美元的目标之前不能停止。假设你每次都赌上 1 美元，这样的话初始资本是多少都可以，因为这样你可以直接用“每单位赌注”来代替“美元”。比如说你的初始资本为 100 美元，目标是 300 美元，每次押 50 美元，所以你的单位赌注为 50，初始资本为 2 个单位，你离目标还差 4 个单位，离破产还差两个单位。这样你获胜的概率和一美元游戏是一样的，这时，$a = 2$，$b = 6$。第一轮赢的概率为 p，q 表示输的概率，那么 $q = 1 - p$。在公平的游戏当中，$p=q=0.5$，在不公平的游戏当中 $p<q$。那么你达到目标的成功概率是多少呢?

公平赌局更好计算：如果你开始有 a 单位的本金，每轮结束后的预期收益都是 a 单位。你的实际收益起伏不定，但因为这是公平的赌局，所以平均来说你的财产是不变的。你达到目标或破产时也同样适用。[⊖] 在这种情况下，你要么有 0 单位或者 b 单位的财产。那么设 p_b 是你在破产前达到目标 b 的概率；那么失败破产的概率就是 $1-p_b$。因为预期值是 a，那么我们得到以下等式：

$$a=b\times p_b+0\times(1-p_b)=b\times p_b$$

解法非常简单，最终得到在公平比赛中破产前达到目标 b 的概率

$$p_b=a/b$$

本金翻一番对应 $b=2a$，这样成功的概率就是 1/2。因为赌局是公平的，所以这也说得通。这也说明了，在一个公平的赌局中放手一搏没有什么好处。在以上情况下，你想把 100 美元本金翻一番，在放手一搏策略下，$a=1$，$b=2$。如果你每次赌 50 美元，那么 $a=2$，$b=4$，每次赌 10 美元，那么 $a=10$，$b=20$，以此类推。不论你怎么玩，你有一半的机会获胜。如果你只要一赢就收手的话，那么 $b=a+1$，那么你成功的概率是 $a/(a+1)$。

如果赌局不公平的话，就有趣地多也要复杂得多。现在 $p<q$，这种随机游走倾向于向下，所以你的预期金额一轮比一轮少。经计算，$q/p>1$，

$$\text{在不公平比赛中破产前达到目标 } b \text{ 的概率}=\frac{(q/p)^a-1}{(q/p)^b-1}$$

当然这个公式看起来不是很明了，那么我们来用轮盘游戏对应的数字来试一下。此时 $p=18/38$，$q=20/38$，这样 $q/p=20/18=10/9$。现在，借助于我之前描述的单位赌注，可以在所有不同的战略中用 a 和 b 来描述。比较以下三个战略：

放手一搏策略：$a=1$ 和 $b=2$

中规中矩策略：$a=10$ 和 $b=20$

⊖ 事实上这个结果没有那么明显，需要通过鞅（第 158 页的注脚 1）的“可选停止理论”才能得知。当你达到目标或者破产时都必须要停下来，这是“停止规则”。“停止规则”决定最终期望值是否依然为 a。比如当你破产时，你的期望财产只有 0 而不是 a。但是在轮盘游戏中对应的停止规则决定的期望值就是 a。

胆小如鼠策略：$a=100$ 和 $b=200$

将具体的数值代入上述公式可以得出各自成功的概率如下：

放手一搏策略：47%

中规中矩策略：26%

胆小如鼠策略：0.003%

如果在领先的时候，你想退出，那么胆小如鼠策略的报复就来了。这样，$b=a+1$，而在这三种情况下，a 分别等于 1，10 和 100，这样成功的概率就是：

放手一搏策略：47%

中规中矩策略：85%

胆小如鼠策略：90%

在放手一搏策略中，你要么全押上，要么全不动，这样就只有一轮，所以翻一番和领先是同一个意思。其他策略下，即使屡战屡败，只要还有剩下的钱去赌，你就有机会逆转达成目标。要注意，如果你是胆小如鼠派的，当你还优先的时候，最好马上离开赌桌。我们既然明白庄家是无法战胜的，但我们依然得出这样的结论，不免有些吃惊。关键在于，当你领先的时候，你其实只赚了 1 美元，而你输的时候，你是输了 100 美元。所以赌场优势是毫无疑问的。

用这些公式来比较公平的赌局和稍微不太公平的赌局，如花旗骰，是件很有趣的事。之前我们得出，赢得跨线赌注的概率是 49.3%，这快接近公平了。有 100 美元本金，每次下注 1 美元，在破产前试着把本金翻一番。在公平的赌局中，你有 50% 的机会成功，但在花旗骰游戏中，$p=0.493$，$a=100$，和 $b=200$，这样成功的概率只有 6%。但只是在这种成功概率近乎于 50% 的游戏中。如果你回过头看看汤姆和哈利的公平游戏中的图表，你回想起路径在慢慢偏离，长期看来是远离的，但是最终还是回到原点。不公平的游戏生成的路径之后在有限的次数里回到原点，然后无休止地在负数区域，最终越来越小。不公平的游戏要多不公平就有多不公平。

在本章开头，我们就是用这个不公平游戏的公式来为德米尔计算概率的。首先，在四次抛掷单个骰子的时候，他试图至少抛掷出一个 6；这时游戏对他有利，所以这个公式适用于庄家。但是当他 24 次抛掷双骰子想要直到得到两个 6 的时候，这个赌局对他很不利。如果你自己对自己实验一下，记住要保留 p 和 q 的所有数位，因为四舍五入的小小误差会改变最后的结果。

让我们重新回到赌场开始玩轮盘游戏。现在有一个女士也要去洛杉矶，但是她只是无聊去那里散散心而且已经买好票了。荷官说赌场马上就要停止营业了，问你想要玩多少轮。如果这位女士决定每轮都押上一美元，想要将她领先的概率最大化，那么她应该选择玩多少轮？这个问题就变得跟上面的问题不一样了。虽然这位女士可以在她领先之后就谨慎地退出，但是她却无从得知自己从第几轮开始可以领先。实际上她应该要进行 35 轮。为什么呢？因为只押一个数字时下的注是 35 美元，所以如果她想要赢得话必须至少玩 35 轮。如果她只赢了一次，她输了 34 美元获得 35 美元，她把赢的这一美元继续下注。此时她有 36 美元，凭借着这一美元领先了。如果她赢的次数更多，那么优势就会越明显。除非她的运气非常的背，这 35 轮游戏全部都输掉。而这种全输的概率为

$$P(35\text{ 轮连输}) = (37/38)^{35} \approx 0.39$$

因此在 35 轮游戏结束之后她有 61% 的机会可以领先。这个结果可能有些令人吃惊，她领先的概率比落后的概率更高；这是一个不公平的游戏。那么是哪里出了问题呢？其实她依然还是有预期损失的。她每输一轮就要输掉 35 美元；而赢一轮只能赢 1 美元。这种情况占所有可能性的 77%。如果她赢了两轮，她就会以 37 美元的结果领先，这种情况占 17%。赢三轮的情况有 5% 的可能性，此时她可以凭借 73 美元的成绩领先。随着赢的次数的增加，概率迅速下降，她赢的钱并不能弥补她很有可能损失的 35 美元。虽然她领先的概率更高，但是平均 5% 的预期损失还是会让她遭受损失。这是任何策略都无法解决的问题。这个典型的例子也很好地诠释了领先概率与预期收入是完全不同的两个概念。

如果她在 35 轮游戏之后继续再玩一轮呢？那么只赢一轮就不足以让她保持领先地位了，她甚至有可能破产。玩 36 轮游戏时为了领先她必须至少赢两轮。在 36 轮游戏中她一次都没有赢的概率为

$$P(36\text{ 轮都没赢}) = (37/38)^{36} \approx 0.38$$

赢一轮的概率为

$$P(36\text{ 轮中赢了一轮}) = 36 \times 1/38 \times (37/38)^{35} \approx 0.37$$

因此要计算至少赢了两轮的概率只需要用 1 减去这两种情况的概率，得到结果为 0.25。所以在 36 轮游戏之后她领先的概率只有 25%。另一方面如果她赢了两次，那么玩了 71 轮之后她也可以保持领先（初始资金为 71 美元，输了 69 美元，赢了 2×35 美元 = 70 美元，保持两赢的战绩，最终还有 72 美元，保持 1 美

元的领先地位）。那么让我们来计算一下这种情况的获胜概率。在 71 轮游戏中她一次都没有赢的概率为

$$P(71\text{ 轮都没赢}) = (37/38)^{71} \approx 0.15$$

赢一轮的概率为

$$P(71\text{ 轮中赢了一轮}) = 71 \times 1/38 \times (37/38)^{70} \approx 0.29$$

所以在这种情况下至少赢两轮的概率为 0.56。71 轮之后有 56% 的机会可以获得领先地位，这比 35 轮游戏后保持领先地位的 61% 要低一些。你必须要知道对于她来说最好的策略就是一直玩，直到"临界点"，到达这个点之后她只需要再赢一局就可以领先了。另外一个建议就是，玩 $3 \times 36 - 1 = 107$ 轮游戏需要至少赢三次才可以领先，此时赢三轮的概率为 54%，比 71 轮的 56% 小一点。随着局数越来越多，概率越来越小。如果她想要领先平均每 35 轮就要赢一轮，而她平均每 38 轮游戏才赢一轮。明白这一点之后就不难理解上述的结论了。玩的局数越多她领先就越难。因此，如果她每次都押一个数字，对于她来说最好的策略就是玩 35 轮游戏，此时领先的概率为 61%。图 7-1 所示为随着游戏的进行她每一轮游戏之后领先的概率。这个锯齿状的线在 35、71 和 107 等数值时达到了波峰。最高值是在第 35 轮时对应的 0.61，随后的峰值越来越小。随着轮次增多，线条不断延伸，由于无法保证依靠 1/38 的概率在每 35 轮中都有一轮会赢，所以最终的结果会变成 0。

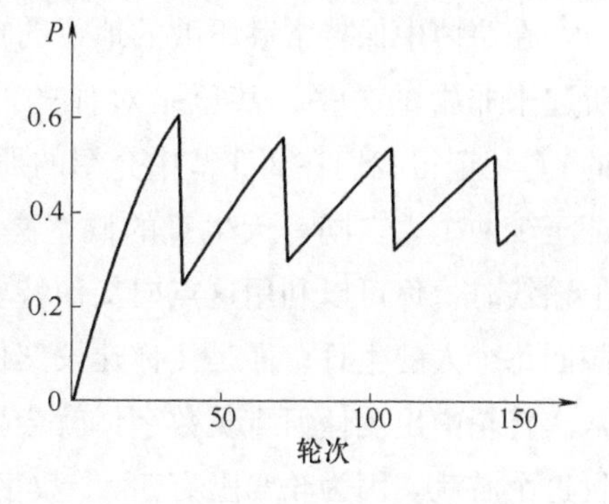

图 7-1　每轮游戏对应的领先概率

那对于其他的玩法来说呢？如果她每次都在所有偶数上下注，那么她赢一次就可以领先，此时概率为 18/38 即 47%，这显然要小于 61%。如果她下三个注，那么她必须至少赢两个，对应的概率为 46%。如果是下五个注，那么至少要赢三个，对应的概率为 45%（下四个注的情况是最坏的情形，她必须也要赢三个）。所以她在这个游戏中的最佳策略就是只在一个数字上下注。我想现在读者们应该很容易就理解任何其他的玩法领先的概率都在 47% 和 61% 之间。但我们还是来计算一下以保证它的正确性吧。假设现在她要押三个数字组合，赔率是11∶1，所以如果她玩 11 轮游戏只需要赢一轮

就可以保证领先（和前面得出来的结论一样，这是她的最佳策略）。每一轮游戏中她赢的概率是3/38。按照惯例计算这11轮游戏她都输的概率，然后再用1减去这个概率得到至少赢一轮的概率，即 P（11轮游戏后领先）$=1-(35/38)^{11}\approx 0.595$，所以她有59.5%的机会可以赢，稍微低于只押一个数字的概率。

最后让我们用一个公式来总结这一小节。如果她每一轮游戏都押 n 个数字，那么她每一轮游戏输的概率为 $1-n/38$，彩金是 $36/n-1$。所以她此时的最佳策略是玩 $36/n-1$ 轮游戏，如果在这些轮中至少赢了一轮她就可以领先。这种情况的概率为

$$P(\text{游戏结束之后领先})=1-(1-n/38)^{36/n-1}$$

你会发现随着 n 的值变大，这个公式的值不断减小。所以概率的最大值对应的 n 的值为1，也就是每次游戏只押一个数字。

7.6 赢了钱却输了朋友

在赌博中保持常胜不败的地位的唯一方法就是当庄家。你必须要使一个游戏听起来非常的公平，甚至是对你的对手有利的（当然实际上是对你自己有利的）。还记得我们在2.3节中介绍的那个神奇的例子吗？只需要23个人就可以保证至少两个人在同一天生日的概率高达50%。当你和你的朋友艾伯特都在轮盘上输钱时，你可以利用这点向艾伯特要求附加赌注。我不是让你去轮盘周围走一圈问每个人的生日，而是让你建议艾伯特你们两人都下1美元的注。如果接下来八次转轮中出现任何重复数字你就会赢，而没有重复数字他就赢。他当然会同意玩这个游戏。因为轮盘上有38个数字，而你只选择转8次，每次出现的数字不同的概率非常高。但是出乎艾伯特的意料，他将会输。

就像生日问题一样，我们需要计算每个数字都不一样的事件对应的概率，然后再用1减去这个概率。参照生日问题的计算公式可以知道

$$P(\text{数字重复})=1-\frac{37}{38}\times\frac{36}{38}\times\cdots\times\frac{31}{38}\approx 0.55$$

所以你赢的概率是0.55，预期收入是10%。你拥有优势需要的最少次数是8，最开始的时候你完全可以将次数提高。比如十次，十次转轮中出现相同数字的概率是多少？艾伯特当然也会同意打赌。此时你赢的概率变成了73%。如果

你将次数提高到 19 次，即 38 次的一半，你赢的概率变成了 99.6%。可怜的艾伯特没有输给赌场却输给你了。

我将会再介绍几个貌似公平但实际对你有利的小游戏。第一个游戏就是“石头剪子布”的随机变形版。为了防止你忘记这个经典的游戏，我来提醒一下你。你和你的对手同时出手，可以选择出石头（握拳头）、剪子（“V”的手势）或布（张开手掌）。游戏规定石头打败剪子，剪子打败布，布打败石头。[⊖]如果你知道你的对手出什么手势，就像《辛普森一家》中的丽莎知道巴特每次都会出石头一样（巴特认为石头是最坚硬的，没有什么可以打败它!），你毫无疑问也会赢。即使你不是每次都知道对手会出什么，你也许知道他大概的路数。说不定你的对手是一个偏爱出石头的人。这时你多出布比较有利。又或者你的对手非常爱出布，那么你就多出剪刀。你和你的对手每一轮之前有不同的选择（三种情况不同的概率分布），当你知道了对手的策略之后可以调整自己的策略，这样就可以保证在长期中保持优胜的地位。我们可以用这个逻辑来构建一个对你有利的游戏。

我们可以选择用三个骰子 A、B、C 来代替拳头，把每一面的数字用如下的方式标记：

A：1，1，5，5，5，5

B：3，3，3，4，4，4

C：2，2，2，2，6，6

这样可以保证这些骰子两两比较时 A 可以打败 B，B 可以打败 C，C 可以打败 A。我们一眼就可以看出如果 A 打败 B，则 A 出现的必然是数字 5 那一面，对应的概率为 2/3。同理，当 C 出现的必然是数字 2 时，B 可以打败 C，此时对应的概率也是 2/3。最后，C 出现数字是 6 时，它必然会打败 A，此时的概率为 1/3；而当 C 出现数字是 2 而 A 出现的数字是 1 时，它也会会打败 A，此时的概率为 $2/3\times1/3=2/9$。把这两个概率相加可以得到 C 打败 A 的概率为 5/9。因此我们得出了：

$$P(\text{A 打败 B})=2/3>1/2$$

⊖ 这一规则是最普遍的规则。在《宋飞正传》“替身”这一集中，克莱默和米奇玩这个游戏设定的规则是石头可以打败任何手势，所以他们的游戏不是很好判断胜负。

$$P(\text{C 打败 C}) = 2/3 > 1/2$$
$$P(\text{C 打败 A}) = 5/9 > 1/2$$

最后一个概率 5/9 大约等于 56%，因此在这种情况你的优势相比于前两种情况的 67% 会变得稍小。这个骰子游戏和石头剪子布类似的地方就在于它们都是非传递性的：从长期来看 A 会打败 B，B 会打败 C，C 会打败 A。[㊀]现在你知道怎么样在圣诞大餐之后从希德叔叔那里捞一笔了吧。邀请他玩骰子游戏，每次都有礼貌地让他先选骰子。如果他对此感到怀疑（一段时间之后），你可以先选。他大概要过好一会才会知道怎么样用你的选择来为自己谋利，但是你却从一开始就知道怎么样利用这个策略了。为了让这个游戏看起来更公平，你可以将每一颗骰子上画上更多的数字。

骰子游戏的一种变形就是选举。假设现在有三个候选人，暂且称呼他们为阿尔，乔治和拉尔夫。假设 1/3 的选民对他们的排序是阿尔，乔治和拉尔夫；另外 1/3 的选民的排序是乔治，阿尔和拉尔夫；剩下 1/3 的选民的排序是拉尔夫，阿尔和乔治。此时阿尔就可以说有 2/3 的选民相对于乔治更支持他；而拉尔夫也可以宣称相对于阿尔，2/3 的选民更支持他。但 2/3 的选民相对于拉尔夫更喜欢乔治。政治偏好是另外一种形式的非传递关系。在差额选举中就会导致排名前两位的候选人之间的决战。如果阿尔进入选举最终决战的话，他的对手很可能就是拉尔夫。

当希德叔叔发现骰子游戏对他不利时，你可以建议换另外一个玩法。你用 A 骰子，让他用 C 骰子，你们每轮游戏都掷两次骰子，用总数来比大小。因为每次掷骰子时 C 出现的数字会比 A 的数字更大的概率要高，那么是不是掷两次骰子结果也更好呢？当然不是。你每次游戏可能得到的点数和是 2，6 和 10，对应的概率分别为 4/9，4/9 和 1/9。(a)当你的骰子出现的数字是 6 而他的骰子出现的数字是 4 或者(b)当你掷出 10 而他掷出 4 或 8 的时候，你都会获胜。将这两种情况的概率相加，可以得到

㊀ 在数学中传递关系 R 符合这样的特征：如果 xRy 且 yRz，那么 xRz。典型的例子就是定向不等关系：当 $x>y$ 且 $y>z$，那么 $x>z$。不定向的不等关系是不具有传递性的，因为即使我们知道 $x\neq y$ 且 $y\neq z$，x 还是可以等于 z。在石头剪子布游戏中，传递关系 R 就是“打败”；而在骰子游戏中，这个传递关系就是“打败的概率高于 50%”。

$$P(\text{你赢}) = 4/9 \times 4/9 + 4/9 \times 8/9 = 48/81 \approx 0.59$$

所以虽然每一次掷骰子希德叔叔赢的概率为 56%，但是当需要掷两次骰子时他赢的概率就下降到 41% 了。这与我们在 5.1 节中介绍的那个共同基金和固定利息方案有些类似。

当希德叔叔已经不想要继续在骰子游戏上输钱时，你可以建议来玩彭尼赌注（译者注：指的是小额赌注的游戏）的扔硬币游戏。这个游戏最早是由数学家沃尔特·彭尼（Walter Penney）在 1969 年发表在《趣味数学》中的一篇文章上介绍的（不管之前你被灌输过什么样的思想，发挥数学的娱乐功能是无可指责的）。假设你现在扔三次硬币，那么就有如下 8 种等可能出现的模式：

HHH，HHT，HTH，HTT，THH，THT，TTH，TTT

如果你和希德叔叔选择一种模式然后再连续扔三次硬币，这个游戏就是一个公平的游戏了。现在把游戏的规则稍作改变。你们需要一直扔这枚硬币，直到你选择的那种模式出现。比如说你选择了 HTH 的模式，希德叔叔选择了 THT。如果连续十次扔出来的结果是

HTTHHTTTHT

那么你就输了。这个游戏规则跟之前说的连续扔三次的规则是不一样的。如果有前面的规则的话，这十次结果对应的是 HTT，HHT 和 TTH 这三种模式组合，第四种组合以 T 开始。

这个游戏公平吗？令人惊讶的是结论未必如此，而你可以利用所识破的获得优势。这里的诡计在于，虽然每个模式在任何三连掷结果出现都是同等可能的，但有一些模式在长期的重复投掷中还是比其他的模式更有可能出现。这看上去自相矛盾，但用一个例子就可以轻易说明。假设希德叔叔选择了 HHH 模式，你选择 THH。他赢的唯一机会是最开始连扔三次都是正面朝上，此时的概率是 1/8。如果这个没有发生，你就赢了。你想一想，如果最开始的三次中任何一个位置出现 T，你就会接着投掷直到 HHH 出现，但 THH 必然在这之前，你就赢了。因此，如果希德叔叔选择 HHH，你应该选择 THH，赢的概率高达 7/8 或者 87.5%。多么悬殊的差异！但是他若选择了其他模式会怎么样呢？

这个游戏的魅力在于不论他选择了 8 种模式中的哪一种，你都可以据此选择你的模式，使得赢出概率至少是 2/3！如何选择模式的基本规则就是将其所选模式中的前两位字母作为你的最后两位。这个策略背后的直觉是每当他的模式在下

一轮投掷可能出现时，而你的机会已经出现了。比如，他选了 HTH，前两位字母是 HT，你就应该把这个作为你的后两位，选 THT 或者 HHT。你很可能同意我，THT 和 HTH 首先出现的可能性相同，因为它们看起来一样，只是正反面互换了而已，所以你选择了 HHT。为了证明这赋予了你超过希德叔叔的优势，我们再次运用递归的方法考虑首次投掷出现的一些不同情况。

如果首次投出反面（T），你需要重新开始，因为你们的模式都是以正面开始的。首次投出正面（H）的情况下我们要看看第二次的结果。如果还是正面的话，你就赢了，因为希德叔叔不可能在你的 HHT 出现之前得到 HTH（试一试!）。剩下的情况是从 HT 开始，第三次可能出现两种情况：一是正面朝上，希德叔叔的 HTH 出现，你在第一轮三连掷后失败。另一是反面朝上，游戏重新开始。图 7-2 中的树形图，就阐明了这四种不同情况。请读者自己证明这些就是全部的情况，我们并没有遗漏任何一种。

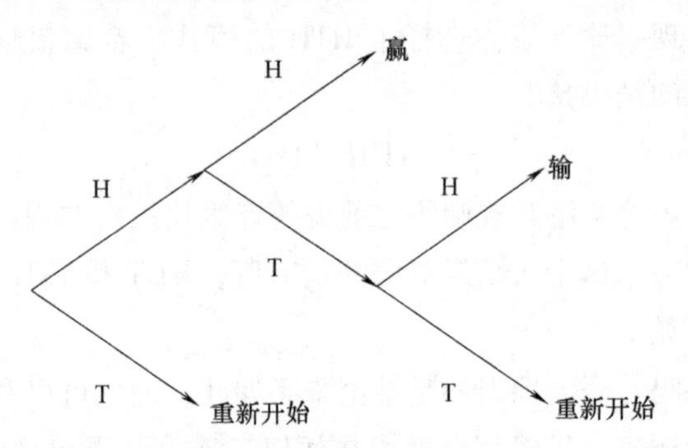

图 7-2　希德叔叔选择 HTH 模式，你选择 HHT 模式可能出现的四种不同情况

现在你赢的概率是多少呢？设概率为 p，得到一个方程，通常采用递归方法处理。我们可以忽略你输的情况，那么还剩下三种情况：T，HH，HTT。你在这些情况中获胜的条件概率如下：

$$P(\mathrm{T}) = p$$

$$P(\mathrm{HH}) = 1$$

$$P(\mathrm{HTT}) = p$$

因为 $P(\mathrm{T}) = 1/2$，P（HH）$= 1/4$，$P(\mathrm{HTT}) = 1/8$，根据全概率定律，求和得到以下方程：

$$p = p \times 1/2 + 1 \times 1/4 + p \times 1/8$$

简化之后得到 $p=(2+5\times p)/8$，最终计算出 $3\times p=2$，即 $p=2/3$。有 2/3 或者 67% 的概率 HHT 在 HTH 之前出现，你打败了希德叔叔。

简单的运算就可以表明，不论希德叔叔选择什么模式，你都能做得更好。对你而言，完整的策略是：让他的前两位数字成为自己的后两位，并且绝不选择回文模式（一种向后和向前读都是一样的模式）。例如，如果他选择了 HTH，你则有机会在 THT 和 HHT 中进行选择，因为 THT 是回文结构，所以必须放弃，然后选择 HHT。表 7-4 列出了你的最佳选择和对应的胜率。

表 7-4　根据希德叔叔不同的选择你应当采取的最佳策略以及分别对应的获胜概率

希德叔叔	你	***P***(你胜)
HHH	THH	87.5%
HHT	THH	75%
HTH	HHT	66.7%
HTT	HHT	66.7%
THH	TTH	66.7%
THT	TTH	66.7%
TTH	HTT	75%
TTT	HTT	87.5%

和上述的掷骰子游戏一样，彭尼硬币游戏也是非传递的。模式没有最好，但总有更好，而希德叔叔则肯定会输。

趁着希德叔叔在向简阿姨解释家庭预算中为什么会突然出现这么大的亏空时，让我们来仔细看看每一种模式具体是怎么产生的吧。哪一种模式可以打败另外一种模式归根到底取决于出现该特定模式的预期要经过的次数。以 HHH 模式为例，假设这个值为 μ，再次用递归方法来计算它的期望值。我们来考虑一下前几次扔硬币可能出现的不同情形。如果第一次反面朝上，那么我们就需要再重新开始扔，继续预期 μ 次后会出现 HHH 模式。此时的期望值变成了 $1+\mu$。如果前两次都是反面朝上，那么期望值变成了 $2+\mu$。而如果前两次都是正面朝上，第三次时又变成反面朝上了，那么期望值就是 $3+\mu$。而如果前三次的结果都是正面朝上，那么我们就正好得到了 HHH 这个模式，此时期望值就是 3。我们描述了 T、HT、HHT 和 HHH 这四种排列出现的情形，对应的概率分别为 1/2，1/4，

1/8 和 1/8，因此可以得到公式

$$\mu = (1 + \mu) \times 1/2 + (2 + \mu) \times 1/4 + (3 + \mu) \times 1/8 + 3 \times 1/8$$

将这个等式两边同时乘以 8，简化之后可以得到 $8 \times \mu = 14 + 7 \times \mu$，因此 $\mu = 14$。那么 HHH 模式第一次出现的次数的期望值是 14。根据对称性我们可以知道模式 TTT 出现的期望值也是 14。通过类似的方法，可以得到模式 HTH 或 THT 出现的期望值为 10。剩下的其他模式出现的次数期望值是 8。所以你对付希德叔叔的最佳策略就是总是选择剩下的那四种模式。希德叔叔最差的策略就是选择 HHH 或 TTT；他很容易就会输。稍微好一些的策略就是选择 HTH 或 THT，然而对他来说最好的选择就是剩下的那四种模式，但即使是这样你还有 2/3 的机会可以赢他。

看起来每一种模式出现的概率是等可能的，为什么期望值却不等呢？这看起来非常的诡异。难道这意味着在一长串序列中 THH 出现得更频繁吗？不是的。这是因为一旦 HHH 出现，那么下一次扔硬币也出现 HHH（只要下一次还是硬币正面向上）的概率是 1/2；序列 HHHH 中包含了两个 HHH 模式，也就是说这种模式它自己有直接复制衍生的能力。但是模式 THH 却没有这种能力；如果出现一次我们就必须至少等三次扔硬币才有可能再次出现这种模式。这就合理地解释了这个悖论。模式 HHH 自我复制能力缩短了它下一次出现的时间。从一条长长的序列中，模式 HHH 会大范围爆炸式出现，而 THH 模式则会变得非常的分散。但是从长期来看这两种模式出现的概率却是一样的。

模式 HHH 和 THH 只是选择出来代表不同的模式的种类。HHH 和 TTT 就属于“慢”类型，它们可以立刻自我复制；而 HHT，HTT，THH 和 TTH 就属于“快”类型，它们每一次都要重新开始才能出现。剩下的 HTH 和 THT 则是属于中间类型的。它们自己不可以立刻自我复制，但也不需要完全重新开始。它们会在两次之后进行重复。比如说在序列 HTHTH 中就出现了两次 HTH。那么此时在一组序列中出现了多少次“重叠”的情况变成了关键的概念。模式 HTH 重叠指数为 1，因为最后一个 H 可以是下一个模式的开头的 H。同理 HHH 的重叠指数是 2，因为后两个 H 都可以是新的模式开头两个 H。剩下的序列都不重叠。

数字 3（在上下文中）并没有什么神奇之处，彭尼骰子游戏中的模式可以对应随意的 n 次。基本的策略还是遵循我上述所说。只要 $n \geqslant 3$，你就总是能赢希德叔叔；如果 $n = 2$，你不能保证每次选择的模式都比希德叔叔好。如果他选择的是 HT 或 TH，那么你最好也对应选择 TH 或 HT，这样你有一半的机会可以赢。如果他选择了 HH 或 TT，那么你随便选择 TH 还是 HT 都可以打败他。最差的情况也是你赢的概率和输的概率一样大，其他两种情况中你都可以有 3/4（读者们试着自己计算一下吧）的机会赢。

对于通用的 n 长模式来说，适用的基本原则与三次是一样的：模式自身重叠的部分越多，我们需要等待它出现的时间就越长。想一想我在 3.4 节中举的“毫不起眼”模式 HTTHHTHTTHTTTHHTHTTT。这相对于模式 HHHHHHHHHHHHH-HHHHHH 来说是毫不起眼的，虽然这两种模式在特定 20 次扔硬币试验中出现的概率都是 $(1/2)^{20}$。但是我的序列比连续出现 20 个正面向上的模式更容易出现，从这种意义上来说它确实是毫不起眼的。连续 20 次正面朝上的情形中包含很多次重叠，所以可以一次又一次地自我重复。但是我的序列从头到尾都没有重叠的部分，所以每次都要重新开始。许多我们认为特殊的模式都包含着一些重复性的特征，如 HTHTHTHTHTHTHTHTHTHT 就有 2 次重叠和 4 次重叠；而模式 HHHHHTTTTHHHHHTTTTT有 10 次重叠，因此出现它出现的比较晚。与之形成鲜明对比的就是那些没有出现重叠的模式，它们可能一开始就出现了。但有一些不存在重叠的模式如 HHHHHHHHHHTTTTTTTTTT 看起来也非常的特殊。虽然它在 20 次之内不可能重复，但是它可以重复那些 10 次以内正反面交替的模式。把我们“特殊”定义的内涵扩大到这些模式也是合理的。

对于那些长度为 n 的模式来说，要计算每种模式的期望等待时间的公式复杂很多。在瑞典三巨头贡纳·布洛姆（Gunnar Blom）、拉斯·霍尔斯特（Lars Holst）和丹尼斯·桑德尔（Dennis Sandell）的著作《概率世界的问题和剪影》(*Problems and Snapshots from the World of Probability*）提供了一个很有意思的数学视角来看问题。从这本书中我们可以知道要出现我上面的那个“毫不起眼”的序列平均需要超过一百万次（概率为百万分之一），这比出现连续 20 次正面朝上的序列要多等一倍的时间。公式其实非常的简单，我会用具体的实例来解释这些公式。如果一个序列中开始 k 个字符与结束 k 个字符相同，则称这个序列的重叠数为 k。比如序列 HHTHHH 存在两次重叠，一次为 1，一次为 2。当然它还存在为 6 的重叠，这一点无关紧要，对于任何 6 位序列都是适用的。所以它的重叠数为 1，2 和 6，因此出现的预期等待次数为：$2^1+2^2+2^6=2+4+64=70$。HHHHHH 的模式的重叠数包含了 1 ~6，所以期望值为 $2^1+2^2+2^3+2^4+2^5+2^6=126$。对于那些除了6没有其他重叠数的模式来说，比如HHTHTT，它们平均会在$2^6=64$次出现一次。用这个公式来检验一下我们之前计算彭尼硬币游戏中的计算结果。

这个公式还可以被用在其他很多领域，比如计算有超过两个符号的序列出现所需要等待的次数。比如你已经知道在掷骰子时平均每六次才可以得到一次数字6。现在我们需要在序列中连续出现两次6（即“66”模式），那么需要等待多少次呢？要计算这个值只需要依照前述方法，用2替换成6（我们的对象有6种情形而非2种）就可以计算出来。因为模式“66”的重叠数为1和2，所以预期等待的时间是$6^1+6^2=42$。注意在任何两个连掷中得到两个6的概率是1/36，所以当我们开始在每两次之间投掷的时候我们需要平均等$2\times36=72$次。第一次出现模式“66”是需要等待42次。成对的计算方法使得序列413667不满足模式“66”的要求，因为它其中包含的模式为“41”，“36”和“67”。对于经院数学命理学家们来说，出现模式“666”平均需要等待$6^1+6^2+6^3=258$次。

7.7 结语

如果你问一个概率学家赌博前景如何，得到的答案一定是否定的。虽然偶尔能赢，赌博游戏对于玩家总是不利的。大数定律很肯定地告诉你不应选择轮盘赌桌作为职业道路。当然，对于概率学家而言，因为在游戏和赌博中产生了各式各样的概率问题，而这些问题已经远远不受赌场局限，在实际中有着广泛的应用。

第 *8* 章

猜猜概率：走近统计学家

1. 统计学家是如何利用缴获的德军坦克编号推算出德军的军力的？
2. 加州大学伯克利分校是如何用概率知识免于被起诉的？
3. 为什么父亲是个大高个，儿子却没有那么高了？
4. 为什么被派去火灾现场的消防人员越多，经济损失越高？
5. 银色机动车的事故概率更小么？

别急，本章一一为你揭晓答案。

8.1 谎言，该死的谎言还是美丽的谎言

我必须立刻承认，这章是关于统计学的。等等，别立刻把书合上！多年的教学经验告诉我，大多数人觉得学习统计学和观看油漆变干或者牙根管手术一样无聊。当我为这本书写提案时，曾表示将极力避免在书名中提及统计二字。有一位审稿人指出，确实很多人认为统计很乏味，甚至有很多人觉得概率简直令人可怕。但是读者买了可怕的书，不是吗？如果你曾将概率归为可怕一类，那么我希望现在已经帮你克服了一部分恐惧。

我的下一个任务可能更具挑战性，就是向你展示统计并非总是那样乏味。你可能上过这些大学课程，在课上你的大脑完全被显著性水平、第Ⅰ类或第Ⅱ类的错误、*p*-值、关于两个样本是否异方差等问题搞晕。你也可能认为统计完全就是一些戴着厚眼镜片的家伙一页一页盯着人口普查资料，以确定堪萨斯州的卢肯巴赫人口是否在过去十年发生变化。当然，统计确实和这些都有关（当然我们也必须承认人口普查资料所能提供的卢肯巴赫的有效信息是有限的，显然无法与当地一位长住居民所存的史料相媲美）。不过统计真的可以很有趣，有时候还很刺激。让我们听听弗朗西斯爵士是如何说的：

有些人讨厌统计这个名字，但我觉得它充满了美和乐趣。

——弗朗西斯·高尔顿，《自然遗传》，1889

看到了吧，这句话把统计和美与趣味相提并论，我打赌你不可能每天都看到这样的说法。如果你以为所有的统计学家都是冷酷的财务运算者，那么你应该认识弗罗伦斯·南丁格尔（1820—1910），这位提灯女神是善良与同情的化身，同时也是健康保健科学领域中率先使用统计学方法的先行者。她运用统计学的分析方法大幅降低民营医院和军事医院的死亡率，因此成为英国皇家统计学会会员和美国统计协会荣誉会员。

你还可能听说过一句名言（马克·吐温认为出自于本杰明·迪斯雷利）“有三种谎言：谎言、该死的谎言和统计”。达莱·哈夫还在雪上加霜，他在1954年著有《统计陷阱》（*How to Lie with Statistics*），专门描述如何利用统计撒谎。作为抗衡，继续引用一句弗朗西斯爵士关于统计的思索：

“任何时候它们都不是残酷野蛮的，如果采用高阶方法巧妙处理、谨慎解释，

它们解决复杂问题的能力是惊人的。”

收集、制表和描述数据非常重要，但弗朗西斯爵士所提到的“高阶方法”是统计推断，它将在运用概率理论分析数据和得出有意义的结论中得到运用。某种意义上而言，这只是量化了的常识。例如，一家制药企业试验新药，分别将新药和旧药发给两组病人。若两组病人的治愈率分别为83%和67%，这家企业是否可以得出新药更有效的结论呢？支持这一主张的证据可能是83比67多出许多，但如果数字换成69和67，恐怕没有人认为其中有实质性的差异。企业还想得到新药有效性的综合结论，而非特定病人的使用效果。如果相同的药发给两组新的病人，结果可能大不一样。只要可视的差异在统计意义上足够大，概率结果就可在此时派上用场。你很快会发现两组中病人数量至关重要。如果83%是5/6而67%是2/3，你肯定不会做出任何结论。大数定律证明，群组越大结果越可靠。然而更深入详细地分析将得到更复杂的结果。事实上制药企业也的确是统计学家的主要雇主。我都不知道有多少研究生同学现在在为英瑞合资的制药巨头阿斯利康工作。

在前几章我们已提到过统计学，比如“统计概率”。如果一位气象学家当时观测到特定的一组天气变化，有25%的可能会降雨，他可以直接说降水概率为25%。他所做的就是在现有数据的基础上估算降水概率。随着数据收集的增加，估值可能变化。大数定律告诉我们数据收集得越多，估值越准确。虽然没有指明，但大多数的统计理论和方法论都依赖于大数定律。一个早期的例子，巴特·荷兰（Bart Holland）在2002年出版的《什么是可能性》（*What Are the Chances?*）一书中提到科贝尔（J. Koelbel）先生曾在1584年提议确定长度单位“英尺”数值的方法。他建议随机挑选离开教堂的16位男性，“当他们刚好出门时”，让他们将左脚排成一队，然后测量总长度。用总长度除以16就得到了“准确和法定的英尺长度”。科贝尔当时就已经发现了平均值对消除个体差异的重要性，并且成功赋予了英尺普遍接受的定义。

另一个证明统计方法有效的有趣例子源于第二次世界大战。1943年，美国驻伦敦大使馆的战时经济部门着手分析缴获的德国装备序列号，比如炸弹、火箭和坦克。和这些数据打交道的统计学家想出了一个聪明的办法来评估德国的军力。以坦克为例，假设德国人拥有N辆坦克，排号$1 \sim N$，问题就是如何根据已知序列号求出N的大小。简而言之，若盟军缴获三辆坦克，序列号分别为89、

123 和 150。那么如何求 N 值呢？有很多种方法，虽然没有放之四海皆准的答案，但目测 N 显然远远大于 150。这个可以通过从 1，2，…，N 中随机抽样三个观测数据所得出的最大期望值是 $0.75 \times N$（观测数据是均匀分布的），鉴于 $0.75 \times 200 = 150$，得出 $N = 200$。注意这种估值是如何基于概率计算得出，"高阶方法"由此全面展开。当然，后续还有很多方法用于改善估值的过程，不过我们最好还是就此结束这个故事，不再探讨技术性的细节。

战争结束后，统计学家们才得到了答案。但真实的答案的情况并不为人所知，这在统计学界是很少见。事实证明这些戴着厚眼镜片的统计学家们表现出色，远胜于英美的情报部门。当时的理查德·拉格尔斯（Richard Ruggles）和亨利·布罗迪（Henry Brodie）1947 年在《美国统计协会杂志》上发表了《第二次世界大战时经济的实证研究》，你可以在里面找到更多关于第二次世界大战统计应用的例子。表 8-1 正是三个不同月份的产量数据。其中，统计学家和情报人员的估值对比都来源于 Speer 部门的官方数字。可以看出，情报估值被严重夸大。

表 8-1　第二次世界大战期间德国坦克月产量的预估值和实际值

时　间	统计估值	情报估值	实　际　值
1940. 6	169	1000	122
1941. 6	244	1550	271
1942. 8	327	1550	342

接下来，我们将学习一些统计学的普通应用。这个过程可能不如之前学习概率时系统，我会挑选一些有趣的问题和应用。最后，我希望你们记住弗朗西斯爵士的格言"巧妙处理，消灭野蛮"。准备好了吗？我们现在开始！

8.2　40%的胜率意味着有 95%的可能当选总统

每天媒体上都充斥着各种关于民意调查的报道。这周（2006 年 5 月的第二周），我从媒体上得知 70% 的美国人因为高油价改变了驾车习惯，54% 的加拿大人反对向阿富汗派军，51% 的美国人对汤姆·克鲁斯印象不佳。我们一直在持续跟踪总统的支持率，在选举前，各种民调公司和机构发布的民调结果眼花缭乱。很多民调结果并未公开，政党和候选人们会进行秘密调查，弄清民众关心的重要议题，从而确定选举策略。公开的政治民调为民调公司提供了一条赢得良好声誉的捷径，但他们的盈利主要来源于为企业所做的民意调查。当一家公司打算上市新产品时，就会雇佣民调公司确定消费者是否会购买产品。我曾接到关于某品牌洗发水的调查电话，被问到以下问题：①是否使用特定品牌的洗发水；②是否每天饮用橙汁；③是否养狗。在我挂了这家公司向我介绍它们橙味宠物狗洗发水的电话后，我确定民调公司只是为了省时省力而简单地把三个不同的调查放到了一起。

假设总统支持率为 40%，这意味着什么呢？首先，它显然不是说总人口的 40% 都必定支持总统。这要每个人都挨个问才能确定。民意调查背后的想法是，既然不能每个人都问，那么就问 1000 个人的看法。如果 400 个人对总统的表现表达了支持，就声称他得到了 40% 的支持率。这个数字成为了无法确知的总人口中支持总统比例的估计值。估计值的准确性取决于边际误差（或抽样误差）。比如，边际误差若公布为 3%，支持率的区间则为 40 ± 3 或者［37，43］。那么这又意味着什么呢？我们现在就可以确定总人口的真实支持率在 37% 和 43% 之间了吗？

不尽然吧。考虑到随机性，我们根本不能确定任何事。能达到较高的确定性就应该满足了，这才是可能实现的。举个例子，假设真实的支持者占 50%，在一个 1000 人的样本里如何得出 40% 或更低的支持率呢？这就和扔 1000 次硬币使头像朝上的概率小于 400 次的情形一样，计算机算出这种情况的概率大概为百亿分之一。所以如果我们的样本概率是 40%，那么真实的比例不太可能高达 50%。在民调中，由于不知道真实的比例，情况会更糟些。问题就变成了在我们所观测到的数字和边际误差的区间中捕捉到真实比例的可能性有多大？让我们用稍微正式的理论观点看这个问题。

假设真实比例为 p，取值范围为 $0 \sim 1$，观测到的比例为 $\hat{p}$（在统计理论中通常使用“帽子”来标志某数据的估值），边际误差为 ε，问题是区间 $[\hat{p}-\varepsilon, \hat{p}+\varepsilon]$ 中包含 p 的概率是多少。这个可以用中心极限定理计算。选取 ε 尽量达到我们期望的最大概率，不过要记住概率越大，ε 的值就越大。但我们希望边际误差 ε 尽可能小，所以就需要一个折中。结论是选取 p 的，标准通常采用 95%。这个数字被称为置信水平，表达了我们对 p 成功落入区间（称为置信区间）的信心程度。区间的公式转变为以下形式：

$$p=\hat{p}\pm 1.96\times\sqrt{\frac{\hat{p}\times(1-\hat{p})}{n}}=\hat{p}\pm\text{边际误差}$$

n 指样本中的个体数量，公式表示未知的真实比例 p 有 95% 的概率落入 $\hat{p}\pm$ 边际误差区间。换而言之，每 20 个这样的区间，平均有 19 个区间中有 p，只有 1 个区间不包含。值得注意的是边际误差随着样本容量的增加而缩小，因此，访问的民众越多，民调就越可信。这个公式还说明了样本容量的影响。系数 1.96 与概率 95% 相关联[⊖]，如果想有更高的置信水平，就必须提高这个数字，比如，要达到 99%，就要用 2.58 取代 1.96。

回到之前虚构但可行的例子，对 1000 人进行民调，有 400 人支持总统。$\hat{p}=0.4$，$n=1000$，将其代入公式，那么区间就是

$$p=0.4\pm 1.96\times\sqrt{\frac{0.4\times 0.6}{1000}}=0.4\pm 0.03$$

或者用概率表示，$(40\pm 3)\%$。计算区间的过程正是我之前提到有关“量化常识”的典型例子。我们想知道总统支持者的比例，显然不可能对每个选民进行一一询问。而如果是调查 1000 位随机选取的民众，那么至少对支持比例有一个初步了解。样本中的信息并不完美，但远非无用。在置信水平和边际误差的帮助下，我们有 95% 的概率能够得到真实的人口比例。

很多民调的边际误差都保持在 3% 左右，这并非巧合。正如我所述，置信水平的标准值为 95%，则系数为 1.96，如果观测比例 $\hat{p}$ 与 0.5 接近，比如在 0.3 和 0.7 之间，$\hat{p}\times(1-\hat{p})$ 的平方根大约为 0.5。而 1.96 约等于 2，所以两者相乘的结果大约是 1，边际误差就约为 $1/\sqrt{n}$，用百分比表示就是 $100/\sqrt{n}$，这是个非常方便记忆的方法：

$$\text{边际误差}\approx\frac{100}{\sqrt{\text{样本大小}}}\%$$

假设样本容量约为典型的 1000，边际误差就是 3%。即使比例远离 50%，这个方法依然有效，因为伴随着比例的偏离，也能得出边际误差的最大值。在美国总统选举的民调中，两大党的候选人都接近于占比 50%，所以 1000 样本容量的边际

⊖ 这个联系基于正态分布计算。在正态分布中，标准差为 1.96 时观测对象的概率为 95%。不过，既然我没有解释置信区间的创立过程以及它和正态分布的关系，就不再赘述相关细节。

误差一般都是 3%。同时需要注意的是，边际误差所减少的幅度是样本容量增加幅度的平方根。所以，如果 n 从 1000 增加到 10000，边际误差则从 3% 减少到 1%。但民调费时费力，单纯增加样本容量并不经济有效。所以现在很少有民调的样本超过几千个人。

我们既然已经了解，当询问美国的 1000 个人时边际误差为 3%。那么其他国家呢？中国的人口 4 倍于美国，你要问多少人才能得到同样的边际误差？4000 吗？好好看看上面说过的计算和公式，哪里提到过和人口规模有关？没有！1000 个人民调的边际误差是相同的，不论是在中国、美国、加拿大还是墨西哥！乍一看这可能看似令人大吃一惊，但事实上这并非完全准确。在计算边际误差时，包括了一些近似值。但只要样本容量和整个人口规模相比足够小，这就是有效的。1000 个中国人仅是他们国家的代表，1000 个美国人也是如此。然而，如果我们问 1000 个梵蒂冈人，那么可能已经问遍所有人，边际误差为 0（我不知道教皇的民调结果是否公布，但我想任何低于 100% 的支持率都会被认为是一败涂地）。

2005 年秋天，媒体报道小布什总统的支持率首次跌破 40%。某种程度上，这其实是毫无意义的声明。虽然事实可能是前次民调结果显示支持率为 41%，下次结果则为 39%，这些数字的边际误差都是 3%，若建立起相关的置信区间，你就会发现部分数值是重合的。没有边际误差的 41% 和 39% 不能说明一切，只有被我们表述为区间［38，44］和［36，42］时才有意义。而且我们也不能排除两次民调间支持率存在上升的情况。只有当两者差异大到完全超过边际误差时，才能被称为具有统计显著性。而只有当差异具有显著性时，才能下结论。记者和权威们总是喜欢过度分析民调结果，即使无中生有也要找出趋势和倾向。相反，收到偏低民意支持率的政要们常常评论到他们出去“与民众交谈”时有完全不同的“感受”。因此，重要的是既不过度重视也不轻视民调。它们就应该是本来的样子，不多不少。

即使建立统计显著性，当然也不是和现实完全相同了。95% 的置信水平说明还有 5% 的可能为统计显著性差异并非真实而纯属偶然。然而，我们若过度考虑这件事，民调就会完全陷入毫无意义，当然事实上并非如此。只要符合“统计学事实”就可以了。

民调中常报道边际误差，但我记得有一个明显的例外。1995 年，瑞典在经历多年争论和公投后终于加入欧盟。公投前不久，一家报纸的标题是“多数瑞典人支持加入欧盟”。这是因为一项民调中 50.5% 的人表达了对加入欧盟的支持，然而，为了得到以上报纸的结论，必须将边际误差降到 0.5% 以下，导致置信水平只有 25%！换而言之，在该边际误差内，仅有四分之一的民调能够成功把握正确的支持比例。这显然是毫无用处的。我质问报纸的政治版编辑为什么不刊登边际误差，只得到这样的回答，“啊，忘了”。不必说，这家报纸显然支持瑞典加入欧盟。

置信水平被用于判定边际误差的可依赖程度，但很少被报道。一个例外是加拿大的民调声称“3.1% 的边际误差表示 19/20 的可能性”。虽然出于好意，但如果你先前不知道它的含义，这个声明可能更令人困惑。19/20 意味着 95%，据我所知，所有的民调公司都采用这个数据，大家似乎达成了共识，即 95% 的确定性就是一个坎，再低一点结果就不那么可信，而再高一点边际误差就太大了。就总统选举前的民调而言，民调公司之间在正确的民调结果上竞争激烈，所以采用相同的置信区间是比较合理的。

确保样本具有被研究总体的代表性，对于任何民调来说都是重要的。有很多做法都会违反这个要求。读研究生的时候，作为课程的一部分我和其他同学开始从事统计咨询。其中有一个客户是专门进行重建手术的外科医生。他希望评估自己的手术结果，就询问其他医生的意见。出示了病人的照片后，医生们则被要求根据多元的评估标准确定手术的品级。我审视他的数据时，发现多数医生意见都是一致的，但有一位的评级和其他人始终不同。问到我的客户时，他笑着说“哦，那是卡尔森医生，他是一位全科医生，所以完全不懂”。我的客户将卡尔森医生纳入，用来增加样本。可能一些统计课程告诉他样本越大越好，但如果他真想通过民调得到专家们的意见，那么将可怜又无知的卡尔森医生纳入样本之中对他没有任何好处。

另一个没有代表性的样本例子是假设你在家附近做晚间散步，发现你看到的 20 个人里有 14 个人都在遛狗，可以得出结论 70% 的邻居都养了狗吗？恐怕不能。这就是选择性偏差的例子，从总体上看，你在街上遇到的人更可能是狗主人而不是你的邻居，所以他们不是具有代表性的样本。选择性偏差是足以导致假结论的严重错误。在下一节，我们将探讨美国总统选举中的两个著名案例。

8.3　民调数据与选举结果

1936 年总统选举前，《文摘》杂志公布了一项民调结果，预计共和党候选人阿尔夫·兰登在与总统富兰克林·罗斯福的对决中能够轻易取胜：兰登的支持率为 57%，罗斯福为 43%。《文摘》自 1916 年后成功预测了每一任总统选举结果，因而拥有良好的声誉，而且民调得到了 230 万民众的回复。是的，你看得没错，230 万民众！选举结果呢？罗斯福得到（选票投给他们俩其中之一的民众）62% 支持率，兰登只得到 38%，成为历届总统选举胜负最悬殊的一届之一。《文摘》民调从此作为最差的一届民调载入史册，杂志不久后也因此倒闭。

这究竟是怎么发生的？根据以上的经验法则，230 万民众可将边际误差降到 0.07%，所以预测结果本应该基本确定。是什么事突然发生使得人们改变了心意？不，错误在于《文摘》所采用的方法。只有当我们随机选取样本时，也就是说每个人被选取的可能性相同时，取决于边际误差的预测才有可信度。理论上应该有一个全部选民的名单，从中选取 230 万人，预测结果就会很准确。但《文摘》杂志并没有这么做，它犯了两个错误，产生严重偏离的结果。

第一个错误是选择性偏差。当他们选取民调对象时，采用了多种可用地址名单，比如订阅名录、电话号码簿、机动车注册表和俱乐部会员名单。但这时正处于大萧条，除非有可支配收入，否则不可能出现在这类名单上。一个刚刚加入民间资源保护团的年轻人不太可能将他的零用钱花在《文摘》杂志的订阅上，而失业钢铁工人也不可能打算加入当地乡村俱乐部。汽车和电话也不像今天这么普遍，只有 25% 的家庭拥有电话。对个体的选取倾向于富人，而 1936 年的富人，不太可能支持罗斯福新政所采用的比兰登限制性更严的财政政策。这可能是选民们间的分裂第一次影响《文摘》民调的选举年份。毕竟，他们之前还是成功预测了正确结果。

第二个错误是无应答偏差。《文摘》向 1000 万民众寄送了明信片，并将民调建立在收到的 230 万张卡片上。你可以想象，一个最近失业的钢铁工人即使收到了《文摘》的明信片，但可能更关心如何养活家人，而非填写卡片并把它寄回杂志社。选择性偏差所造成的误差再次被无应答偏差强化了，即使 230 万本身看起来让人印象深刻，但 23% 的回复率并不高。可能推测的是无应答偏差对兰登有利，但在一项特别民调显示超过一半回复支持兰登的芝加哥，罗斯福仍然赢取了三分之二的选票。芝加哥民调的回复率为20%，因为个体由登记的选民名单中选取，所以没有受到选择性偏差的影响。

1936年的选举中，《文摘》还面临来自于几个初创公司的竞争。阿契伯德·克罗斯利，乔治·盖洛普和爱蒙·罗珀是三位聪明的年轻人，同时也是三家公司的创始人，他们意识到样本必须依次随机选取以确保结果的可靠性。每个人都预测罗斯福胜利，盖洛普甚至准确预测了《文摘》的错误结果，这一项壮举使得盖洛普超越其他人成为民调第一人。随后，英国1945年选举中，在几乎所有人都看好丘吉尔的时候，他成功预测了丘吉尔的败绩，从而在欧洲声名鹊起。

1936年的美国总统选举中，盖洛普基于随机选取的5万人，预测罗斯福获得56%的支持率（比实际的62%稍微少一些）。而且，根据《文摘》所用名单上随机选取的3000人样本，盖洛普预计该杂志对罗斯福的预测率为44%。盖洛普意识到3000样本已经足够反映名单上1000万选票的走向，而庞大的230万样本容量因为选择过程从一开始就出现偏差必将无济于事，见表8-2。

表8-2　1936年选举中罗斯福的民调数据和选举数据

来　源	罗斯福支持率
选举结果	62
盖洛普	56
文摘	43
盖洛普预测的文摘	44

然而12年后，《文摘》杂志的失业编辑终于能报一箭之仇。1948年的美国总统选举发生了史上第二有名的错误民调，这次轮到盖洛普公司出错了。你可能看过哈里·杜鲁门的著名照片，照片里他拿着《芝加哥日报》，报道的名字叫做《杜威击败杜鲁门》，而他刚刚赢得了选举。克罗斯利、盖洛普和罗珀预计共和党候选人托马斯·杜威将以5%~7%的差距胜出，但事实完全相反。这次是哪里出错了呢？

盖洛普公司失败的原因还是在于三个民意测验专家在抽样时没有摆脱所有的偏差。他们正确地意识到若能确保样本真实反映人口构成，民调结果就会更准确。因此，他们在样本组成上精挑细选，选取男女各半，还包括种族、年龄和收入等多样化的人口特征。民调的过程就是访问者拜访并询问被抽取对象的意见。但是有一次，访问者被通知必须访问芝加哥郊区 5 个四十岁以上的白人，具体的对象可以随意选择，潜在的偏差就此产生。不管出于你能想象的什么原因（更友善的邻居、车道上更闪亮的车吸引了注意力、刚好在家的家庭主妇为你开门），访问者们倾向于不均衡地访问更多杜威支持者。这并非巧合，因为民调专家们在 1936 ~ 1948 年间持续高估共和党人的选票。共和党人较容易接受访问，因而导致结果发生偏差。但只有在 1948 年两党间的差距微小，一点偏差即让民调专家预测了共和党的胜利。1948 年选举结果和预测数据见表 8-3。

表 8-3　1948 年克罗斯利、盖洛普和罗珀三家民调专家的预测数据和实际选举结果

民调专家 / 候选人	克罗斯利	盖洛普	罗珀	选举结果
杜鲁门	45	44	38	50
杜威	50	50	53	45
其他候选人	5	6	9	5

为了尽量避免选择性偏差，民调一开始样本中所包括的个体就必须被认定。如果是通过电话完成访问，访问者必须与被抽取的人交谈，而不是任何碰巧接起电话的人。如果是当面访问，即使当时没人在家，也不能作为替代转而访问邻居或者邮差。选择性偏差的一种现代形式源于电话簿民调，而越来越多的人尤其是年轻人只有手机没有座机，就此被排除在样本之外。这种方式对政治民调结果的影响程度尚不明确，但如果问题是关于是否支持在公共场所禁止手机，则肯定影响重大。

避免无应答偏差更加困难，但民调公司通常尝试联系多次，直到最后放弃。如果无应答随机发生且数量不大的话，倒是不成问题，但若是被认为导致结果扭曲，就是很大的问题了。假如一个通过邮件开展的民调问的是人们对垃圾邮件的态度——阅读或弃之不顾，会怎么样呢？无应答导致民调中报告的人数通常不是整数，而是像 1014 这样的数字，这就说明 1500 人中可能有 486 人没有应答。

无应答的一种特殊形式是民调问题有可能引发尴尬或者是其他让人有负担的问题。在这种情况下，人们可能不太愿意回答或者不会说出真话。比如，关于毒品和其他非法行为的问题。一个小技巧就是要每个人在回答问题前投骰子。如果数字 6 朝上，则回答“是”，否则就吐真言。这种方式下访问者不会知道肯定的

回答是出于事实还是掷出了6。那么真实比例该如何判断呢？假设6000人被调查，3000人回答“是”。如期待1000人掷出6，则1000个肯定答复是因为掷骰子，剩下的2000则是真话。我们就计算5000人中的2000肯定答复，预测比例就是40%。掷出6的次数当然很少是整数1000，掷骰子中的随机性影响会反映在更大的边际误差上，大于普通的民调。这种特殊的民调从一开始就注定六分之一的样本要被浪费。

政党们也自己做民调，神奇的是他们似乎总是能得到支持自己的结果。除了引入选择性偏差和忽视无应答偏差，有意或无意的问题措辞也可能引入偏差。2005年关于不幸的特瑞·谢维（Terri Schiavo）的民调就是一个措词不清的典型例子。民调中，55%的人支持特瑞的丈夫，53%支持她的父母，虽然双方持完全相反的立场，但仍有重合的地方。总而言之，主流的民调公司都会完善地计划和执行民调，从而得出准确的结果。毕竟民调公司间也存在竞争，没有人想重蹈《文摘》杂志的覆辙。

严肃的民调通过随机抽样开展，被称为“科学”。相反，“非科学”的民调就是人们被问到想起一个电视节目或者给一家网站投票。这种民调除了娱乐外几乎毫无价值，因为它们本身存在选择偏差。我记得1990年发生在瑞典的一个非科学的民调例子，当时进行人口普查，和美国不同，瑞典宪法里并没有强制的人口普查内容，政府深入民众生活要求他们填写人口普查表的行为面临重重阻力（瑞典人很不能忍受政府的打扰）。富有魅力又风趣的主持人罗伯特（Robert Aschberg）（很难向非瑞典的观众描述）在晚间脱口秀上讨论了人口普查的话题，当场掏出人口普查表付之一炬。同时，人们正被致电要求表示支持或反对人口普查，你瞧，95%的呼叫者反对！显然没有细致地处理统计数据，不过这也很有意思。顺便一提，人口普查的应答比例达到97.5%，如果这是一次严肃的政治民调，肯定会击败《文摘》创造历史最低点。

8.4 希尔的选举预测

我们已经了解统计学家们是一个有趣的群体，而其中最有魅力的之一就是内特·希尔（Nate Silver）。过去几年希尔先生因为选举预测的精准而走红，并写了一本（关于统计的）畅销书《信号和噪声：为什么多数预测会失败，而另一些不会》，这本书在选举季的电视上简直无所不在，他被《时代周刊》评为全球 100 位最具影响力的人物之一，同时还上了《扣扣熊报告》和《囧司徒每日秀》（在节目里他澄清从未去过密西西比州或阿拉巴马州，希望这一点现在已经得到更正）。希尔起初是棒球统计分析员，但现在是选举专家。所以大家对他的印象肯定是具备一个统计学的博士学位，著述等身，并运营了一家成功的民调公司，对吗？

如果是这样，那你就错了，内特·希尔没有取得任何统计学学位（相反他在芝加哥大学获得经济学学士学位）。2003 年，他应邀在蒙特利尔的国际统计会议上发表演讲，吸引了成千上万的统计学者和为医药公司、保险公司及人口调查局等机构工作的统计分析师。似乎就内特·希尔是否能算作统计学家还有一场小小的争论，有些人质疑他没有学位和相关学术出版物，而其他人指出他在现实生活中的统计工作做得非常成功，甚至在向公众普及统计学方法的作用上比任何人都做得更多。关于公开声明希尔先生参加国际统计会议的新闻简报中，他被描述为一位“统计学名人”，这个称呼似乎比较贴切。之后希尔先生在会上发表演讲，并迅速指明并不将自己视为统计学家。我知道这段语义学的讨论很长，但我会非常肯定地称希尔先生为统计学家。抱歉，希尔先生，我们在这个问题上产生了分歧。我还要抱歉自己没有参加你的演讲，对于第一次去蒙特利尔的我，普丁（加拿大一种食品，蘸奶酪西红柿酱的薯条）的诱惑太强了。我保证下次一定去！

不论他是否是统计学家，我们都同意希尔先生不是民调专家。他并不进行民调，相反，他只是使用多家民调公司的大量数据并输入电脑进行模拟运算（主要和第 9 章中一样），于是能生成丰富的选举可能情况，其中输入的数据来源于当前和过去的民调、之前的选举结果以及任何他认为相关的信息。你可能已经注意到希尔先生的结果呈现出的是胜出概率，而非投票比例。所以如果他声称一位政治家胜出概率是 75%，那意味着在 75% 的模拟情形中，该候选人胜出；在剩下 25% 的情形中，其他候选人胜出。这当然不意味着预测这位胜出者得到 75% 的选票，事实上胜利的差额可能非常之小。

尽管他既成功又非常有魅力，但希尔先生也不乏批评者，多数都在 2012 年总统选举前的那几周开过口。那时他认为奥巴马胜出的概率很高（选举前高达 80% 以上），这触犯了保守派的众怒。让我们看看一些批评者的例子，它们来源于大量身份不明的但可能很好识别出的人群。

如果你告诉我，你认为自己能量化即将发生没有预计到的事件，比如 47%

的评论或者辩论演说，我想你认为自己是个巫师。这不可能。民调专家告诉我们正在发生的事情，但当他们开始预测，就只是在傻瓜的路上越走越远。

万一你不记得了，提示“47%的评论”指米特·罗姆尼关于支付联邦所得税人群比例的表述，“辩论演说”指总统大选第一次辩论，那次罗姆尼表现很好，而奥巴马表现惊人的差。显然，这两样都不可能被预测到，希尔先生也不会声称能预测到。随着预测的推进，任何人都有权认为这个观点很愚蠢，但在希尔先生（再次声明不是民调专家）的案例下，他们坚持下来并证明了预测的准确。

另外一个评论员曾对胜出概率表示疑问：

……内特说……奥巴马有74.6%的概率胜出。你可能发现这个数据有点奇怪，鉴于……奥巴马在全国的领先程度小于3个百分点，他只在俄亥俄州拥有优势。

这并不必要，记住第一个比例74.6%是奥巴马胜出的概率，而第二个比例3%是声明将选票投给这个还是另一个候选人的选举人数的差别。将一种比例转为另一种需要希尔先生做的这种数学建模和计算，而且意识到两种比例的区别也很重要。最终一个候选人赢得总统选举只需要在足够多的州比对手多得一票，就达到了总统选举团的多数票。

其中基本问题是怎样将民意调查的结果转化为选举的胜出概率。假设奥巴马在民调中领先罗姆尼3个百分点，比如49%对46%。回想我们关于民调误差范围和置信水平的讨论，提前设置置信水平为民调结果在误差范围内和真实比例相符的概率，所以如果置信水平为95%，那么我们有相同的概率得到正确的结果，5%的民调结果是错误的。假设奥巴马和罗姆尼民调结果3%的差距在95%的置信水平上是统计显著的，意味着该差距的误差范围是小于观测到的3%，假设是±2%。因此奥巴马和罗姆尼选票差距的置信区间为［1%，5%］，在这个区间中的每一个值都是奥巴马赢。鉴于我们知道这个区间中包含正确差距的概率为95%，所以将奥巴马赢得该州的概率设为95%。如果这个差距在统计上并不显著，假设误差范围±4%，置信区间为［-1%，7%］，此区间的部分值（负值）是罗姆尼赢，其他值是奥巴马赢。就此区间，奥巴马胜过罗姆尼的概率还是很高的，但不会达到95%。误差范围越大，奥巴马胜出的概率越低。为了进行以上计算，我们还要冒险引入贝叶斯统计推断，这已经超出了本书的范围。但你可以看到，民调结果的小小优势如3%和胜出的大概率如74.6%并不存在冲突。

下一段引言的发言者就不得不接受嘲笑了。以示公平，他也提出了一个问题，可能只是在寻求被教育一下：

内特·希尔问题中的预测的基本错误和可批判之处难道不在于它将比例放入一次性事件中吗？

正如我亲爱的读者们所知道的，答案是如果这是一个基本的错误，那么我们就要将概率一并去除了。任何引入比例（概率）的都是一次性事件。任何投硬币、掷骰，任何地震、滑坡或飓风，任何总统选举都是一次性事件。投硬币和总统选举的区别只在于前者是可重复的，经过多次投掷后可以得出长期相对概率为 50%。特定的总统选举只发生一次，我想这是评论员在问题中真正的想法。再回想一下在本书开头我们讨论了概率在统计、传统和主观上的不同解释。严谨地处理主观概率也是贝叶斯推断的基本问题之一。

内特·希尔在预测模型中使用了贝叶斯推断。这在本质上意味着所有民调结果、过去选举记录和所有其他使用的数据都通过某种方式被量化后，模拟出选举并计算胜出的概率。我们不知道他的具体模型是什么样的，和可口可乐的配方一样保密。这很正常，因为这是他的谋生之本。但正如他在 2014 年接受 Significance 杂志采访时所指出的，他的方法没有任何神奇之处，最终归结为单纯地数民调结果。他的声誉多源于他的记录：2008 年总统选举他准确地预测了 49 个州的胜者；2012 年总统选举他破了自己的记录，准确预测了 50 个州。他谦虚地表示，任何和他稍微类似的方法都可以成功地预测绝大多数州，但 50 个全部正确真是“太幸运”，并且补充道，达到这项成果“我们给自己预计的概率也只有五分之一”。

如无其他问题，内特·希尔的成功说明民调结果是比较准确的。“无用输入，无用输出”的口号当然适用于这里，如果民调结果无用，内特·希尔也巧妇难为无米之炊，预测更不会准确。撇开自身的魅力和杰出不谈，内特·希尔的成功是所有统计学者及其学科的胜利。

8.5　名校录取率与男女比例

20 世纪 70 年代，因为在研究生项目中对女性申请人性别歧视，加州大学伯克利分校曾经被诉。诉讼的证据是研究生院的男女录取比例数据。在六个最大的专业中，44.5% 的男性申请人被录取，而女性申请人仅有 30.4% 被录取。因为

44. 5%比30. 4%多一些，原告就认为这是一桩歧视案件。伯克利分校有一个强大的统计学专业，所以校领导决定在案件中引入统计学家。为了从这件臭名昭著的歧视案件中找出罪魁祸首的学院，根据学生专业对数据进行分解。奇怪的是，分解后就再也找不出对女性申请人歧视的地方。事实上，甚至看起来女性申请人在多数专业上更容易被录取。这怎么可能呢？

伯克利分校有超过100个专业，为了简化，我只选用占比超过1/3申请的六个最大专业的数据。而且，我将专业划分为“易”“难”两类，分别表示录取是相对容易还是困难（不是指科目学习起来实际上容易还是困难）。学习不允许院系相同，但是你可以想象科学和工程专业肯定比文化人类学或比较语言学拥有更丰富的资源以录取更多学生。之后我就看见了和统计学家1973年所见相同的模式：每个分类中，女性录取比例更高，但总体上，男性录取比例更高。听起来很荒谬，但请看看表8-4每个分类下和总体上的录取学生数和申请人数。

表8-4　两个专业类别的男女录取人数

	女　性	男　性
易录取的专业	106/133	864/1385
难录取的专业	451/1702	334/1306
总计	557/1835	1198/2691

表8-4中的数据不是很直观，让我们将数字转化为比率（百分比）：

表8-5显示易录取的专业中女性录取比例明显更高，难录取的专业中则没有什么分别。然而，总体上男性申请人的录取比例却更高。数据并没有说谎，但是是否有一个更加直观有趣的解释呢？当然有。让我们再看一个有关男女申请人选择专业的数据。表8-4可看出男性申请人的总数是2691，近半选择了录取难的专业。女性申请人的情况则相反，1835人中的绝大多数，有1702人选择了录取难的专业。表8-6显示了这两类专业男女申请人的比例。

表8-5　两个专业类别的男女录取人数

	女　性	男　性
易录取的专业	79. 7%	62. 4%
难录取的专业	26. 5%	25. 6%
总计	30. 4%	44. 5%

表 8-6　两个专业类别的男女申请人比例

	女　性	男　性
易录取的专业	7.3%	51.5%
难录取的专业	92.7%	48.5%

通过最终的分析，谜底终于解开了。关键在于考虑的不是录取比例而是申请比例。学校并不存在针对女性的性别歧视，而是女性存在自我歧视，大量申请不均衡地涌向难录取的专业。如果女性申请比例和男性一致，那么两个专业类别的录取比例便会相同，有可能看起来女性在录取过程中会更受青睐。

伯克利录取数据为辛普森悖论提供了一个典型的例子，辛普森悖论是以统计学家辛普森（E. H. Simpson）命名的，他在 1950 年代提出该理论，但是 50 年前苏格兰统计学家 G. U. Yule 早已有所讨论[⊖]。专业的选择最后被证明是真正的罪魁祸首，被称为潜在变量，除非你知道寻找它，否则非常容易被忽略。伯克利统计学家懂得这个道理，于是就成功地帮学校摆脱了诉讼。至于女性申请人被录取难专业所吸引的原因则是另一个完全独立的问题了。

一个关于高中生申请大学的假设示例也许能更清楚地说明这个悖论。假设学生被分为（学习能力）“强”“弱”两类，我们来调查看看每个类别的学生录取第一志愿的占比。较弱的同学录取第一志愿的比例更高应该不会令人惊讶。结论是什么？难道对能力强的学生有歧视？当然不是。能力较强的学生只是会选择更难进入的学校，而能力较弱的同学则安于更容易的选项。让我们再虚构一些数字，用极端的情况来说明这个问题。假设一所小规模的高中，毕业班中有 10 名较强的学生和 90 名较弱的学生。较强的学生中有 9 位选择哈佛作为第一志愿，只有一名如愿。一名较弱的同学也尝试申请了哈佛但没有被录取。所以较强同学的哈佛录取比例是 11%，而较弱同学的比例是 0%。在剩下的学生中，1 名较强的同学和 89 名较弱的同学都申请了本地的社区大学，除了 9 名较弱的同学外都被录取了，那么较强同学的录取比例为 100%，较弱同学的比例为 90%。正如所

⊖ 将它命名为“辛普森悖论”是施蒂格勒定律的一个典型例子，在这之前从来没有一个科学发现是以发现者的名字命名的。另外一个例子就是正态分布也称为高斯分布。随便提一下，施蒂格勒定律是社会学家罗伯特·默顿提出的。

期待的，较强的同学在两所大学都更容易被录取，但是较弱同学的总录取率高达89%，较强同学的录取率仅有20%。和伯克利大学的女性一样，较强同学因为自身的选择导致更难被录取。

在伯克利和虚构录取的例子中，将两种情况分开研究比单看总比率要更有意义。不过也有需要反过来应用的情况，有关棒球击球率就是一个这样的例子。比较两个投手，可能其中一个每个半赛季的击球率高，而另一个则在整个赛季的击球率高（你可以自己确认这种情况是否可能真实发生）。比如，在上半赛季，选手A在10个球击中4个，选手B在40个球击中10个，击球率分别为0.400和0.250。在下半赛季，选手A在40个球击中5个，选手B在10个球击中4个，击球率分别为0.125和0.100。所以，选手A在每个半赛季中都有更高的击球率，但是就整个赛季而言，选手A击球率为9/50=0.180，选手B后来居上，击球率为11/50=0.220。除非有一个好的理由怀疑上半赛季击球更加容易或选手B更常轮到击球，可能更有意义的是通看整个赛季推断选手B在两者中表现稍佳（当然仍然不是很好）。

2000年选举中，乔治·布什当选为总统，阿尔·戈尔却赢得普选，这个现象也和辛普森悖论相关。如果选举人票被均匀分配给直选票，阿尔·戈尔会得到更多选票。而现在，它们却被分配到各州，每个州的选举人数量和议会议员人数（参议院2位+众议院人数）相同，赢得一州的候选人会得到该州的全部选举人票。阿尔·戈尔虽然在加利福尼亚州和纽约州获得了超过一百万的选票，一个州的优势都是压倒性的，但是这并没有帮助戈尔当选成功。最终，布什凭借在佛罗里达州537票的差距赢得了总统选举。理论上候选人可以在大幅度赢得直选的同时只赢得538票选举人票中的3票，比如绝对性地赢得阿拉斯加，其他各州都以微小的差距失败。新选出的总统可以在50个州中的49个都超过他的竞争对手，但全国范围内仍是对手更受欢迎。

在一个更正式的层面上，辛普森悖论可以通过条件概率来表示。让我们用伯克利录取研究生的例子再次解释，介绍有关随机选择申请人的事件：

A：申请人被录取

D：申请人申请较难录取的专业

E：申请人申请较易录取的专业

设女性申请人录取概率为P_F，男性申请人录取概率为P_M。女性申请人总的录取率低于男性的事实可以表示为：

$$P_F(\mathrm{A}) < P_M(\mathrm{A})$$

考虑专业选择后，我们得到以下条件概率的关系：

$$P_F(\mathrm{A}|\mathrm{D}) > P_M(\mathrm{A}|\mathrm{D})$$

和

$$P_F(\mathrm{A}|\mathrm{E}) > P_M(\mathrm{A}|\mathrm{E})$$

上述都说明了每个分类中女性录取率更高，运用全概率定律，女性总的概率是

$$P_F(\mathrm{A}) = P_F(\mathrm{A}|\mathrm{D}) \times P_F(\mathrm{D}) + P_F(\mathrm{A}|\mathrm{E}) \times P_F(\mathrm{E})$$

而对男性来说

$$P_M(\mathrm{A}) = P_M(\mathrm{A}|\mathrm{D}) \times P_M(\mathrm{D}) + P_M(\mathrm{A}|\mathrm{E}) \times P_M(\mathrm{E})$$

这个悖论的解就在 $P_F(\mathrm{D})$，$P_F(\mathrm{E})$，$P_M(\mathrm{D})$，$P_M(\mathrm{E})$ 中，描述了男性和女性如何选择专业。

我们也可以将辛普森悖论在严格意义上用公式表达为一个数学问题，让它迷一般的魅力消散。这个问题是，是否可能找到0～1之间的数字 A，a，B，b，p，q，满足即使当 $p \times A + (1-p) \times B < q \times a + (1-q) \times b$ 时，仍有

$$A > a,\ B > b$$

这里没任何问题，只要让 $A > a > B > b$，再选择足够接近0的 p 和足够接近1的 q，就可保持上述不等式成立。问问你的数学家朋友这个问题，再问他们是否相信女性在两个专业分类中都有更高录取率的同时总的录取率却更低。虽然同一个问题有很多种表述法，但如果得到的回答是“当然”或者“不可能”，倒不会让我惊讶。

8.6 优生学与喷泉间歇喷发

在6.2节中我曾提及弗朗西斯·高尔顿爵士和他的担心，卓越的特性趋向于在杰出人士的后代中消失。我们现在仔细审视高尔顿爵士曾分析过的数据类型和从观测对象中所观测到的值，即我早先提到的父子身高问题[⊖]。假设你测量大量

⊖ 弗朗西斯爵士第一次观测到这个现象实际是花园里豌豆的尺寸，但园艺上的卓越性在多大程度导致他失眠尚不清楚。在人类的问题上，高尔顿除了身高外还量了很多数值，比如室内服装的重量、弓箭手弯腰时拉伸的长度和打击的速度。

父子的身高，得到多组高度（x，y），x 表示父亲的身高，y 表示儿子的身高（如果家庭里有多个儿子，那么每组高度 x 保持不变，只 y 变化）。简而言之，高尔顿观测到的是父亲越高，儿子也越高，但却并非完美相关。儿子的身高经过个体变异，平均上趋向处于父辈身高和总人口平均身高之间。因为高尔顿对卓越特性充满兴趣，而显然就他们之间的高度计算，他注意到后代中特定的特性会渐渐不太显著，在代传递间“趋中回归”。继续以上思路似乎会得出这样一个结论，即全人类最后身高会恢复平均，但在现实中这并未发生，因为还有很多随机变异来抵消回归效应。

让我们看看高尔顿收集的数据类型。在图 8-1 中所示为 500 组父子身高观测值，实线表示回归线，虚线表示对角线。这些不是高尔顿的原始数据，而是作者用计算机生成的。不过，它们相对于高尔顿所观测到的同样具有代表性。父代的身高都在 x 轴上（横轴），子代的身高则在 y 轴上。父子平均身高为 68 英寸，在密布点的中间位置。注意密布点是如何向右上方倾斜的，这表示高个父代的子代通常也很高。虽然并非完美相关，但你看比平均值稍高的 72 英寸附近的父代身高，会注意到对应的子代身高分布在 68 英寸和 74 英寸之间。

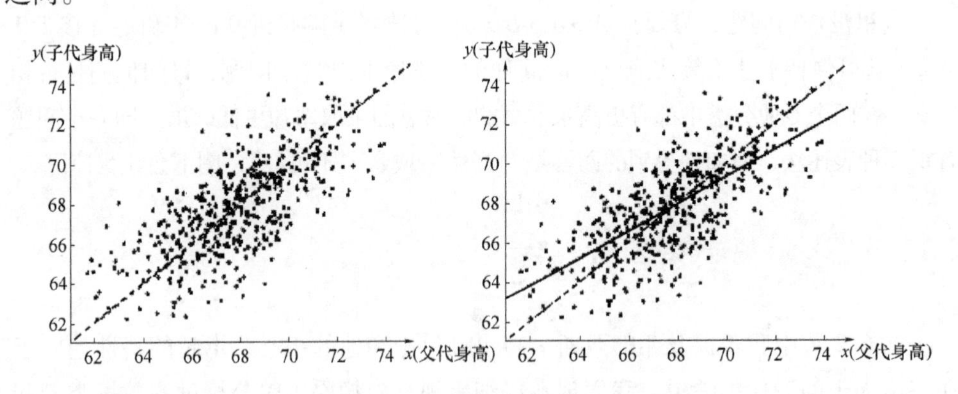

图 8-1　500 组父子身高观测值

x 轴为父代的身高，y 轴为子代的身高，回归线为实线，对角线为虚线

令高尔顿担心的一点是，如图 8-1 左图所观测的，一条斜对角的虚线贯穿密布点。观察身高在 72 英寸到 74 英寸的父代，你会发现他们子代的身高几乎全部

都在该线之下。因此，这些非常高的父亲生下的子辈通常都比自己矮，确实很令人失望。而在图的另一端，父代身高低于平均值时，相反，子辈的身高几乎都在该线之上，不过高尔顿似乎没有从中得到任何安慰。无论如何，最后证明能画出另一条线以更好地描述到底发生了什么。这条线又称为回归线（右图中的实线），表示给定父代身高所对应的子代平均身高。在图 8-1 右图中，密布点再次与虚线和回归线一同显示。注意回归线不同于虚线，在它的垂直高度中，点的上下分布数量大致相同。任何给定的父辈身高，子辈的平均身高都可计算。比如，若父代身高 72 英寸，子辈平均身高为 70.8 英寸，低于父辈身高但高于总人口的平均身高。在本书中研究回归线的公式有点过于技术化了，但数学计算软件如 MATLAB 和有统计图形功能的随身计算器都可以在瞬间帮你画出回归线。

因此高尔顿所观测到的现象非常正常，不会导致身高的单值化，即一群人中每个人的身高都是 68 英寸。事实上，父子的身高分布其实非常相似，都聚集在 68 英寸的平均身高附近，也具有相同的变异性（标准差同为 2.5）。高的人通常有高于平均身高的子辈们，偶尔身高为平均身高或者更矮的人也会有高的子辈。正如我首次遇到趋均数回归时所提到的连续掷骰子问题，掷出 6 后，下一轮你会期望掷出较低的点数；而掷出 1 后就会期望较高的点数，但是你不会期望一直掷出 3 或 4。父子身高问题和掷骰子问题之间的类比多少有些不可靠，因为子辈的身高取决于父辈，但连续掷骰子完全是彼此独立的。不过，在这两个示例中确实都能观测到趋均数回归的现象。

趋均数回归在各种情况下都会出现，其中一个典型的例子是考试分数。假设卡罗参加了两场同等难度的考试，作为一个好学生，她期望每场都得到 80% 的分数。如果第一场她的得分低于 80%，那么第二场分数就可能提高。相反，如果第一场高于 80%，第二场分数就可能低些。如果她有幸在第一场考得非常糟，第二场的表现就可能有非常大的提高！与此相反，那些在第一场表现非常好的可怜家伙，第二场分数就可能下降。正如我所指出的，我们人类有一种即使完全不需要也要寻找解释的倾向。如果卡罗在两场考试间喝了许多咖啡，就可以完美解释分数提高的原因。

如果像美国有些州一样，学校会因改进而受到奖励，趋均数回归告诉我们，表现较差的学校开始局面会更好，它们会比好学校更容易受到奖励。体育、医药和其他领域也会出现相同的现象，起点低就更容易提高，反之亦然。棒球界一个广为人知的现象是年度新秀第二年（又称“二年级生症候群”）的击球率一般会下降，趋均数回归很好地解释了这个现象。新秀年的击球率异乎寻常的高，这种偏差使他成为年度新秀，但下一赛季中成功不太可能得到复制。我们要在这里学到的是，分清实际变动和导致趋均数回归的完全正常波动两者很重要。

在现代统计学中，高尔顿提出的回归的概念，即“向后发展”，已经被弃之不用，但“回归”这个词却保留下来。目前，两组以上变量间的任何关系都可用回归来相容。最简单的形式是线性回归，即如之前所做，用一条直线来拟合数据集，不过还有很多种回归形态，如二次的，三次的，对数的，符号逻辑的，倍数的，用以描述拟合数据的各种不同类型的曲线和函数。

当高尔顿收集数据发现回归现象时，还调查了后世著名的相关性，用来度量两个变量间的关联程度。简单地说，两个变量被称为相关是指一个的值可被用于预测另一个值。上述父子身高就是一个例子，如已知父代的身高，即可预测子代的平均身高，我们看见的图 8-1 也说明了他们之间的关系。两个变量不必要属同一类型。图 8-2 所示为 2006 年明尼苏达维京人队选手的身高和体重，正如所期待的，两者存在明显的相关关系。你既然已经了解回归线的含义，我也把这条线画出来。注意密布点在水平方向和垂直方向上如何分布，因为体重和身高分别用整数英寸表示，所以很多选手体重相同，也有很多选手身高相同。如果是更精确地度量，我们就看不到这些线了。

可能更有趣的例子是 5.4 节中提到的老忠实泉。当你在黄石国家公园参观这座宏伟的间歇泉时，你会发现下一次喷发的预测时间张贴在游客中心。该预测基于观测到的喷发时间长度和连续喷发间隔期的相关性得出，喷发时间长，相应地喷发间隔也更长。这是有道理的，因为长期的喷发需要更多的热和水，意味着需要更多的时间储备新一轮喷发的压力。因此，一旦喷发结束，它的喷发时间被记录下来，数值输入回归线的公式中，计算出下次喷发的时间。大量其他的因素也会影响间隔时间，所以相关性并非完美，但很明确。图 8-3 中显示了 20 种喷发长度和间歇时间的组合关系，以及建立在这些数值上的回归线。老忠实泉或许是全世界被研究最多的间歇泉，数十年来一直收集数据，数不胜数的观测记录被用于预测。我仅采用了这 20 组观察记录，来阐明这些预 99 测所基于的相关关系类型。

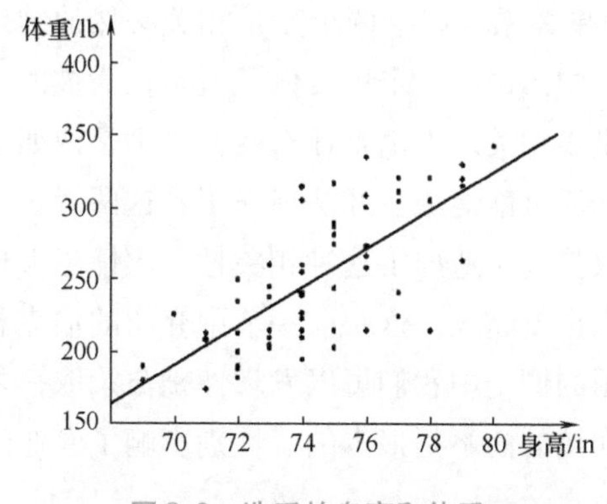

图 8-2　选手的身高和体重

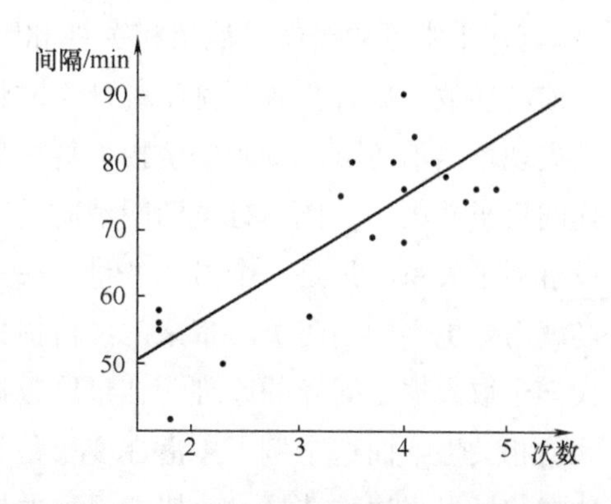

图 8-3　老忠实泉喷发时间的间隔和次数

相关性可以用相关系数量化，在数字 -1 到 1 间变化。相关系数接近 0 表示变量间不存在线性相关，而接近 -1 和 1 的相关系数表示强烈相关。有一个公式用于从一组观测数据中计算相关系数，但是因为公式有点复杂，对理解相关性没什么帮助，我选择暂不讨论它。在父子数据和橄榄球队选手数据中，相关系数大约为 0.7，而老忠实泉的大约为 0.8，是非常高的相关性（这很容易理解）。当回归线斜向上时，我们就说呈正相关。相关系数负值则意味着回归线斜向下，即一个变量的高值相对应的是另一个变量的低值，我们称它为负相关（比如血压和预期寿命的例子）。

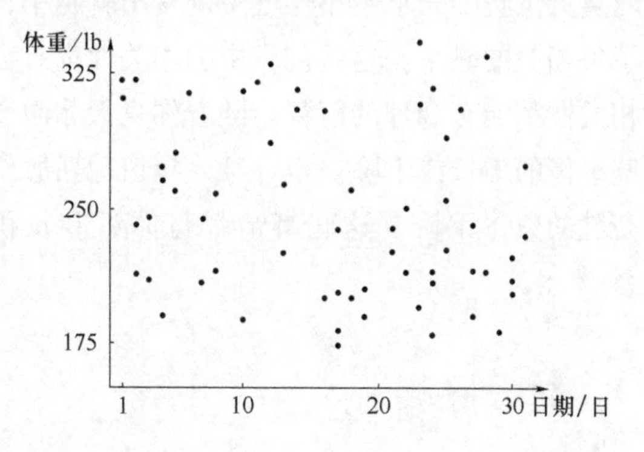

图 8-4　明尼苏达维京人队队员的生日和体重

若变量间的相关系数为 0，我们就说变量不相关。图 8-4 所示为明尼苏达维京人队队员的生日和体重。密布点间并无可识别的模式，当然本来也不应该有。生日和体重是不相关的变量。实际些的评论是，由不相关变量组成的数据集中算出的相关系数几乎不可能刚好是 0，但除非相关系数离 0 稍远，否则也不能得出变量间相关的结论（就像民调中我们还需要考虑边际误差一样）。

相关性完美地诠释了高尔顿的建议，统计必须被“巧妙处理”、“谨慎解释”。一个常见的错误是混淆相关性和因果关系，以为两个变量相关必然的结果是前者导致了后者。有时见于统计学文献中谬论的一个可笑例子就是认为被派去火灾现场的消防员数量和经济损失规模呈正相关。推论是什么呢？是不是说如果你的房子着火了，你不打电话叫消防员来灭火就能减少经济损失了？这两者之间没有因果关系，只是一个潜在变量——火势大小造成了这种相关性。火情越大现场就需要更多的消防员，带来的经济损失也就越大。这跟前一节中介绍的伯克利大学录取数据是同样的原理。在录取数据的例子中我们可以发现性别与录取率之间的相关性，而这个例子中潜在变量是间接的而不是根本的。性别影响了专业的选择，反过来这种选择又会影响录取的概率。

现实中有许多伪相关性的例子。比如许多美国的家庭购买冰激凌的钱与电费呈正相关。难道是冰激凌越多冰箱越耗电吗？还是说越来越高的电费让大家的经济压力变大，所以不得不多吃些冰激凌来寻求安慰？可能不是吧。这个例子中的潜在变量是——夏天。天气越热空调温度就要开得越低，需要吃更多的冰激凌。同时夏天供暖的需求越小煤气费用支出就越小，所以这就与购买冰激凌的支出形成了负相关的联系。这些例子中的相关性都有合理的逻辑解释，但是并不是所有的相关性都能有合理的解释。随着你夏天冰激凌的支出越来越高，就会出现另外一些事情的增长或下降。也许某一年道琼斯股票指数在上升或者是纽约扬基队比赛获胜的数量下降，这些事情都与你买 Ben 和 Jerry 冰激凌的数量有着神秘的关系。

8.7 数据探测法

我曾经说过统计学是被量化的常识，将量化与常识结合在一起非常重要。比如某种疾病不药而愈的概率是 80%，现在一百个病人吃完某种药之后治愈的概率是 90%，那么我们能说这种药提高了治愈率吗？

就像民意调查一样，我们将这一百个病人当做所有可能得病的人的代表样本。所以仅仅因为 90 比 80 大就说提高了治愈率是不够的。因为在 80% 的期望治愈率周围存在随机变化的可能。假设有 82 个病人痊愈了，这个数字非常接近 80。所以我们会认为这个变化是自然的，而不把它归因为药物的作用。当这个数字提高到 90 呢？这还是处于自然变化的范围之内吗？如果我们假设药物没有发生作用，100 个人中 90 个人甚至更多的人痊愈的概率只有 0.002。这个概率非常的小，但是我们的确会觉得这个提高是由药物引起的。但是通过量化这个风险，我们知道这个结论是错误的。每一千个案例中有两种情况下即使药物不发挥作用我们还是能看到一个显著的提升。这个数字已经充分说明了药物所发挥的作用，但因为有这个药物的试验，我们的常识却还在告诉我们相反的结论。如果病人们是通过吃糖和香薰按摩从而提高了治愈率，那么我们就不会得到类似的结论了。这种结论就是在现象与之前场景之间建立了伪相关性。这也说明了要得到一个有意义的结论必须基于大量的数据和理论知识。

下面我们来介绍一个严重滥用统计数据的例子。我登录得克萨斯州彩票网站，看到了“选 3”游戏（在 0 ~ 9 之间选择三个数字）对应的数字出现频率。在过去五年中白天开奖一共开出了 3822 个幸运号码，所以我们可以合理推测 0 ~ 9之间的每个数字都大概出现了 382 次。当然不可能每个数字都恰好出现 382 次，我们必须允许随机变化的存在，有些数字就出现了 366 次，另一些数字则出现了 390 次的情况是非常正常的。但是我注意到数字 3 只出现过 345 次，这个数据实在过低。通过计算发现这种情况对应的概率只有 2.3%。如果这是一个民意调查的话，它就意味着在 3822 个调查对象中有 345 人表达了对候选人的支持。正常的误差幅度不足以解释这个问题，所以此时我们可以说这个偏差在统计上非常显著。那我们需要去探究为什么数字 3 出现的次数这么少吗？

完全没有必要。这是典型的数据探测法，当你发现实际情况与理论数据不符，然后用计算的数据来证明这些异常的不符现象是正常的。这有什么问题吗？你很可能会发现有些东西是错的（统计学家们会戏称，如果你长期折磨这些数字，它们最终就会坦白）。在得克萨斯州彩票数据的例子中，我们计算出数字 3 对应的概率只有约 2%，但是这并不是相关的。因为在这种情况下有一些其他的数字很可能占的比例超过平均数。我继续观察了夜间开奖的数字，其中数字 6 出现的概率比正常的概率超出了 2.5%。总是有一些数字的偏差会比较大，这是再正常不过的。不要把我们的常识抛在一边；除非你是个偏执的数学命理学家，否则你完全没有必要去说明为什么数字 3 出现的次数会这么少。如果有人真的拿出理论统计证据（尤其是只提供了统计证据时）给出了所谓的解释，你也要保持一种怀疑的态度。

对于彩票数据有一种快捷方便的检测方法——卡方检验法，用这种方法就能检测出幸运号码是不是随机抽中的。这种方法的核心思想就是计算这个数与预期随机数的偏差。如果这个数太大了（这里的“太大”是指用概率量化之后的结果），那么我们就可以得出抽奖程序有问题的结论，这些数字就不是随机抽取的。表8-7列出了数字0~9对应的观察到的频率和预期频率。这两者之间的偏差是正常的吗？还是说抽奖程序有瑕疵？

表8-7　得克萨斯州“选3”游戏中数字0~9对应的观察到的频率和预期频率

数　字	0	1	2	3	4	5	6	7	8	9
观察到频率	366	382	377	345	386	390	371	412	419	374
预期频率	382	382	382	382	382	382	382	382	382	382
差　额	−16	0	−5	−37	4	8	−9	30	37	−8

卡方检验法首先把观察到的频率和预期频率之间的差进行平方，然后再将这个平方数除以预期的频率，最后把所有计算出来的商相加。如果最终的结果很大，就表示观察到的频率和预期频率之间的偏差很大。我在此不想解释这种方法的原理，但你应该明白为什么要用到平方数。因为观察到的频率和预期频率之间的差可能是正数也可能是负数，如果不进行平方的话它们就会相互抵消。而用这些平方数去除以预期数的原因就在于得出的商越大随机变量就越随机。卡方检验法通常用χ^2来表示，在这个例子中我们可以得到如下式子：

$$\chi^2=(366-382)^2/382+(382-382)^2/382+\cdots+(374-382)^2/382\approx 10.95$$

现在我们必须判断这个数字是一个大数字还是小数字。首先我们可以将这个数字与期望值来做个比较。期望值等于种类数减去1，具体到数字0~9共有十类，所以期望值为9。而我们通过观察计算得到的值是10.95，两者之间相差不大。而且标准差等于两倍期望值的平方根，即$\sqrt{18}\approx 4.24$。鉴于10.95与期望值的差比标准差小，所以我们观察到的频率一点也不极端。我们还通过计算概率量化得到χ^2来判断出这组数字是随机抽取的数字。借助于MATLAB，我们计算出这个概率是28%。这不是小概率，所以我们观察到的$\chi^2=10.95$不是一个异乎寻常的大数。因此我们可以得出结论：偏差很正常，抽取数字的随机性毋庸置疑。这个结论是在整个数据的基础上得出的，而关于数字3的结论则仅仅是把它单挑出来计算而得的。在这个例子中使用卡方检验法是非常恰当的。

这个彩票的例子也说明了一个问题，当你的观察对象有多个类别时，你可能会发现其中的一两个数字的偏差比期望偏差要大。但是如果运用了卡方检验法检验之后发现并没有什么异常的情况，则没有必要立刻去关注这些个别类别的偏差。还有一个典型的例子就是美国的 50 个州。假设现在要考虑某些不按照特定区域分布的疾病或者死亡原因，你也可能会发现某一些州的数据对应的偏差要比正常的偏差大很多。当你开始埋头要找原因时你最好还是先用卡方检验法来整体检查一下吧。

不论你是有目的地去使用还是偶然使用，数据探测法是一个严肃的问题。数字本身是不会撒谎的，但是它们可能无意识地就符合了某种特定的假设，这种情况就很难被发现。有些时候我们得出来的结论是说不通的，但是我们可能就会怀疑这些数据有问题，然后开始分析这些数据。瑞典统计学家霍尔格·洛特森（Holger Rootzen）曾经告诉我他在分析保险公司的事故索赔数据时发现一个怪异之处，最近一次的索赔总是最高额的。这到底是怎么回事呢？是事故越来越严重了吗？答案其实平淡无奇：当一个保险公司经历了不寻常的赔偿额支出之后，它们开始寻求统计学家们的帮助。所以当统计学家们拿到这些数据时，最近一次的索赔显然就是最高额的。虽然可以把这个现象部分归因为突然增加的赔偿数量，但是这样的分析就会回避了真正的原因。

几年前我看过一篇统计学研究，研究宣称银色的车发生事故的概率比其他颜色的车要小。文章的作者并没有提供任何逻辑的解释，只是用统计数据来说明问题，最后他们还建议工厂生产更多银色的汽车来提高安全性。我绞尽脑汁也想不出任何理由来支持他们研究中的发现，因为任何其他的研究可以宣称红色或是蓝色的车发生事故的概率比较小。这就像是得克萨斯州彩票例子中出现的问题一样，单个的数据可能会显得不太正常，但是整体考虑时就完全没有什么异常之处。在汽车的例子中也许会有一些合理的解释，比如谨慎的司机偏爱买银色的车。如果是这种理由的话，作者们要求多生产银色车的建议就变得毫无意义了。如果没有合理的解释，我们就还是对这些结论保持谨慎的怀疑态度吧。把这篇研究当成是一个统计学上的笑话大概就是最好的解释。

数据探测法的另一个经典的用途就是遗传基因学。现代遗传学之父——格里哥·孟德尔（Gregor Mendel）(1822—1884）跟高尔顿一样与菜园里的豌豆有不解之缘。不同的是高尔顿通过这些豌豆联想到了优越性的丧失，而孟德尔却有更加伟大的发现。他第一个发现个体的特征会作为一个独立的单位从父辈传给子孙后代，不与其他的特征混合。他有一个著名的试验就是将两种不同种类的豌豆（圆粒与皱粒）进行杂交，此时所有杂交的豌豆都是圆粒的；他又把杂交之后的豌豆继续杂交，此时结出的豌豆中25%是皱粒的，75%是圆粒的。由此他发现了显性基因和隐性基因。皱粒的豌豆是隐性的，所以需要两个因子才可以显现出特征；而圆粒豌豆的基因是显性基因，只需要一个因子就可以表现出特征。如果父辈植物进行杂交，每个遗传基因携带一个特征那么杂交植物必然都是圆粒的；但如果继续杂交则结果有可能是圆粒的，也有可能是皱粒的。把这些遗传基因写作S和W（译者注："圆粒"英文为smooth，"皱粒"英文为wrinkled），那么父辈植物的为SW。父系和母系分别随机遗传一个基因给杂交出来的植物，所以杂交植物遗传到两个W变成皱粒豌豆的概率为25%。剩下的75%的豌豆至少会有一个S基因，所以它们都是圆粒的。如果这些圆粒豌豆是SW，那么它们本身也像父辈植物那样携带着隐形的基因。**从这个角度上来看，遗传学是一门大量运用概率学和统计学知识的科学。**

让我们再次回到孟德尔的例子。他曾经做过一组实验，共有7324颗豌豆，其中5474颗是圆粒豌豆，1850颗是皱粒豌豆。按照随机交配的假设，圆粒豌豆应当占7324颗豌豆的75%，即5493颗；而皱粒豌豆应当为1831颗。孟德尔实验的数据实在太完美了。就像有的时候观察到的数据离期望值太远一样，有的时候这些数据会太接近期望值。在这个例子中我们都认同孟德尔的结论，但是大家都普遍认为这一组数据是人为设计好来匹配他的假设的。作为一位伟大的科学家和修道院院长，孟德尔有时会受人质疑，因为他的助手会迎合他的喜好来修改实验数据。

卡方检验法在其他的场合也有广泛的使用。在第3章中我们介绍了泊松分布以及它在稀有不可预测事件中的运用。我在新奥尔良写这本书的时候飓风季就要到来了，不知道每年飓风的数量是不是也符合泊松分布。飓风的形成是人们无法预测的，并且在特定的时间段也是稀有的，所以应当符合泊松分布。近半个世纪以来平均每年飓风的数量比6稍小。如果我们把6当成泊松分布的期望值，那么我们可以计算出飓风每年发生0次、1次、2次等的年数的期望值了，然后把这些数值与实际的数值比较。通过卡方检验法的检验我们发现泊松分布非常适用。在图8-5中你可以看到1935年到2005年现实和预期的飓风次数，它们惊人的一致。

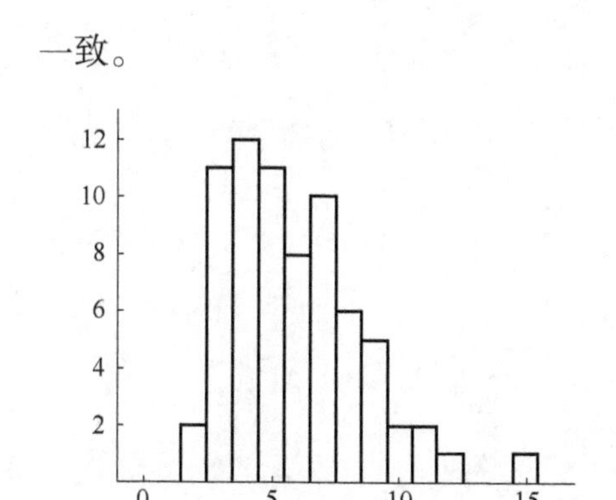

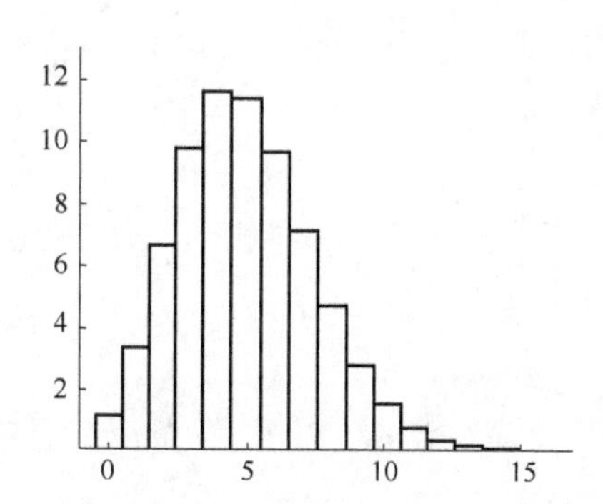

图 8-5　1935～2005 年间北大西洋热带气旋的实际次数和预期次数

图 8-5 左图为实际次数，其中没有任何一年没有飓风或只有 1 次飓风的，发生两次飓风的有两年。而臭名昭著的 2005 年有 15 次飓风。图 8-5 右图则是依照泊松分布画出的预期图。

8.8　结语

在第 2 章中布莱恩·埃弗里特曾经在其著作《机会规则：概率、风险和统计的非正式指南》（*Chance Rules*）中指出：统计学家在鸡尾酒会上没有那么受欢迎。这一点我在本书的开篇也转弯抹角地说过了。我希望读完这一章你对这些统计学和统计学家们的看法有所改变。现代社会中我们需要收集和分析各式各样的数据，毫无疑问统计学也越来越重要。各类书籍文献中滥用统计学的术语却也是统计学重要性凸显的不幸。我最近在电视上看到一个广告，宣称如果使用了它的保养品你的皮肤就可以看起来“比实际年龄年轻 10 岁”。我完全不知道这句话在表达什么意思。

概率学家们除了有专业知识之外并不像普通人想象的那样是无趣的干瘪小老头，他们也是非常有意思的人。如果知识也可以像德国坦克、伯克利大学的案子、孟德尔的助理这些故事一样广为认知，那么概率学家再也不用在社交场合假装成宇航员、海豚训练师甚至是保险精算师来避免被人孤立。说不定他们就成为了人群中的焦点，谁知道呢？毕竟有一位天才曾经说过统计学充满了“美与趣味”，这样美好的东西有谁会满足呢？

第 9 章

伪概率：计算机模拟

1. 计算机“随机”产生的数就是随机数吗？
2. 数字 1 好像总是排在第一位，数字 9 就真的如其名甚少排在第一吗？
3. 怎样可以如福尔摩斯般敏锐地发现选举投票统计数据中的欺诈问题？

一切的根源都在于对随机性的把握！

9.1　骰子与模运算

虽然模拟常被视为是获取复杂系统信息的一种手段，但“模拟”一词却表达了很多不同的含义。依照韦氏在线词典的解释，模拟是“通过其他系统或过程的运行来模仿展示某个系统或者过程”。我们也许会认为只有计算机才可以进行模拟，其实不然。例如，在飞行员特训中，规定沿着特定抛物线轨迹飞行就是为了模仿太空中的失重状况。即使我们把条件限制到计算机模拟，这依然有很多层含义。飞行员会坐在飞行模拟器中训练，护士会用到医疗模拟器来模仿病人真正的反应，天气预报会使用图像计算机模拟来描述飓风对沿海地区的影响。然而，对于概率主义者来说，模拟意味着“模拟随机性”。和圈外人谈论时，我们有时会用“蒙特卡罗模拟法”这一术语来强调模拟的随机性。

模拟的主要作用在于估算难以准确计算的数量。就拿轮盘和 21 点来说。对于轮盘游戏来说，概率和预期收入都是非常容易计算出来的。但是由于 21 点的规则更为复杂，策略选择更多，精准概率计算变得很难。当用计算机进行模拟游戏，记录下每局使用不同策略时的游戏的输赢，计算就简单多了。计算机多次模拟之后再计算平均的收入，这个值就近似于预期收入了。但是要注意“多次”和“近似于”这两个词。这意味着我们是基于大数定律用观测到的平均值来估计这个难以计算的未知预期收入 μ 的值。计算机的运行速度非常快，这就保证我们可以通过大量的模拟次数来保证模拟结果的可靠性。

模拟的对象本身的意义可能与随机性没有什么关系。早期模拟的范例是蒲丰投针法计算 π 的值。针本身没有任何意义，它们只是计算 π 值的工具。年代再近一些的一个更为常用的例子是蒙特卡罗积分法，它是利用随机数来计算曲线下方的面积（见图 9-1）。左图和右图是同一条曲线，如果你知道曲线的公式，那么你就能通过微积分计算出面积（通过计算曲线函数的积分）。如果你不知道这个公式，我们可以像右图一样将曲线放在一个矩形区域内，并在矩形内随意地画上很多点。这些点在曲线之下的概率等于曲线之下的区域占整个矩形的比例。所以当我们随机画许多个点，然后计算出这些点在曲线之下的比例，得到的值近似于曲线之下面积所占的比例。这就是大数定律在实践中的运用，它告诉我们相对频率可以稳定在真正的概率附近。在图中我画了 200 个点，其中 84 个点在曲线之下，因此比例为0.42。而真正的值为0.416，两者非常接近。在这个例子中我实在是太走运了，其实要得到一个更可靠的数值我应该画上千个点才能确保得出的值有良好的精确度。

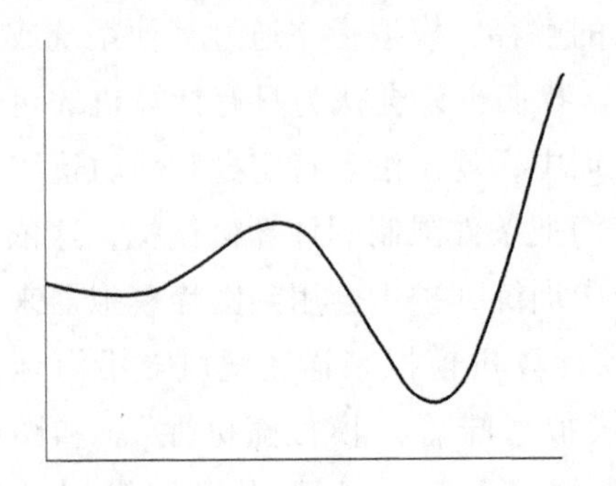
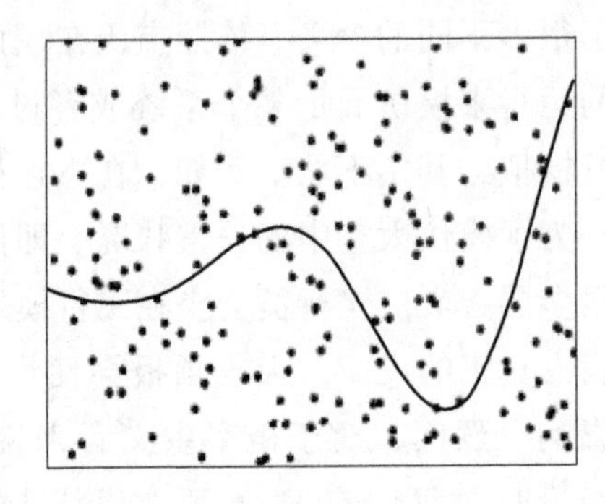

图 9-1　蒙特卡罗积分法

模拟的另一个重要的应用就是评估新型复杂的统计方法。假设一位统计学家发明了一种新的方法，可以通过民调更准确地预测选举结果。通过理论来计算基本是不可能的，由于之前并没有实践检验的基础，所以她也没有办法用数据来检验这一方法的准确性。计算机模拟让这种检验成为可能。她可以通过计算机反复模拟各种场景来发现其预测与真实结果之间的差距（因为是她自己决定真实结果的数据，所以她始终掌控着一切）。

对模拟技术的需求远远早于计算机的诞生。高尔顿爵士当然不会错过随机性的创造。他 1890 年在《自然》杂志上发表了一篇名为《统计试验的骰子》的文章。他说：

“目前为止我还没有找到比骰子更好的创造随机性的工具。每次洗牌之后再连续抽出牌或者将一堆标记过的球混在一个袋子里都非常复杂冗长。在模拟四方陀螺或者某些轮盘游戏时常会用到这些工具，但是最好的工具是骰子。它们在盅子里疯狂地摇动，互相撞击，没有人在事前可以通过任何信息得知它们的位置。每掷出一次结果之后再摇一次。”

高尔顿接着继续介绍如何制作骰子。这些骰子是用红木（还可以用其他什么材料）做成边长为1.25 英寸的正方体，每一个面每一条边上都做上标记。掷到哪一个方向就对应不同面和边。他还设计出了一款有加减符号的骰子。他认为用六个骰子是“最有效的方式”。

高尔顿关注到骰子掷出来的结果是完全无法预测的，这一点让人折服。现代计算机所谓随机生成的数字，其实一点也不随机，只是在使用一流的骗术在欺骗大家。计算机程序本身是无法随机自动生成数字的。它通过计算一群已经设定好的数字的一些对数来生成一连串的数字。[㊀]这些数字看起来是随机的，但其实不然。我们无需像1997年的电影《洛城机密》中盖·皮尔斯饰演的那个侦探中尉艾德·埃克斯利那样苛刻：

“长得像拉娜·特纳的妓女依然只是妓女。她只不过是长得像拉娜·特纳而已。”

恰恰相反，即使有人已经知道可以用对数来完全确定每一个数字，但是这些由计算机生成的被称为“伪随机”数字是非常有用的。让我们进一步看看这些随机数字是怎么样产生的。生成的途径非常多，我只描述其中一种最为常见的同余法随机数字生成器。这种生成器使用的是模运算。你也许会说自己不知道这个运算方式，你错了，你肯定知道怎么运用模加法，你只是不知道这个名词罢了。

模运算是对有限集合的普通运算，最小数总是跟在最大数的后面，它们就像是钟面上的数字一样，一圈转完之后就会重复。（20世纪70年代末人手一块的数字电子表终于消失了。它们对于理解模运算百害而无一利。对此我感到非常欣慰。）再举一个例子。用数字1到7来表示从周一到周日的每一天。当我们数到7之后就又会出现1。假设现在是周二，九天之后是周几？显然这跟两天之后是一样的：周四。因为周二对应的数字是2，当你加上9之后得到了11。但当你数到7之后又必须重新开始计算，于是你得到了数字4，对应的是星期四。恭喜你，你刚才运用2加上9，以7为模，最终得到了4。这一过程的书面表达式是

$$2+9=4 \pmod 7$$

换种说法，当以7为模时4和11同余，在此种类型的计算下它们是相同的。任何数乘以7再加上4都与4同余。这些数的集合为{4，11，18，…}，是以7为

㊀　顺便提一句，韦氏词典中模拟的另一个定义就是“伪对象”。

模 4 的同余类（你也可以用负数乘以 7，得到的数如 -3，-10 等也是此集合的数字）。如果你计算的是月份，那么就要以 12 为模数；如 $11+3=2 \pmod{12}$，即十一月之后再过三个月就是二月。如果你不是美国人（或者你在美国海军服役），你通过以 24 为模数的运算来计算时间。例如 $15+10=1 \pmod{24}$，即下午三点之后再过十个小时是凌晨一点。

现在你已经知道如何运用模运算了。那么如何运用它来帮助你生成随机数字呢？同余随机数字生成器先写出一些数字（这些数字被称为种），然后将这些数乘以一个常数，再加上另外一个常数。再将得出来的数字计算以 n 为模数的余数，从而得到 $\{1, 2, \cdots, n\}$ 的集合。当你生成第 k 个数字 X_K 之后，下一个数字 x_{k+1} 可以通过公式

$$x_{k+1} = a \times x_k + b \pmod{n}$$

计算出来，其中 a 和 b 的值是已知的。要得到一组长的序列，通常需要满足两个条件：

（a）任何数字出现的概率相同；

（b）无法预测下一个数字。

用掷骰子来举一个简单的例子。此时 $n=6$，集合为 $\{1, 2, \cdots, 6\}$。令 $a=b=1$，选择以 1 为种子，很容易得出 1，2，3，4，5，6，1，2，……这一组数。但是这一组数字只符合条件（a）不满足条件（b）。再令 $a=3$，$b=5$，同样以 1 为种。第一个数字是 $3\times1+5=8$，减去 6 之后得到 2，所以 $8=2 \pmod 6$。接下来的几个数字是

$$3\times2+5=11=5 \pmod 6$$
$$3\times5+5=20=2 \pmod 6$$

然后整个序列不断重复 2，5，2，5，…，没有其他的数字出现，很快我们就可以发现规律，显然这也不是一个恰当的序列。你也许发现了运用这种方法似乎也不能生成很好的数列。最好的大概就是随机包含 1 ~ 6 的序列，然后无限重复。我们甚至生成不出 3，3，1，…这样的序列，因为如果第一个 3 会产生另一个 3 时，新产生的 3 就会继续生成 3。现在我们需要一些更聪明的方法。

令 $n=60$，将每个数字除以 10 并向上舍入到最近的整数，来模拟投骰子。这就意味着 1 ~ 10 之间的数字最终会得到数字 1，而 11 ~ 20 之间的数字会得到数字 2。假设 $a=11$，$b=13$，同样以 1 为种，那么第一个数字是 $11\times1+13=24$，将

结果除以10得到2.4，舍入到最近的整数3。将24代入运算，$11 \times 24 + 13 = 277 = 37 \pmod{60}$ 同样得到整数4。在1~60之间的数字运算，其中2可以生成数字4也可以生成数字3。对应模拟掷骰子的结果就是1，2，4，5，2，3，这比之前看起来真实多了。虽然我们生成的序数在不断改进，但是最终它还是会重复。出现重复之前的序数的长度叫做随机数生成器的周期，显然我们希望这个周期越长越好。

当我们令 $n = 600$，除数为100或令 $n = 6000$，除数等于1000时，情况会更好。总而言之我们假设一个非常大的数字 m，令 $n = 6 \times m$，然后将 n 除以 m 并舍入到最近的整数来模拟掷骰子的结果。我尝试了当 $n = 6000000$，$a = 374511$，$b = 977597$ 的情形（a 和 b 可以随意取值），此时得到的前二十次掷骰子的结果是

2 5 1 4 1 4 2 1 2 3 5 5 4 6 6 3 4 2 1 4 1 3 5 5

通过仔细地检查，发现这些数字在长期模拟中出现的概率是相等的。但这依然不是一个好的随机数生成器。因为我们必须要谨慎地选择数字 a 和 b 的值，才能使周期的长度保证序列的随机性。例如，当 $n = 600$ 时，令 $a = 1$，$b = 100$ 就会出现序列一直在重复1，2，3，4，5，6。数论的数学原理告诉我们如何恰当地给 a，b，n 赋值。数论是最纯粹的数学理论，它的实践者们穷其一生都在研究素数和其他非常高深的理论。有趣的是这个数学的高度理论化的分支不仅仅在模拟上发挥了作用，在密码学上也是大放异彩。英国数学家高德菲·哈罗德·哈代（Hardy，Godfrey Harold）(1877—1947) 曾经预言到：

“毫无疑问，纯粹数学从整体上来说比应用数学有用得多!”

我敢保证他肯定没有想过掷骰子。

大部分计算机的编程语言和小型计算器都有随机数生成器的功能。你按下对应的功能键，就会产生一些0~1之间的小数，比如0.3425，0.9010。这些数字产生的方式与我之前介绍的方法异曲同工。它们都是模拟的基石。用一个简单的计算器就能得到许多小数，为了实践的目的我们可以假设所有0~1之间的小数出现的概率都是等可能的。为了模拟掷骰子的试验，我们可以假设1~1/6之间的数字对应的1，1/6~2/6之间的数字对应的2，以此类推。当需要模拟硬币试验时，我们可以令0~0.5之间的数字对应正面，而0.5~1之间的数字对应反面（见表9-1）。

当模拟的对象对应的概率并非相等时，你只需要将［0，1］的区间依据概

率分成对应的部分。例如你想要模拟有两个孩子的家庭中女儿的数量，结果可能是0，1，2，对应的概率为1/4，1/2 和 1/4。这时，你可以将 0 ~ 1/4 之间的数对应0 个女儿的情况，而1/4 ~ 3/4 之间的数对应 1 个女儿的情况，3/4 ~ 1 之间的数字对应 2 个女儿的情况。

如果模拟的是更为复杂的概率分布那么就需要更加复杂的演练。你可以通过随机选择的 A、B 两个数字利用下列公式来计算 X 的值：

$$X = \sigma \times \sqrt{2 \log A} \times \cos(2 \times \pi \times B) + \mu$$

此时 X 符合均值为μ，方差为 σ 的正态分布。讨厌的 π 又出现了，现在你大概再也不会觉得它的出现很突兀了。当我们想要模拟出一千个均值为 100，方差为 15 的智商分数时，我们可以随机生成两千个数字，然后成双成对地计算出 X 的一千个值。图9-2画出了这种模拟的情况。图中虚线是理论上的钟形曲线。

表 9-1　对应硬币正反面的随机序列

随机数字	硬币正反面
0.9501	反面
0.2311	正面
0.1068	正面
0.4860	正面
0.8913	反面
0.7621	反面
0.4565	正面
0.0185	正面
0.8214	反面
0.4447	正面
0.6154	反面

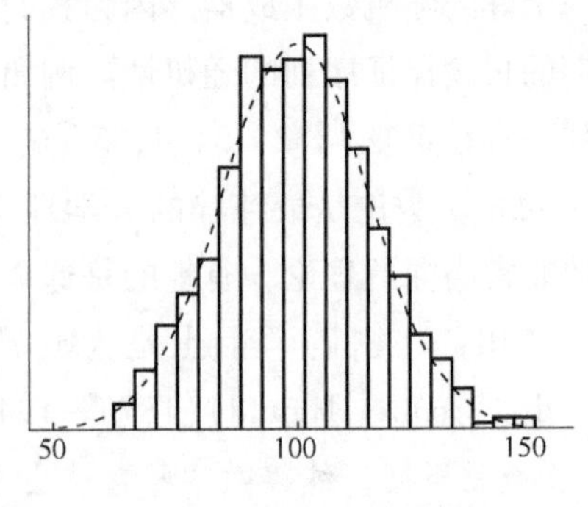

图 9-2　一千个均值为 100，方差为 15 的智商分数

9.2　随机与并非那么随机的数字

在过去的很长一段时间内，许多问题用高尔顿的红木骰子无法解决，人们需要更广泛的随机数集合，当时计算机尚未问世。此时常常使用的是随机数表。这些表中的数字来源五花八门。伦纳德 · 蒂皮特收集并于 1927 年发表的 41600 个随机数字表就是早期随机数表的代表。蒂皮特是从人口普查的数据中得到这些数字的，他宣称这些数字是随机选择的，任何数字都没有特殊的含义。他从袋子中

随机抽取写有数字的卡片。这种方法非常的繁琐，并不尽如人意（他应该读读高尔顿的书）。1995 年兰德智库出了一个本书《一百万个随机数字》（*A Million Random Digits*），这本书中包含了通过电子轮盘得到的一百万个随机数字（是的，就是一百万个）。我节选了一部分数字：

13073　43556　45009　13436

58884　93194　33498　01299

这些数字是书上来的吗？不要告我剽窃；也许这些数字就是我自己编造的。你可以自己去核实一下。这本书在 2001 年的时候再版了，亚马逊上有几本二手书在出售。显然人们只记得这些数字，却忘记了书本身。

在兰德智库的网站上，它宣称依然在使用这个表。这一点我持怀疑态度。现在任何一个计算机软件，比如 MATLAB 可以用不到一秒的时间生成一百万个数字。但是这本书在其诞生时依然有重大的意义，当时写出这本书需要极大的创造力。我依然记得上高中时我们的数学用表上有一页纸就写满了随机数字。它们每天都是一样的，我一点也不理解它随机在哪里。当你用到小型计算器时，你感觉有一些随机的东西就从一个小盒子里出来了。这些就是我们说的错觉。但是用现代的计算机设备给我们的生活增添一点神秘感也是不错的。随机数表实在是过于冷静客观。

9.3　数字 1 排在第一位

从一个大的数据集合中随机选取一些数字来生成随机序列是一个聪明的想法，但是你在选取的过程中必须非常小心。假设你每次选择第一位数字（0 除外）。那么数字 34.509 和 0.0031 的第一位数都是 3。如果你想用这样的方法来创造随机数字序列，那么最终会发现一件非常神奇的事情。1 ~ 9 之间的数字并不是等概率的。这句话听起来非常鲁莽甚至几近荒谬，因为我压根就不知道你要从哪里来选择这些数字。本福特定律告诉我们，第一位数是 1 的概率大约为 30%，远远超过 11.1%，如果九个数字都是等可能出现。第二个最常出现的数字是 2，接下来是 3，如此以往一直到 9，它对应的概率只有 4.6%。

本福特定律并不是一个可以被证明的数学定律。但是这个定律经过了大量的试验和观察检验。表 9-2 就是我依据 www.nationsonline.org 网站上的信息，统计出来世界各国人口数据的第一个数字得到的表格。图 9-3 的左图给出了各个数字对应的概率，右图为本福特定律的预测。从图 9-3 可见，这些概率与本福特定律之间有着惊人的一致。有什么科学依据可以合理解释这种现象吗？为什么 1 如此的普遍而 9 却如此的罕见？

表 9-2　各国人口数第一位数字的概率

第一位数字	1	2	3	4	5	6	7	8	9
人 口 数 据	28.2	17.2	13.7	10.1	10.1	5.3	6.6	6.6	2.2
本福特定律	30.1	17.6	12.5	9.7	7.9	6.7	5.8	5.1	4.6

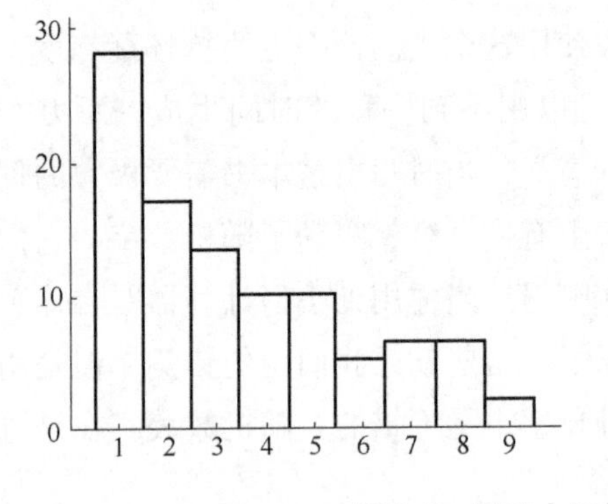

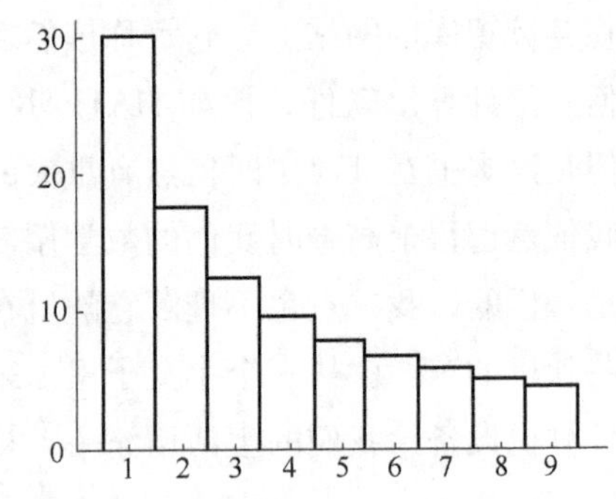

图 9-3　国家人口数量第一位数分布

每个国家的人口以一个相对稳定的速度在增长。在“数字 9 区域”的国家如瑞典的人口就是刚刚超过 9 百万。最终它会超过一千万人口，然后第一位数就变成了 1，并且将会保持很长一段时间直到人口的数量加倍变成两千万。而在“数字 1 区域”的国家有中国、日本和俄罗斯（这些国家很容易发现），它们将会长期停留在这一区域。当第一位数字刚刚变成 9 时，它增长到 1 需要 11% 的人口增加，但是当它需要从 1 增长到 2 时却需要增长一倍的人口。当从 2 增长到 3 时，人口需要增长 50%。从一个数字增长到另外一个数字对应的人口的增长率不断下降，这也是在小数字区域保持的时间长，而在大数字区域时间短的原因。人口以集合增长率（在固定时间段内人口数量成倍增长），对数学敏感的人也许会猜测本福特定律中包含了对数。之后我们会证明这种猜测是对的。

这种解释的方法取决于人口的增长，但在其他本福特定律的例子中却无法适用。但是通常说来作为第一个数字时，数字 1 的概率总是会名列前茅。从 1 数到 9，它们的概率相等。接下来从 10 数到 19 时是数字 1 打头。20 到 29 是以数字 2 打头的，依此类推直到 100 将在接下来的 100 个数字保持以 1 打头。总之不管如何，9 总是落后于 1。当然很容易找到不适用本福特定律的集合。比如用英寸作为单位来测量人们的身高，数字 6 和 7 是最常见的数字。而在加利福尼亚州的邮政编码中数字 9 终于扬眉吐气。

法兰克·本福特在 1938 年于《美国哲学学会会报》上发表了一篇关于该定律的文章，因此这个定律也以他的名字命名。但事实上早在他之前其他人也得出了相同的观察结论。天文学家西蒙·纽康（Simon Newcomb）早在 1881 年就有这样的发现。传说中，他是发现了对数表的书不同页码磨损不同，其中以 1 打头的对数所在的第一页比之后的页码磨损要严重得多。不知道大家能在计算机键盘上发现类似的磨损情况吗？我的对数表书看起来就非常的破旧，但是我不常计算对数。

本福特定律甚至可以被用来检测会计、保险或者选举投票欺诈问题。原理就在于：如果这些数字是捏造的，那么很有可能捏造者不会遵循本福特定律关于每个数字出现在第一位的比例，于是只要有一个整体的分析就可以发现造假之处。柯林·布鲁斯在他 2001 年出版的书《又被骗了，华生：逻辑，数学和可能性的警示故事》(*Conned Again, Watson: Cautionary Tales of Logic, Math, and Probability*) 中夏洛克·福尔摩斯就是通过运用数学分析解决了众多的犯罪难题。

你也可以用这个定律去打一些对你有利的赌。你选择 1，2，3 这三个数字，让锡德叔叔选择 4 ~ 9 这六个数字。让他选择一个他偏爱的数字集合，随机选择第一位的数字，选中了谁的数字谁就赢了。即使你只选择了 9 个数字中的 3 个，依据本福特定律，1 ~ 3 这三个数字对应第一位的概率加起来超过了 60%，所以锡德叔叔会输。

对于本福特定律还有一些更为复杂的解释，包括尺度不变原理、基数恒定性和对数分布。在本书中我将不一一介绍。但是为了保证得到准确的概率，我们需要做出一些必要的数学假设，从而得出准确的计算公式：P（第一位数为 d）= $\log_{10}(1+1/d)$，其中 $\log_{10}$ 是以 10 为底的对数，d 的取值从 1 到 9。当 $d=1$ 时，概率为 $\log_{10}(2)$，等于 0.30；10 的 0.30 次幂对应的结果为 2。对于第二位数字也有一个更为复杂的计算公式，通过这个公式可以发现数字在第二位上分布的更为不平衡。第二位上最可能出现的数字是0，概率为12%。然后概率一直下降，数字9对应的概率只有8.5%。下降的幅度没有像第一位数字那么夸张。当考虑第三位上数字的分布时，这种下降的效应几乎可以忽略不计。

9.4 难道随机真的就是随机的吗?

图9-4为两次扔硬币得到的结果序列。其中空心圆圈表示正面朝上，实心圆圈表示反面朝上。其中有一串的结果是随机的，另外一串则并非随机，而是人为刻意得出的结果。你能分辨出来吗?

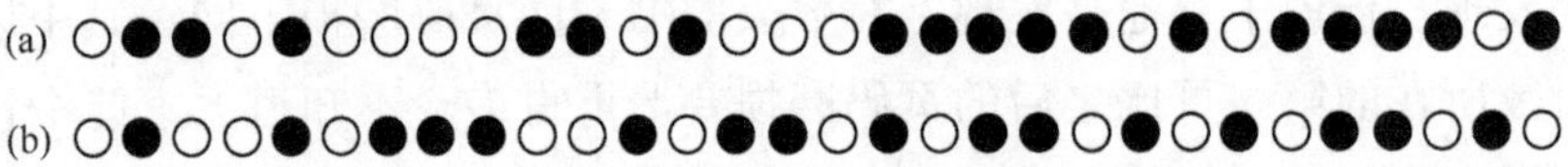

(a) ○●●○●○○○○●●○●○○○●●●●●○●○●●●●○●

(b) ○●○○●○●●●○○●○●●○●○●●○●○●○●●○●○

图9-4 两次扔硬币的结果

当然不可以。在真实的扔硬币试验中，正面和反面出现的概率是相等的，所有的序列对应的概率都是 $(1/2)^{30}$。那么这个问题就转化成为了哪一串序列更有可能是随机产生的，它显示出来了随机的特征。依靠正反面出现的比例来判断，第一串序列中有13次正面朝上，第二串序列中14次正面朝上。两串序列中正反面朝上的次数都接近15次，这种方法没有用。(b) 序列看起来正反面错落有致，而 (a) 序列连续正面或反面的情况更多，看起来更可疑。认为 (a) 序列是假的，(b) 序列是真的，请举手!

把手放下来；显然事实正好相反。(a) 序列记录的是真实的扔硬币试验，(b) 序列是假的。除了考虑正反面的比例问题，我们可以考虑从正面变成反面的次数或者从反面变成正面的次数。扔完第一次硬币之后，有29次变化的可能性，每一次发生的概率为0.5。所以变化次数的期望值为14.5。(a) 序列有15次变化，(b) 序列有22次变化。这说明了 (b) 序列是通过人为操纵达到这样多次数的变化的。发生22次正反面变化的情况有多极端呢? 通过二项式分布计算这一概率仅为0.12%；差不多每一千次中才会发生一次。我承认 (b) 序列是我通过将改变的概率由0.5提高到0.7得出的结果。此时变化次数的期望值为20.3，所以22次就并没有那么极端了。

(b) 序列中正反面朝上的次数是按照50-50的比例分配的，它只是比 (a)

序列的变化多一些。（b）序列是马尔可夫链（Markov Chain）的一种情况。马尔可夫链描述了一种状态序列，其每个状态值取决于前一个状态值（但是相对于前一个状态是独立的）。[⊖]马尔可夫链是概率和统计学中最重要的工具，它在为现实现象构建模型和计算机模拟（马尔可夫链蒙特卡罗方法或 MCMC）中都发挥了重要作用。我们可以将变化概率变成 0.3 的序列。这种序列中会出现更多次连续的正面朝上或反面朝上的情况。但是从长期来看正反面出现的比例是会保持平衡的。学习马尔可夫链是个非常有意思的过程，但是需要了解的数学知识也远非我在本书中可以介绍的这些皮毛。

我举这个例子是为了说明，当我们评价一个随机数生成器时，仅仅对数字或字符出现的比例提出要求是远远不够的。这个要求只是第一个要满足的条件。我们还需要考虑序列中连续出现数字或字符的次数问题。比如在扔硬币的序列中，连续两次正面朝上（如 HTTH 中出现的 TT），连续三次正面朝上（如 HTTTH 中出现的 TTT）等。（b）序列的问题就在于连续一、两次的情况太多，连续三次的情况只有一次，之后不存在其他更多的连续情况了。但是在现实的扔硬币试验中常常会出现比较多的连续情况。我们之前说过大约要扔一百万次才会出现一次连续二十次正面朝上的情况，但是它总是会发生的。

众所周知，人们自己是最差劲的随机数生成者。我们生成短序列还行，但是当需要生成长序列时我们常常会想出（b）序列那样的序列：其中包含了太多的变化。我们记住了之前做了什么事情，比如当我们生成了四次正面朝上的情况我们就会想下一次要反面朝上了。即使我们知道每一次都是独立的事件，我们还是会过于担心比例问题。还记得我们之前举的汤姆和哈利玩硬币游戏的例子吗？虽然这个游戏非常的公平，但还是会有一个玩家在大部分时间内都会保持领先地位。**人们在随机性的认知上存在些许问题，也许需要强记经验法则：当它看起来是随机的，它其实不是；当它看起来不像随机的，它却是随机的。**

⊖ 马尔可夫链，因俄国数学家安德烈·马尔可夫（Andrey Andreyevich Markov，1856—1922）得名，他是切比雪夫的学生。马尔可夫创造性地将马尔可夫链运用到对普希金 1833 年写的长诗《叶甫盖尼·奥涅金》的元音和辅音分析中。马尔可夫发现元音后面跟着辅音的概率为 87%，而辅音后面跟着元音的概率为 66%。遗憾的是我们对数据痴迷的老朋友高尔顿爵士也许从未听说过马尔可夫的发现。

数学家们研究的另外一个问题就是 π 的各个位数是不是随机的。这个问题听起来似乎很荒谬。π 作为圆周率，从阿基米德那个时代开始就没有改变过。[㊀]但就像我高中时期的随机数表一样，这个问题本质是在问 π 的各个位数是不是也能随机生成（数学家们称这个数字是常态的）。有没有偏离数字 0 ~ 9 的比例分配或是其他可以辨别的模式？[㊁]答案似乎是否定的。我们用随机数生成器生成的数字来检测 π 的值，发现这个古老的数字真的创造得非常好。如果你恰好是一位语言学家，你可以从 3，1，4 开始随便生成随机数字。如果你怕被人发现吹牛，你可以借用一下 2 的平方根或是 2 的对数或者把两者混合一下。随便你怎么发挥创造力。

如果你想利用 π 各个位数上的数字来生成一串扔硬币序列，你可以用到二进编码来表示。也许你不太熟悉二进制或者已经忘了。二进制不同于我们通常以 10 为基的计数方式，它是以 2 为基的计数方式。比如 π 刚开始的几位数是 3.1415，3 表示有 3 个一，1 表示有 1 个十分之一，4 表示有 4 个百分之一，以此类推。用二进制的方法，我们需要计算的是 2 的幂。比如 3 等于 2 +1，所以整数部分的 3 写成二进制的方式就是 11。接下来我们可以加上 1/2 吗？不可以，0.5 太大了。那可以加上 1/4 吗？也不可以。那 1/8 呢？这就可以，因为 1/8 等于 0.125，这比 0.14 要小。加上 1/8 之后我们还可以再加上 1/16 吗？不可以，那样的话得出来的数字就变成了 3.1875，超过 π 的值了。综合考虑，π 的值用二进制表示刚开始的几位数应该为 11.0010。现在我们用 1 表示正面朝上，0 便是反面朝上，就可以得出一串序列。π 用二进制表示前二十位转化成扔硬币对应的情形为 HHTTHTTHTTTTHHHHHHTH。这样看起来非常的正常，你觉得呢？

虽然我们不擅长识别随机性，但是至少我们知道一串扔硬币随机序列看起来应该是什么样的。正面朝上和反面朝上的比例要相等，连续正反面的次数和其他

㊀ 印第安纳州立法机关曾经在 1897 年的时候试图改变圆周率。印第安纳州众议院通过了一个法案宣称 π 的值是不正确的，应该是 3.2（法案中还出现了一些其他的数字）。参议院将《印第安纳州 π 法案》无限期延期了，不知道在不久的将来这个法案会不会重新投票。

㊁ “666” 第一次出现是在 2240 位之后。“666” 出现的预期值是 1110 位，所以圣经数字命理学家认为 π 不是魔鬼创造的。

一些模式也要符合比例，等等。另外一个更加具有实践意义的问题就是真正的扔硬币试验结果有多随机？在6.1节中我介绍了斯坦福教授佩尔西·戴康尼斯用他的拇指来制造完全非随机的扔硬币序列。他高超的投币技巧和丰富的概率知识让他对真实的试验究竟有多随机这个问题产生了浓厚的兴趣。从某种意义上来说，在我们已经知道初始的旋转速度和速率时，我们可以运用牛顿定律来计算出最终停下来的位置（当硬币落在了一个硬物之上又弹起来继续旋转了，这个问题就复杂得多了）。这样的话其实扔硬币一点也不随机。随机性就在于最初条件的不确定性，我们普通人通过自己不敏感的手完全无法复制，同时很小的变化会导致最终结果的大不相同。㊀

《统计科学》(*Statistical Science*) 杂志在1986年刊登了一篇名为《与佩尔西·戴康尼斯的对话》(*A conversation with Persi Diaconis*)的文章。这个魔术师、概率学家解释自己是如何使用频闪观测仪来反复测量将硬币扔到一英尺高时最初的速度和旋转速率的。他的研究发现硬币在落地之前旋转的次数变化不大，所以连续的扔硬币并不是完全随机的。在戴康尼斯、苏珊·霍尔曼和理查德·蒙哥马利近期合著的一篇文章《扔硬币的动态偏差》(*Dynamical Bias in the Coin Toss*)中，他们从理论上用物理学定律和在实践中使用投币机（不知道高尔顿爵士的阁楼上有没有这些小玩意）更为仔细地观察了扔硬币试验。他们得出一个结论：正常的硬币下一次投币的结果更可能与本次结果相同，概率大概为51%，而不是理想的50对50。这种偏离对结果影响并不明显，所以在足球比赛中依然还是会用扔硬币的形式来决定谁开球（裁判可以在手中摇晃硬币，这样就没有人知道上一次扔出的是哪一面了）。

戴康尼斯对于洗牌问题也非常感兴趣。**有人问他究竟要洗多少次牌，牌才会真正的变成随机的**（当然如果是他洗牌的话，不管洗多少次他完全可以用一些小技巧让牌永远都不会随机）。当你买来一副新牌时，所有的牌都是按照花色和大小顺序排列的。你洗了几次之后将牌都摊开放在桌上。如果你发现有五张连续的红桃，或者是七张连续的方块，你也许会认为自己洗牌没有洗好，这一副牌还不是随机的。如果把这个问题转化成一个概率问题，我们必须用数学的术语来定义

㊀ 皮埃尔-西蒙·拉普拉斯这位概率学先驱也是一个决定论的坚定信仰者。他认为随机性唯一的作用就是描述完全不相关的信息。

洗牌，同时也要说明怎么样的牌才算是随机的。读者们可以自己来设定这些标准，我在此不予赘述。戴康尼斯得出的结论非常的有趣。他认为洗牌次数少于五次，牌依然还是不随机的，但是七次以后就会变成随机的。从不随机到随机的改变集中发生在第五次到第七次之间。

骰子的随机性也引起了戴康尼斯的兴趣，但他认为这个问题比扔硬币和洗牌要难得多。这一点都不让人觉得惊讶。毕竟，高尔顿爵士早就告诉过我们骰子在骰盅里会到处乱跑的。

9.5 结语

在第1章中，我们用扔硬币作为随机性的例子一块走进了概率的世界，开始了我们的旅程。这一路上我们学习了很多东西，你也发现了我们日常生活中处处都充满了概率。我们谈论过法庭的审判、医学试验、赌场、选举，德国坦克还有孟德尔的豌豆；你也学会了随机游走、期望值、误差范围和切比雪夫不等式。戴康尼斯利用频闪观测仪观察真实硬币试验的随机性让我们转了一大圈又重新回到了最初的问题，也是最简单的扔硬币现象。到了我该说再见的时候了，让你自己在概率的世界中徜徉恣意。希望你对概率有了更深的了解，最好将它们视为你的朋友。它们值得你认真对待。因为，正是它们决定着我们每个人的一生。